华为云DevCloud

敏捷开发项目实战

吕云翔 许鸿智 杨洪洋 陈妙然 黎昆昌 ◎ 编著

清華大學出版社
北京

内容简介

本书以理论与实践相结合的方式，由浅入深、循序渐进地结合华为云 DevCloud 的线上开发工具以及前沿的开发框架，向用户介绍敏捷开发的工程思想与一般流程。本书共分为两部分，共有 7 章。第 1 部分基础篇，包括第 1 章 DevCloud 简介，第 2 章敏捷开发，第 3 章技术准备与实践；第 2 部分实战篇，包括第 4 章书籍影视交流平台，第 5 章青年租房管理系统，第 6 章学习生活交流论坛，第 7 章技术分享类博客网站。

本书可供软件开发从业人员了解敏捷开发思想，熟悉敏捷开发流程，也可供计算机科学与软件工程相关专业学生使用。希望读者可以根据书本内容亲自动手实践，以加深对软件工程思维的理解。本书还可以作为软件工程敏捷开发相关课程的良好教材。

图书在版编目（CIP）数据

华为云 DevCloud 敏捷开发项目实战/吕云翔等编著. —北京：清华大学出版社，2021.8
ISBN 978-7-302-58046-1

Ⅰ. ①华… Ⅱ. ①吕… Ⅲ. ①软件开发 Ⅳ. ①TP311.52

中国版本图书馆 CIP 数据核字(2021)第 079575 号

责任编辑：陈景辉
封面设计：刘　键
责任校对：徐俊伟
责任印制：杨　艳

出版发行：清华大学出版社
网　　址：http://www.tup.com.cn，http://www.wqbook.com
地　　址：北京清华大学学研大厦 A 座　　**邮　　编**：100084
社 总 机：010-62770175　　**邮　　购**：010-83470235
投稿与读者服务：010-62776969，c-service@tup.tsinghua.edu.cn
质量反馈：010-62772015，zhiliang@tup.tsinghua.edu.cn
课件下载：http://www.tup.com.cn，010-83470236
印 刷 者：北京富博印刷有限公司
装 订 者：北京市密云县京文制本装订厂
经　　销：全国新华书店
开　　本：186mm×240mm　　**印　张**：14.5　　**字　　数**：362 千字
版　　次：2021 年 9 月第 1 版　　**印　　次**：2021 年 9 月第1次印刷
印　　数：1～1500
定　　价：59.90 元

产品编号：088152-01

PREFACE
前　言

自人类迈入信息时代以来，软件一直是影响互联网企业发展的重要因素，软件的质量直接影响了用户的使用体验。如今已经步入人工智能与大数据的时代，市场需求瞬息万变，软件如何快速开发迭代比以往更加重要，敏捷开发方法也逐渐在企业中盛行开来。敏捷开发轻量化的开发流程已经成为当今开发者必须掌握的工程方法。DevCloud 是集华为研发实践、前沿研发理念、先进研发工具为一体的研发云平台。它可以面向开发者提供全生命周期的一站式研发服务，随时随地在云端完成项目管理、代码托管、流水线、代码检查、编译构建、部署、测试、发布等工作，使软件开发变得简单、高效。DevCloud 还提供了一系列敏捷开发的指导教程，即使开发者不熟悉敏捷开发流程也可以在敏捷项目模板的指引下快速上手。

本书旨在通过基于 DevCloud 的实践项目向读者介绍敏捷开发的思维模式、一般流程以及工程规范，从实际项目出发，理论与实践相结合，帮助读者更好地掌握敏捷开发这一技术。

本书共分为两部分，共有 7 章。

第一部分基础篇，包括第 1～3 章。

第 1 章 DevCloud 简介，包括 DevCloud 功能简介和 DevCloud 项目开发优势。

第 2 章敏捷开发，包括敏捷开发的基本概念、开发流程、敏捷开发的重要概念。

第 3 章技术准备与实践，包括软件开发常用技术、技术选型、DevCloud 编译部署及框架部署过程。

第二部分实战篇，包括第 4～7 章。

第 4 章以书籍影视交流平台的开发过程为例进行 DevCloud 敏捷开发实战讲解。

第 5 章以青年租房管理系统的开发过程为例进行 DevCloud 敏捷开发实战讲解。

第 6 章以学习生活交流论坛的开发过程为例进行 DevCloud 敏捷开发实战讲解。

第 7 章以技术分享类博客网站的开发过程为例进行 DevCloud 敏捷开发实战讲解。

本书特色

（1）紧跟前沿技术。本书介绍当前业界正在使用的敏捷开发方法与华为云优秀产品（DevCloud）。

（2）理论与实战相结合。本书选取了 4 个不同的实战案例进行讲解与分析，将敏捷开发的解读贯彻到对实战项目的分析当中。

（3）实战步骤翔实。本书对重要的操作，都详细地写明了操作步骤并附加了操作截图，帮助读者轻松地完成实战案例。

（4）语言简明易懂。不论你是在校学生还是有经验的开发者都可以通过本书学习敏捷开发和 DevCloud 的相关知识。

配套资源

为便于教与学，本书配有案例文档和源代码以及 60 分钟微课视频。

（1）获取教学视频方式：读者可以先扫描本书封底的文泉云盘防盗码，再扫描书中相应的视频二维码，观看教学视频。

（2）获取案例文档和源代码方式：先扫描本书封底的文泉云盘防盗码，再扫描下方二维码，即可获取。

（3）其他配套资源可以扫描本书封底的“书圈”二维码下载。

读者对象

本书可供软件开发从业人员了解敏捷开发思想，熟悉敏捷开发流程，也可供计算机科学与软件工程相关专业学生根据书本内容亲自动手实践，以加深对软件工程思维的理解。本书还可作为软件工程敏捷开发相关课程的良好教材。

本书的作者为吕云翔、许鸿智、杨洪洋、陈妙然、黎昆昌，曾洪立参与了部分内容的编写、资料整理及配套资源制作等工作。

感谢陈唯团队、刘子明团队、邵一璠团队和余志浩团队的大力支持，同时也感谢所有为此书做出贡献的同仁们。

本书的编写参考了诸多相关资料，在此表示衷心的感谢。限于个人水平和时间仓促，书中难免存在疏漏之处，欢迎读者批评指正。

编　者

2021 年 5 月

CONTENTS

目　录

第1部分　基　础　篇

第1章　DevCloud 简介　002

1.1　DevCloud 功能简介　002
1.1.1　项目管理　002
1.1.2　代码托管　003
1.1.3　流水线　003
1.1.4　代码检查　004
1.1.5　编译构建　004
1.1.6　云测　005
1.1.7　移动应用测试　005
1.1.8　部署　006
1.1.9　发布　007
1.1.10　开源镜像站　007
1.2　DevCloud 项目开发优势　008
1.3　本章小结　008

第2章　敏捷开发　009

2.1　基本概念　009
2.1.1　敏捷宣言　009
2.1.2　敏捷原则　009
2.2　开发流程　010
2.3　敏捷开发的重要概念　018
2.3.1　Scrum　018
2.3.2　看板　020
2.3.3　Scrum 与看板的区别　021
2.3.4　用户故事　022
2.3.5　Backlog　026
2.4　本章小结　028

第3章　技术准备与实践　029

3.1　软件开发常用技术　029

3.1.1 Enterprise Architect 的使用 029
3.1.2 Git 的使用 031
3.1.3 软件设计常用图例 045
3.1.4 DevCloud 基础实践 045
3.2 技术选型 050
3.2.1 数据库的选择 050
3.2.2 前端框架的选择：Vue 和 React 054
3.2.3 后端框架的选择：Spring Boot 和 Django 058
3.3 DevCloud 编译部署及框架部署过程 060
3.4 本章小结 069

第 2 部分 实 战 篇

第 4 章 书籍影视交流平台 072
4.1 需求分析 072
4.2 编写用户故事和制订迭代计划 073
4.2.1 编写用户故事 073
4.2.2 制订迭代计划 078
4.3 第一次迭代 081
4.3.1 估算用户故事和拆分确认 081
4.3.2 按用户故事创建代码 083
4.3.3 编译部署 084
4.3.4 迭代回顾 091
4.4 第二次迭代 094
4.4.1 估算用户故事和拆分确认 094
4.4.2 按用户故事创建代码 095
4.4.3 编译部署 097
4.4.4 迭代回顾 097
4.5 项目总结 100
4.6 本章小结 100

第 5 章 青年租房管理系统 101
5.1 需求分析 101
5.2 编写用户故事和制订迭代计划 101
5.2.1 编写用户故事 101
5.2.2 制订迭代计划 105
5.3 第一次迭代 105

5.3.1 估算用户故事和拆分确认 105
5.3.2 按用户故事创建代码 107
5.3.3 编译部署 107
5.3.4 迭代回顾 115
5.4 第二次迭代 115
5.4.1 估算用户故事和拆分确认 115
5.4.2 按用户故事创建代码 115
5.4.3 编译部署 117
5.4.4 迭代回顾 117
5.5 项目总结 119
5.6 本章小结 119

第 6 章 学习生活交流论坛 120

6.1 需求分析 120
6.2 编写用户故事和制订迭代计划 123
6.2.1 编写用户故事 123
6.2.2 制订迭代计划 127
6.3 第一次迭代 129
6.3.1 估算用户故事和拆分确认 129
6.3.2 按用户故事创建代码 131
6.3.3 编译部署 133
6.3.4 迭代回顾 147
6.4 第二次迭代 149
6.4.1 估算用户故事和拆分确认 149
6.4.2 按用户故事创建代码 150
6.4.3 编译部署 151
6.4.4 迭代回顾 151
6.5 项目总结 153
6.6 本章小结 153

第 7 章 技术分享类博客网站 154

7.1 需求分析 154
7.2 编写用户故事和制订迭代计划 155
7.2.1 编写用户故事 155
7.2.2 制订迭代计划 157
7.3 第一次迭代 160
7.3.1 估算用户故事和拆分确认 160

7.3.2 按用户故事创建代码 162
7.3.3 编译部署 163
7.3.4 迭代回顾 169
7.4 第二次迭代 171
7.4.1 估算用户故事和拆分确认 171
7.4.2 按用户故事创建代码 172
7.4.3 编译部署 172
7.4.4 迭代回顾 173
7.5 项目总结 174
7.6 本章小结 176

附录 A 实训过程 177

A.1 进度安排 178
A.1.1 迭代安排 178
A.1.2 每日安排 178
A.1.3 答辩及文档安排 179
A.2 购买弹性云服务器 179
A.3 进度及需求控制 182
A.3.1 人员构成 182
A.3.2 Scrum 开发流程 183
A.3.3 需求规划与需求分解 185
A.4 版本控制及问题反馈 187
A.4.1 版本控制 187
A.4.2 DevCloud 代码托管 187
A.4.3 使用 CodeHub 188
A.4.4 问题反馈 189

附录 B 项目答辩 193

B.1 答辩形式安排及重点 193
B.2 互评形式 194
B.3 评分政策 194
B.3.1 评分标准简介 194
B.3.2 最终项目展示评分政策 196
B.4 评分案例 200
B.4.1 签到 200
B.4.2 DevCloud 线上编译部署 201
B.4.3 DevCloud 项目管理 201

B.4.4 第一次迭代展示 201
B.4.5 最终项目展示 201
B.4.6 总计 206

附录C 用户手册 207

C.1 引言 207
C.1.1 编写目的 207
C.1.2 使用者 207
C.1.3 项目背景 207
C.1.4 参考资料 207
C.2 软件概述 207
C.2.1 目标 207
C.2.2 功能 208
C.2.3 软件配置 209
C.2.4 系统流程介绍 209
C.3 使用说明 210
C.3.1 平台主页 210
C.3.2 浏览帖子 212
C.3.3 用户互动 214
C.3.4 用户个人功能 216
C.3.5 管理员 216

参考文献 220

第 1 部分　基　础　篇

第 1 章

DevCloud 简介

华为云 DevCloud(以下简称为 DevCloud)是在华为云的基础上开发的研发云平台,面向开发者提供研发工具服务,以达到让软件开发变得更加简单、高效的目的。本书使用 DevCloud 作为开发平台,整个敏捷开发流程都在云端完成。本章主要介绍 DevCloud 功能简介和 DevCloud 项目开发优势。

1.1 DevCloud 功能简介

DevCloud 是集华为研发实践、前沿研发理念、先进研发工具为一体的研发云平台。它可以面向开发者提供全生命周期的一站式研发服务,随时随地在云端进行项目管理、代码托管、流水线、代码检查、编译构建、部署、测试、发布等,使软件开发变得更加简单、高效。

1.1.1 项目管理

DevCloud 项目管理为敏捷开发团队提供简单、高效的团队协作服务,包含多项目管理、敏捷迭代、看板协作、需求管理、缺陷跟踪、文档管理、Wiki 在线协作、仪表盘自定制报表等功能。用户可以使用 DevCloud 项目管理工具进行可视化的任务分配管理,查看清晰透明的项目进度,还可以根据需求自定义工作流,掌控项目进度与风险,进行角色分配和权限控制。项目负责人可以通过上述功能轻松地管理项目开发。其主要功能特点如下所述。

1. 敏捷迭代开发

DevCloud 能支持敏捷迭代开发,并以迭代计划和时间线清晰地展现项目进展。工作流程可由用户自行定制,DevCloud 可以满足企业的个性化流程。

2. 多维度看板协作

DevCloud 能支持基于看板的全员跨地域高效协作,使项目状态一目了然。看板具有涂鸦化项目卡片风格,可以有效地提升项目的辨识度。

3. 自定制仪表盘

DevCloud 能支持自定制项目级、企业级仪表盘,提供专业的敏捷精益数据报表,有助于用户准确掌握项目进度和质量。

4. 社交化 Wiki

DevCloud 通过在线 Wiki 编辑、会议纪要和项目知识分享等功能实现开发过程中的社交化。

5. 文档管理

DevCloud 能提供基于项目或需求的文档管理服务,支持多种类型的文件上传。

1.1.2　代码托管

DevCloud 代码托管为软件开发者提供基于 Git 的在线代码托管服务。DevCloud 的代码托管功能具有强大的安全性保障，能针对代码访问提供基于角色和权限的细粒度授权，并提供代码仓库的完整访问记录供用户审计，对用户在代码仓库中的代码进行数据加密存储，极大地保护了用户的数据安全。

(1) 仓库管理。

DevCloud 代码托管是面向管理员、项目经理提供的功能，有多种仓库模板供用户选择。

(2) 权限管理。

DevCloud 代码托管是面向管理员、项目经理提供的功能，用于给项目成员分配管理员权限。只有管理员和项目经理才允许删除仓库。

(3) 成员管理。

DevCloud 代码托管是面向管理员、项目经理提供的功能，支持同步项目成员、添加成员、删除成员等操作。

(4) 分支保护。

DevCloud 代码托管是面向管理员、项目经理提供的功能，可阻止管理者以外的人推送代码；阻止任何人强行推到此分支；阻止任何人删除此分支；防止代码被其他人恶意提交或误删。

(5) 合并请求。

DevCloud 代码托管是面向开发者，提供高可用的代码托管服务，包括代码复制、下载、提交、推送、比较、合并、分支管理(新建、切换、合并)等服务。

(6) 安全管控。

DevCloud 代码托管支持 HTTPS 传输，保证了数据传输安全性。

(7) 代码在线操作。

DevCloud 代码托管支持在线代码阅读、修改、提交和在线分支管理，包含分支新建、切换、合并等操作。真正地实现了云端可视化的代码托管。

(8) 统计服务。

DevCloud 代码托管的关键数据可以在仓库首页展示，用户可以查看代码仓库提交信息统计、代码仓库贡献者统计等。

1.1.3　流水线

流水线能够提供可视化、可定制的自动交付流水线，从而帮助用户缩短交付周期，提升交付效率。流水线支持编译构建、代码检查、子流水线、部署、流水线控制、扩展类型、接口测试等多种任务类型，且流水线业务支持串行与并行，用户可以随时查看流水线执行状态和执行日志；还支持用户根据业务需求自行定义弹性配置和策略。其主要功能特点如下所述。

(1) 可视工作流编排。

DevCloud 流水线提供按需定制的可视化工作流程，用户可以自由配置执行阶段，阶段内任务可以串并行。

(2) 执行触发器。

DevCloud 流水线提供手动、定时、仓库联动的多种执行触发方式，可以在失败点继续执行,可以满足项目周期性持续交付,也可以为个人持续集成提供支持。

(3) 质量门禁。

用户可以在每个阶段增加针对任务执行结果的质量门禁,确保价值交付的每个阶段都满足相应的质量要求,提升交付质量并减少返工概率。

(4) 执行参数。

DevCloud 流水线提供静态参数与动态参数设置功能,用户可以通过设置静态参数,实现全流程的常量传递,也可以通过设置动态参数,实现不同场景下的任务变量传递。

(5) 嵌套与审批。

DevCloud 流水线支持流水线嵌套调用子流水线功能,实现大规模分层分级持续交付。用户可以在流水线中加入人工审批操作以确保流程合规。

(6) 扩展第三方系统。

DevCloud 流水线提供向第三方系统扩展的能力,支持用户自定义任务执行环境,因此流水线扩展插件数量将持续增加。

1.1.4 代码检查

代码检查是基于云端实现代码质量管理的服务。代码检查支持 Java、C、C++、Python、JavaScript 等语言,同时兼容 CWE、OWASP TOP 10、SANS TOP 25、MISRA、CERT 等业界主流安全标准。软件开发者可在编码完成后执行多语言的代码静态检查和安全检查,获取全面的质量报告。代码检查可精确地定位问题代码行并提供缺陷的改进建议和趋势分析,有效地管控代码质量,帮助产品成功上线。其主要功能特点如下所述。

(1) 支持多种语言。

DevCloud 代码检测支持 Java、JavaScript、CSS、HTML、PHP、C#、Android 等语言。

(2) 典型检查。

DevCloud 代码检测提供近 2000 条华为典型检查规则集,支撑 Web 检查、安全检查、架构检查、编码问题检查等多种检查场景。

(3) 定制检查。

除了典型检查所包含的规则集,用户还可以基于规则库定制满足场景专项需求的检查规则集。

(4) 指导修复。

针对每个代码缺陷,DevCloud 代码检测提供详细的缺陷影响说明、正确示例、错误示例以及修改建议,方便用户进行缺陷修复。

(5) 分级处理。

针对大量的代码缺陷,用户可根据问题级别、问题分类、语言、文件目录等进行过滤、分级处理。

(6) 多维度报表。

DevCloud 代码检测提供质量星级、风险指数、问题趋势以及多种代码质量报表。

1.1.5 编译构建

编译构建是 DevCloud 基于云端大规模并发加速为客户提供的高速、低成本、配置简单的混合语言构建服务。该服务能够实现编译构建云端化，支持开发团队实现持续交付，缩短交付周期，提升交付效率。DevCloud 支持编译构建任务一键创建、配置和执行，实现获取代码、构建、打包等活动自动化，实时监控构建状态，让用户更加快速、高效地完成云端编译构建。其主要功能特点如下所述。

(1) 构建应用类型。

DevCloud 编译构建支持 Web 应用、移动终端应用、手游终端应用、.NET 应用、IoT 应用。

(2) 构建语言。

DevCloud 编译构建支持 Java、C/C++、C＃、Node.js、PHP、Python 等主流语言。

(3) 构建标准。

DevCloud 编译构建支持 Maven、Gradle、MSBuild、CMake、Ant、Npm 等多种构建标准。

(4) 构建软件包。

用户可以使用 DevCloud 编译构建功能直接将构建成果推送到软件版本仓库、制作镜像归档到镜像仓库以及推送组件到企业私有库。

(5) 构建状态。

DevCloud 编译构建支持构建结果查看、构建日志查看、构建结果通知，方便用户精准掌控构建过程。

1.1.6　云测

云测是面向软件开发者提供的一站式云端测试平台，包含测试管理、接口测试、性能测试，融入 DevOps 敏捷测试理念，从而帮助用户高效管理测试活动，保障产品高质量交付。云测功能覆盖了测试需求管理、任务分配、任务执行、进度管理、覆盖率管理、结果管理、报告、仪表盘和缺陷管理以及一站式管理手工和自动化测试等多种测试模式，提供适合不同团队规模、流程的自定义功能，帮助用户多维度评估产品质量。其主要功能特点如下所述。

(1) 简洁的测试任务管理。

DevCloud 云测提供基于测试用例的任务管理，包括测试设计、测试执行、提交缺陷、回归测试、度量反馈等。

(2) 基于需求的测试管理。

DevCloud 云测支持开发测试协同，用户可以对需求设计阶段产生的用例进行执行、度量和验收测试操作。同时云测还能提供需求、用例、缺陷的双向关联追溯，方便用户定位代码缺陷。

(3) 便捷的自动化测试。

DevCloud 云测的接口测试支持 Swagger 接口描述、HTTP/HTTPS、REST 风格接口，便于用户可视化编辑脚本，还能与流水线搭配进行自动化的测试。

(4) 多维度质量报告。

DevCloud 云测提供需求覆盖率、用例完成率、用例通过率和缺陷分布等实时统计数据，便于辅助用户管理决策。

1.1.7　移动应用测试

DevCloud 移动应用测试联合 TestBird 提供移动兼容性测试服务，用户只须提供 App 应用，便可生成包含详细兼容性测试报告(如系统日志、截图、错误原因、CPU、内存使用情况等)。移动端开发者可以使用该服务快速得到产品兼容性信息并做出针对性优化,加速了产品上线速度。其主要功能特点如下所述。

(1) TOP 机型套餐。

TOP 机型套餐中测试机型覆盖 98%的主流机型并持续更新,确保用户顺利进行硬件兼容性测试。

(2) 无须提供测试脚本。

DevCloud 移动应用测试提供自动化测试流程,用户只须提交 Android、iOS 应用安装文件和选取测试套餐,即可得到详尽的测试报告。

(3) 测试深、速度快。

DevCloud 移动应用测试的深入测试包括 UI 异常、闪退、卡死、程序异常、黑屏等兼容性问题,使用 DevCloud 移动应用测试可以快速得到测试报告。

(4) 详尽的测试报告。

DevCloud 移动应用测试提供详尽测试报告,包含提供详细测试分析、问题上下文信息、全过程截图以及运行日志等。

(5) 领先的问题定位和解决能力。

DevCloud 移动应用测试提供丰富的问题描述信息,支持操作截图和日志联动分析,支持影响度排序、终端等多维度筛选问题,还可以帮助用户精准定位问题。

1.1.8 部署

DevCloud 能够提供可视化、一键式部署服务,支持并行部署和流水线无缝集成,支持脚本部署、容器部署等部署类型,支持 Java、Node. js、Python 等,实现了部署环境标准化和部署过程自动化。部署服务通过预置的 Tomcat、Spring Boot、CCE 等系统模板帮助用户快速地创建任务。DevCloud 部署模块提供 20 多个原子步骤,可由用户自由编排组装任务。一个部署任务能够支持同时部署到多台主机和主机组,每个原子步骤都可以独立地输出日志。当部署失败时,用户能够根据日志快速地定位原因并解决问题。其主要功能特点如下所述。

(1) 主机管理。

用户可以对账户下的主机进行管理,包括添加、移除目标主机的授信信息等,同时部署功能还支持批量添加主机和添加主机组。

(2) 部署任务管理。

DevCloud 提供部署任务的创建、删除功能,支持用户一键部署和用户自定义部署。

(3) 部署详情查看。

DevCloud 提供部署任务日志、描述、软件包等部署详情的查看功能,便于用户进行部署失败时的问题定位。

(4) 部署任务编排。

用户可以通过流水线定制交付流程,支持并行和串行任务,设置完成后 DevCloud 系统自动执行所有任务,用户可查看所有任务的执行状态、日志及报告。

(5) Shell 部署。

DevCloud 支持用户自定义 Shell 脚本进行 Linux 目标主机部署。

(6) Ansible 部署。

DevCloud 兼容开源框架 Ansible Playbook 语法，用户可以将自定义的 Playbook 上传到系统中进行部署，同时 DevCloud 提供多种 Playbook 样例供用户参考。

(7) 容器部署。

DevCloud 支持将用户应用进行 Docker 部署，选择自定义的容器镜像部署应用到华为云容器服务中。用户无须自己搭建容器集群，应用的托管和运维由华为云容器服务负责。

(8) 模板部署。

DevCloud 部署支持以原子操作的方式编排部署过程，轻量易用，并且内置了通用的系统模板，从而帮助用户轻松实现软件的一键式自动部署。

1.1.9 发布

DevCloud 面向软件开发者提供用于发布软件的云服务，提供软件仓库、软件发布、发布包下载、发布包元数据管理等功能，通过安全可靠的软件仓库实现软件包版本管理，提升发布质量和效率，实现产品的持续高效发布。其主要功能特点如下所述。

(1) 软件发布库。

DevCloud 发布功能集成了编译构建服务，允许用户一键归档构建输出软件包并管理其生命周期属性，发布功能提供多种视图，方便用户随时追溯发布过程，持续进行过程度量及优化。

(2) 多类型私有依赖库。

DevCloud 发布功能提供云上 Maven、Npm、Docker、NuGet 等多种私有组件管理仓库，便于管理软件开发企业和共享内部私有组件，从而提升开发效率。

(3) 发布门禁。

DevCloud 发布提供静态代码检查、API 测试通过率检查、不同 bug 级别的数量阈值检查等发布门禁，且支持自定义门禁模板满足用户不同使用需求，从而提升发布质量。

1.1.10 开源镜像站

DevCloud 开源镜像站是由华为云提供的开源组件、开源操作系统及开源 DevOps 工具镜像站，由 DevCloud 团队开发和维护。华为开源镜像站目前可提供多种类别的软件安装源和 ISO 下载服务，覆盖包含 Maven、Npm、PyPI 在内的 7 大语言类镜像，包含 Ubuntu、CentOS、Debian 在内的 20 余种操作系统类镜像，同时提供如 MySQL、Nginx 等常用的工具镜像，致力于为用户提供全面、高速、可信的开源组件、OS、工具下载服务。其主要功能特点如下所述。

(1) 编译构建依赖包下载。

DevCloud 开源镜像站为个人开发和持续构建场景提供 Maven、Npm、PyPI、NuGet、PHP 等语言类依赖包的下载服务。

(2) OS 开源镜像下载。

DevCloud 开源镜像站提供 CentOS、Ubuntu、Debian 等多种主流开源操作系统包下载服务。

(3) 开源 DevOps 工具下载。

DevCloud 开源镜像站提供如 Apache、Nginx、MySQL、Jenkins 等 40 多种常用开发工具

及库。

(4) 组件搜索。

DevCloud 开源镜像站提供开源组件搜索服务，帮助用户更加方便地查找所需组件及其相关信息。

1.2 DevCloud 项目开发优势

DevCloud 汇集了华为多年的研发成果，为开发者打造优质的云开发体验。

(1) 从研发“痛点”出发，提供针对性的解决方案。

DevCloud 针对需求变动频繁、开发测试环境复杂、多版本分支维护困难、无法有效地监控进度和质量等研发痛点，提供一站式 DevOps 平台，管理软件开发全过程。

(2) 与时俱进，向 DevOps 转型。

DevCloud 致力于实现软件研发过程可视、可控、可度量，从而提升研发能力。使用 DevCloud 可大幅提升开发交付效率。

(3) 项目进度和质量可视化，项目管理更轻松。

DevCloud 内置管理者看板，实现了团队的软件研发能力可视化，从而使研发能力短板浮出水面。同时 DevCloud 提供跨地域协作，开发者可让客户参与到开发流程中，以便得到快速反馈，迭代将更加便利。

(4) 自动化软件流水线，让软件上线提速一倍。

DevCloud 提供的流水线可视化编排、一键式部署可以大幅提高软件上线速度，自动化测试管理和 App 测试功能大幅减少软件缺陷。DevCloud 还提供分布式代码托管功能和中国唯一的官方开源镜像站。

1.3 本章小结

本章首先简要介绍了 DevCloud 的功能，包括项目管理、代码托管、流水线、代码检查、编译构建、云测、移动应用测试、部署、发布以及开源镜像站，总结了 DevCloud 的项目开发优势。

第 2 章

敏捷开发

软件开发离不开软件工程的理论指导，敏捷开发是软件开发模式之一。敏捷开发轻量化的开发流程已经成为当今开发者必须掌握的工程方法。本章将介绍敏捷开发的基本概念、敏捷开发的一般流程，并对敏捷开发的重要概念进行讲解。

2.1 基本概念

瀑布开发倡导的理念是“让最普通的人，做不普通的事”。对于一个大系统，为了达到预期目标，须做好周密的计划，在阶段、活动和任务的关键点加强辅助性管理，通过撰写大量的文档来尽量避免交流的歧义性和不确定性。为了保证质量，在支持过程与辅助工作上花费大量资源，使整个过程显得过于笨重，因此被称为“重量级过程”。例如，RUP（Rational Unified Process，统一软件开发过程），对于这样一个比较正规的产品，要求撰写近百种文档。这对于几个月就要完成的快速开发项目来说几乎是不可能的事。

与此相反，敏捷开发强调短期交付、客户的紧密参与，强调适应性而不是可预见性，强调为当前的需要而不考虑将来的简化设计。只将最必要的内容文档化，因此也被称为“轻量级过程”。

2.1.1 敏捷宣言

敏捷宣言对此过程的核心理念给予了很好的诠释，包括以下 4 条。

(1) 个体和互动高于流程和工具。

(2) 工作的软件高于详尽的文档。

(3) 客户合作高于合同谈判。

(4) 响应变化高于遵循计划。

尽管上述 4 点中后者具有一定的价值，但敏捷开发更重视前者的价值。

2.1.2 敏捷原则

基于敏捷开发的思想，研究者们提出了 12 条敏捷原则。

① 最重要的目标是通过持续不断地、尽快地交付有价值的软件使客户满意。

② 一切为了客户的竞争优势，在开发过程中欣然接受需求变化。

③ 经常性地向客户交付可工作的软件，交付的时间间隔应尽量短。

④ 业务人员和开发人员在项目开发中的每一天都必须相互合作。

⑤ 激发个体的斗志，以他们为核心搭建项目，提供所需的环境和支援并辅以信任，从而达

成目标。

⑥ 不论团队内外，采用面对面交谈的方式交流，以达到最好的信息传递效果。

⑦ 可工作的软件是进度的首要度量标准。

⑧ 敏捷过程倡导可持续开发。责任人、开发人员和用户要能够共同维持其步调稳定延续。

⑨ 坚持不懈地追求技术卓越和良好设计。

⑩ 以简洁为本，尽量减少不必要的工作。

⑪ 最好的架构、需求和设计出自有组织的团队。

⑫ 团队应定期地反思如何能提高成效，并依此调整自身的举止表现。

2.2 开发流程

下面以编译部署一个 Vue 前端项目为例，介绍 DevCloud 的基本开发流程。

首先新建项目，进入 DevCloud 主页（https://devcloud.huaweicloud.com/home），选择“新建项目”选项，新建 Scrum 项目，填写项目名称和描述，如图 2.1 所示。

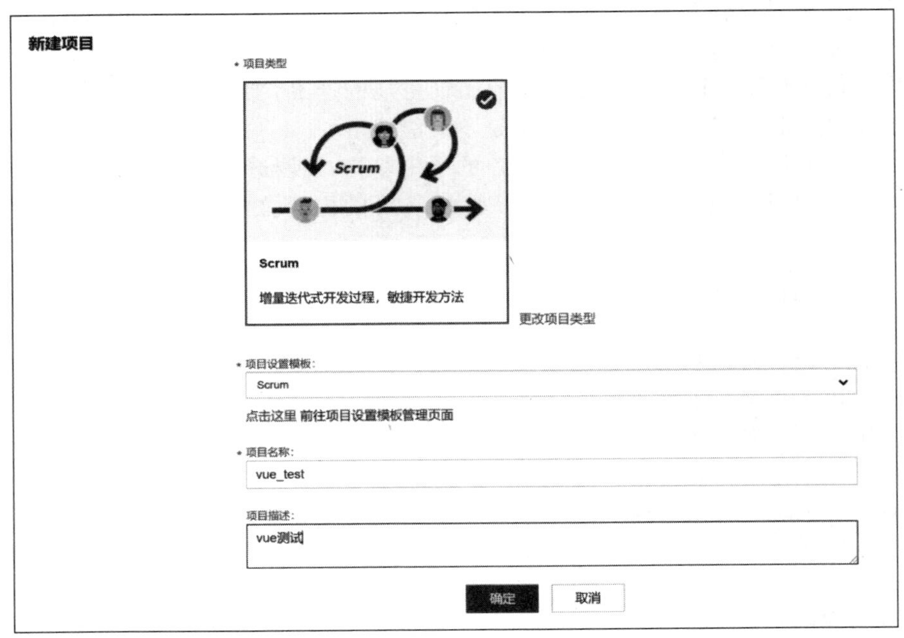

图 2.1 新建项目

选择“代码”→“代码托管”→“新建代码仓库”选项，填写代码仓库名称与描述，选择 gitignore 为 Node.js 语言，其他选项保持不变，单击“确定”按钮，建立私有仓库。新建代码仓库，如图 2.2 所示。

使用 SSH/HTTPS 复制项目到本地，如无权限，需要先在本地生成 SSH 密钥，然后在代

仪表盘　工作　代码　构建&发布　测试　Wiki　文档　设置

代码托管　代码检查

* 代码仓库名称:

devcloud-vue

描述:

devcloud vue project

您最多还可以输入 480 个字符

选择gitignore:

Node

类型:

Console　GUI　Web Server　Android　ServiceStage　鲲鹏 ARM64

权限设置:

允许项目内人员访问仓库

允许生成README文件

是否公开:

私有（仓库仅对仓库成员可见，仓库成员可访问仓库或者提交代码）

公开只读（仓库对所有访客公开只读，但不出现在仓库列表及搜索中）

确定　取消

图 2.2　新建代码仓库

码托管页面设置 SSH 密钥，如图 2.3 所示。

复制 GitHub 的 Vue 项目（网址见前言二维码）到本地同一文件夹，注意修改项目配置项（/config/index.js）中的 IP 地址和端口，如图 2.4 所示。默认在本地 8080 端口启动服务，修改完成后上传至华为云。

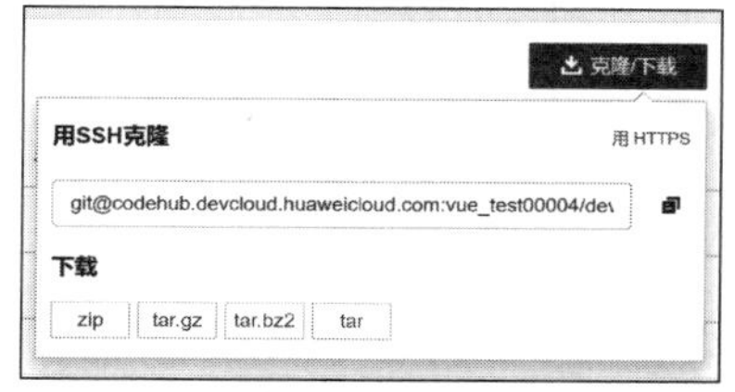

图 2.3　复制项目

在“构建 & 发布”菜单中，选择“编译构建”选项，单击“新建任务”按钮，填写任务名称，源码源保持默认的 DevCloud，源码仓库为之前新建的仓库，分支为默认的 master 分支，构建模板选择 Npm，如图 2.5 所示。

```
// Various Dev Server settings
host: 'localhost', // can be overwritten by process.env.HOST
port: 8080, // can be overwritten by process.env.PORT, if port is in use, a free one will be determined
autoOpenBrowser: false,
errorOverlay: true,
notifyOnErrors: true,
poll: false, // https://webpack.js.org/configuration/dev-server/#devserver-watchoptions-
```

图 2.4　修改 IP 地址与端口

基本信息　　选择代码源　　选择构建模板

* 任务名称:

build_vue_test

* 归属项目:

vue_test

图 2.5　新建编译任务

然后,构建 Npm,工具版本与命令保持默认设置即可,如图 2.6 所示。命令示例如下:

```
# 设置 DevCloud 镜像仓加速构建
npm config set registry https://mirrors.huaweicloud.com/repository/npm/
# 加载依赖
npm install
# 默认构建
npm run build
```

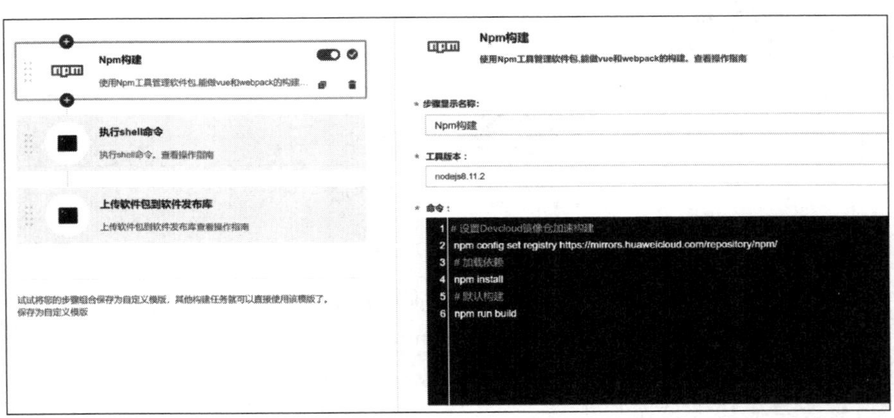

图 2.6　构建 Npm

由于华为云上传软件包不支持文件夹上传,因此需要先进行压缩处理,如图 2.7 所示。使用 tar 命令压缩软件包,命令如下:

```
tar -cvf dist.zip dist
```

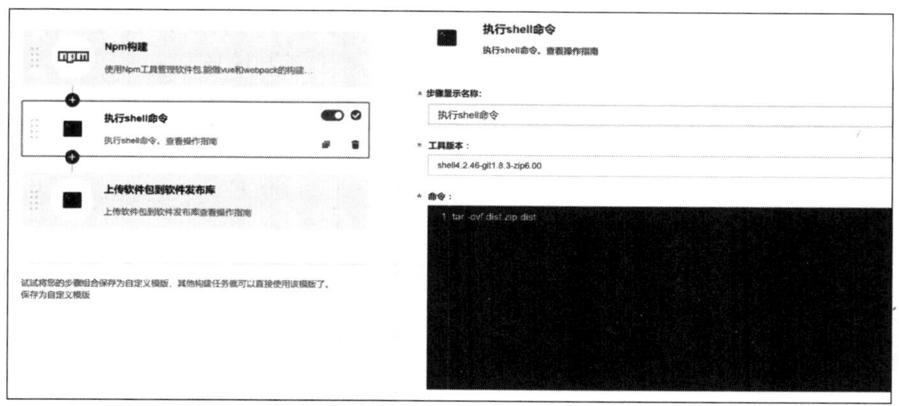

图 2.7　tar 压缩

最后，把软件包上传到软件发布库，注意构建包路径，如图 2.8 所示。

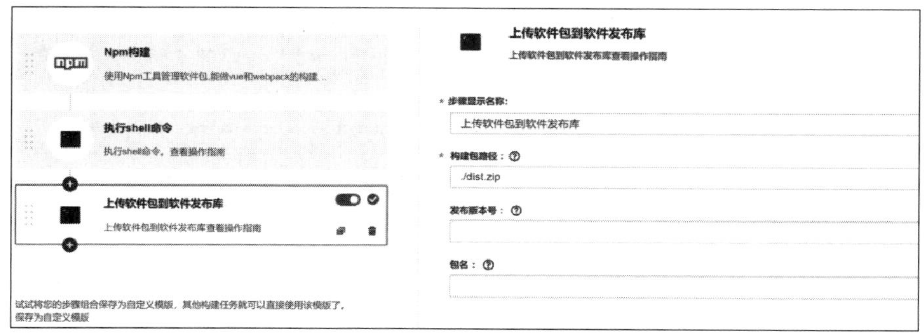

图 2.8　上传软件包到软件发布库

单击“保存”按钮，并执行编译，可以看到构建成功的提示。编译步骤执行结果如图 2.9 所示。

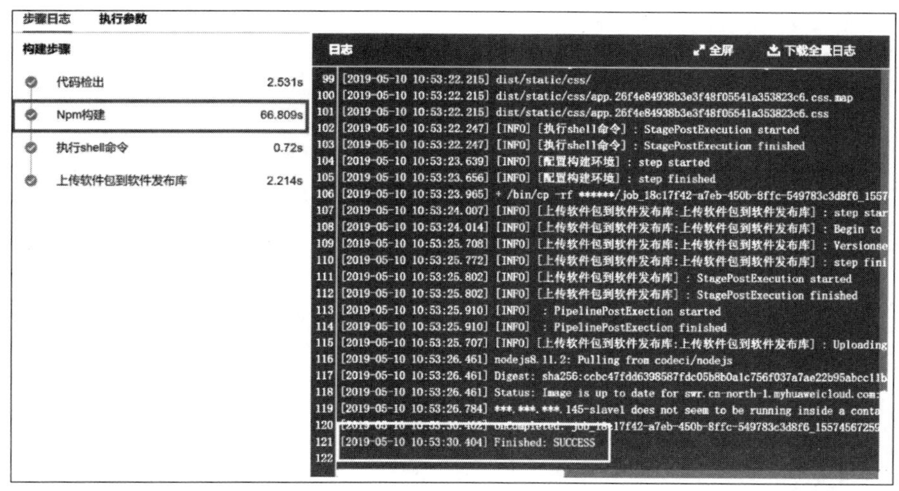

图 2.9　编译步骤执行结果

编译完成后，需要进行项目部署，在“构建 & 发布”菜单中，选择“部署”选项，新建部署任务如图 2.10 所示，选择“不使用模板，直接创建”选项，新建部署任务。

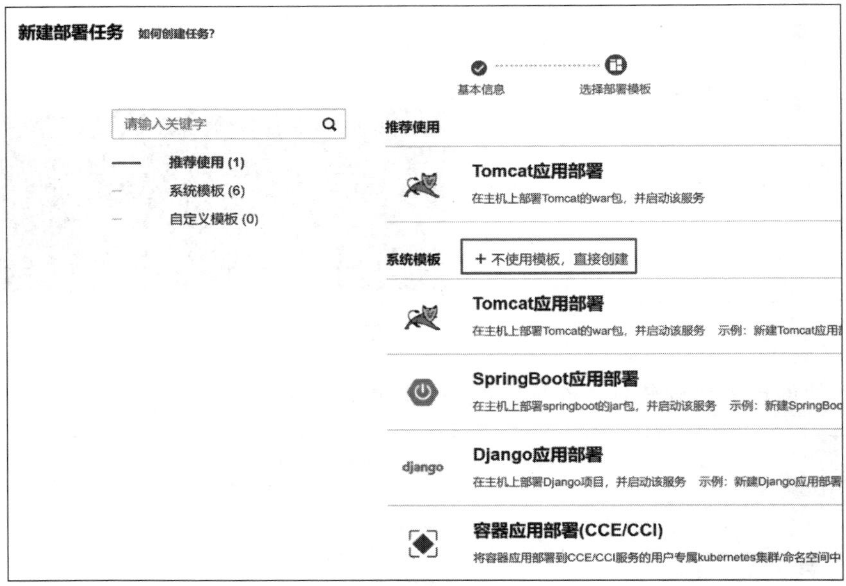

图 2.10　新建部署任务

部署需要在华为云服务上进行，首先要新建主机组（确保该用户下有华为云服务器），设置相关信息如图 2.11 所示。其中，主机名可任取，IP 为公网 IP。

图 2.11　设置主机

首先，执行 shell 命令来创建 Node.js 的安装目录，如图 2.12 所示。其中，主机组为上一步设置的主机组，命令如下：

```
# 创建 Node.js 安装目录
mkdir /usr/local/nodejs
```

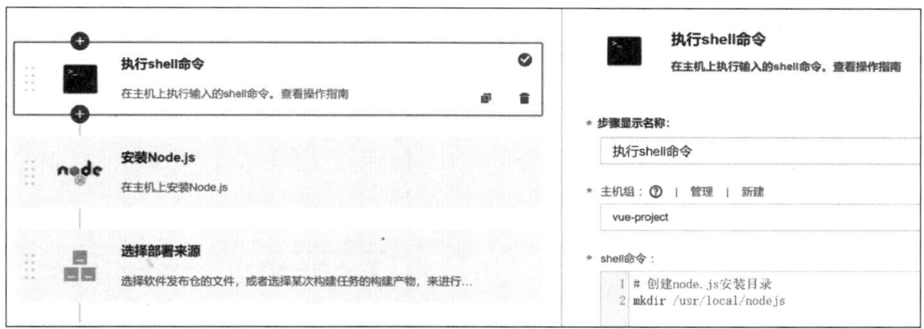

图 2.12　创建 Node.js 的安装目录

安装 Node.js（版本保持默认），安装路径为上一步创建的路径即/usr/local/nodejs，如图 2.13 所示。

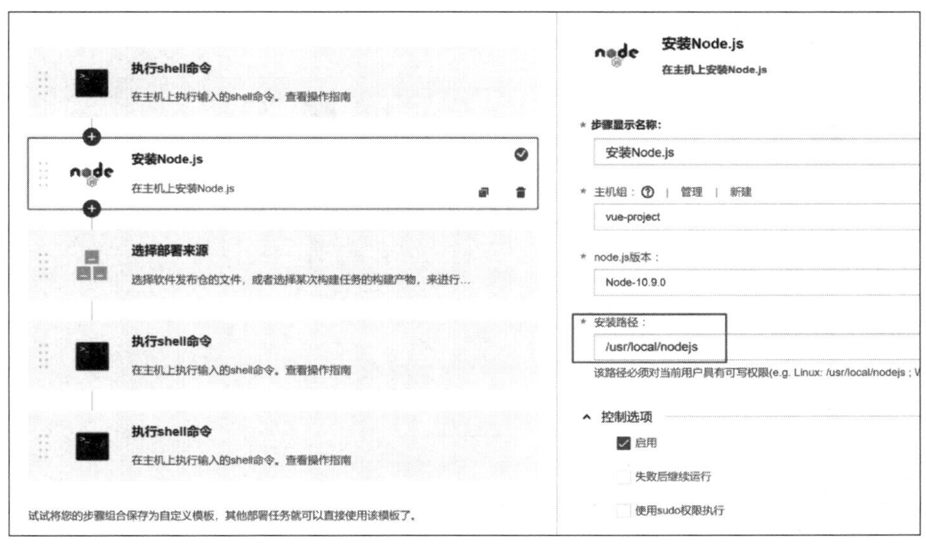

图 2.13　安装 Node.js

选择部署来源，在“选择源类型”选项区域选中“构建任务”单选按钮，在“构建序号”文本框中填写 Latest，即为最新编译版本，最后将“下载到主机的部署目录”设置为/opt/front-server/。为了解决前端跨域的问题，需要设置跨域服务器，根据 GitHub 项目（https://github.com/Andy1621/front-server）的说明，复制到部署目录同一目录下，设置服务器地址。设置部署来源如图 2.14 所示。

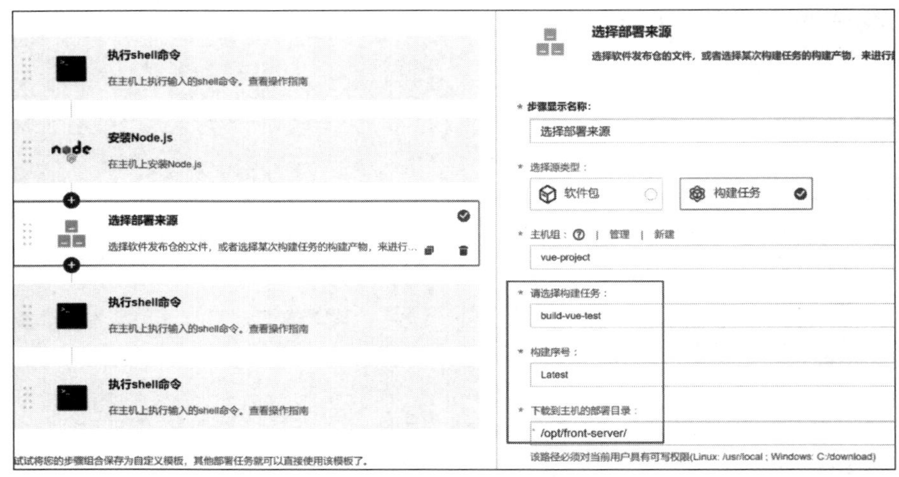

图 2.14　设置部署来源

下载到主机后，进入项目目录，解压编译压缩文件，如图 2.15 所示。命令如下：

```
# 进入静态服务器目录
cd /opt/front - server
# 解压前端打包软件
tar - xvf /opt/front - server/dist.zip
```

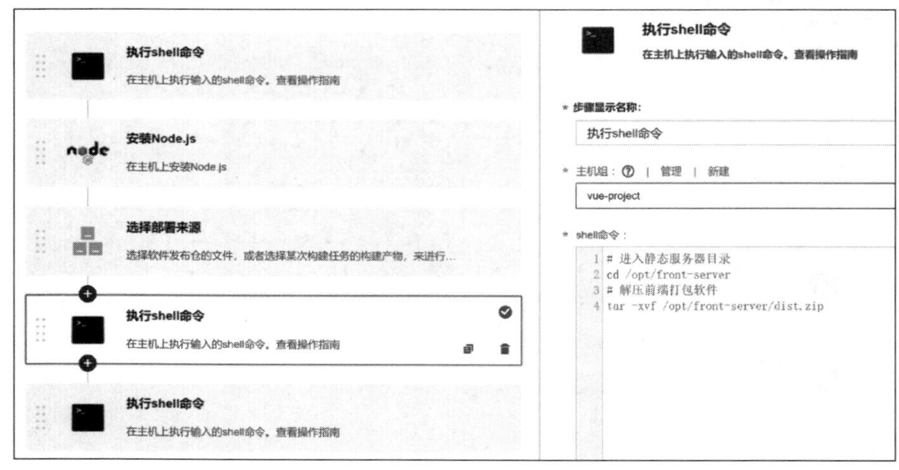

图 2.15　解压编译压缩文件

最后执行命令安装相关 npm 包，建立软链接并启动 pm2 服务，如图 2.16 所示。命令如下：

```
# 设置全局默认安装目录
npm config set prefix '~/.npm - install'
# 安装 nrm 包
npm install - g nrm
# 建立软链接
ln - s /root/.npm - install/bin/nrm /usr/local/bin/nrm
```

```
# 使用淘宝镜像
nrm use taobao
# 安装 pm2
npm install -g pm2
# 建立软链接
ln -s /root/.npm-install/bin/pm2 /usr/local/bin/pm2
# 进入软件目录,安装相关依赖
cd /opt/front-server && npm install
# 启动 pm2
PORT=8000 pm2 start index.js --name test
```

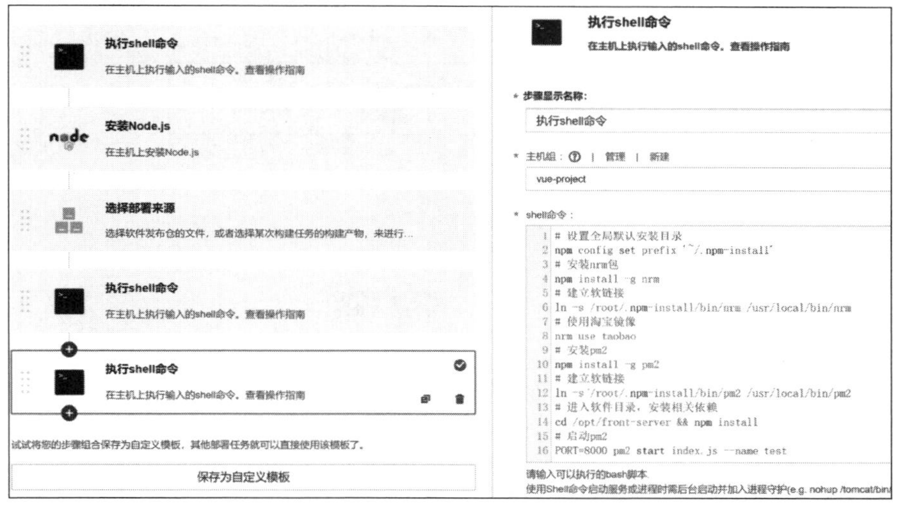

图 2.16 安装依赖包启动服务

单击“保存”按钮,可以看到的部署成功的提示,表示前端已在服务器的 8000 端口成功启动,界面如图 2.17 所示。

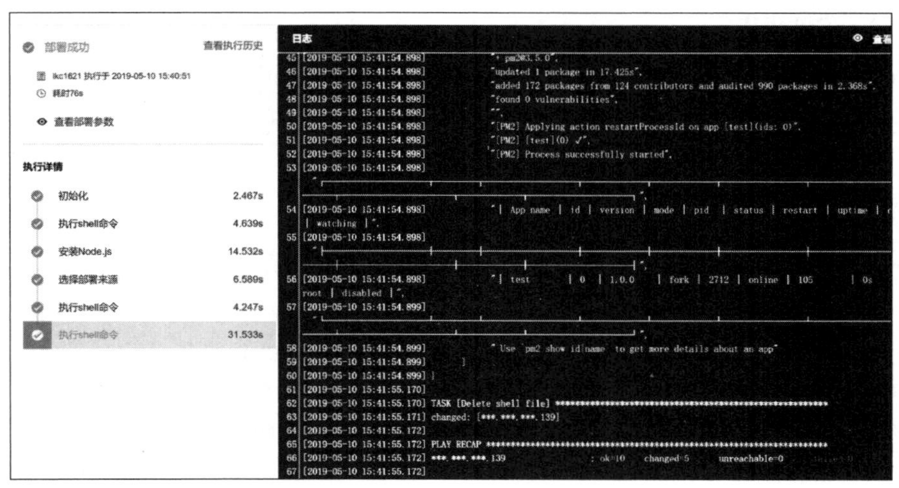

图 2.17 部署

访问之前设置的 IP 地址与端口，可以看到 Vue 页面，如图 2.18 所示。

图 2.18　编译部署成功

2.3　敏捷开发的重要概念

敏捷不是方法论，也不是开发软件的具体方法，更不是开发框架或过程，而是一套价值观和原则，其示意图如图 2.19 所示。Scrum 与看板是敏捷开发的两种常见形式。

2.3.1　Scrum

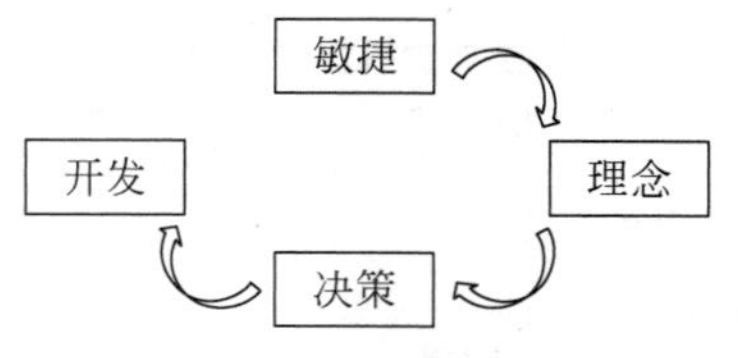

图 2.19　敏捷开发示意图

Scrum 作为敏捷的落地方法之一，用不断迭代的框架方法来管理复杂产品的开发，成为当前最火的敏捷管理方法。项目成员会以 1～2 周为一个迭代周期（Sprint）不断地产出新版本软件，而在每次迭代完成后，项目成员和利益方再次碰头确认下次迭代的方向和目标。

Scrum 有一套其独特且固定的管理方式，从角色、工件和不同形式的会议 3 个维度出发，来保证执行过程的高效性。例如，在每次迭代周期开始前会确立整个过程：迭代规划、每日站会、迭代演示和回顾，并在迭代周期期间用可视化工件确认进度和收集客户反馈。

1. Scrum 中的 3 种角色

（1）产品经理：产品经理负责规划产品，并将研发这种产品的愿景传达给团队；整理产品需求清单（Backlog），关注市场需求的变化，进而调整产品需求优先级，确认下次迭代需要交付的功能；与团队、客户、利益相关方保持沟通和反馈，保证每位项目成员了解项目意义和愿景。

(2) Scrum Master：Scrum Master 帮助团队尽其所能地完成工作。例如，组织会议，处理遇到的障碍和挑战，与产品经理合作，在下次迭代前准备好 Backlog，确保团队遵循 Scrum 流程。Scrum Master 对团队成员在做的事情没有权力干预，但对这一过程拥有掌控的权利。例如，Scrum Master 不能告诉某人该做什么，但可以提出新的迭代周期。

(3) Scrum 团队：Scrum 团队由 5～7 名成员组成。与传统的开发团队不同，成员们没有固定角色，比如会由测试人员来做研发。Scrum 团队成员间相互帮助、共享成果，旨在完成全部的工作。Scrum 团队需要做好整体规划，并为每次迭代分配合适的工作量。

2. Scrum 会议

Scrum 会议包括整理产品需求清单、确定迭代规划、梳理迭代任务清单等步骤，如图 2.20 所示。

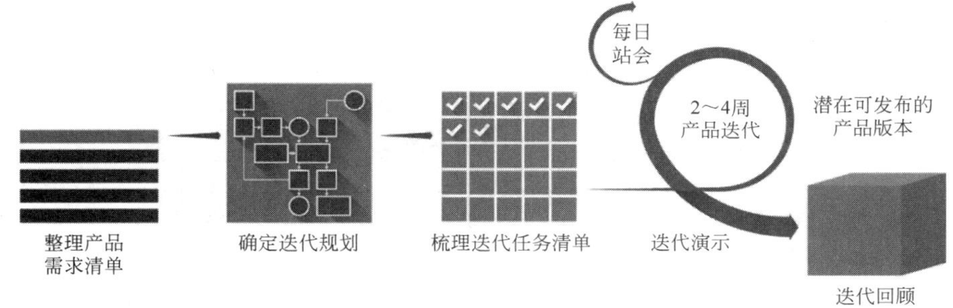

图 2.20　Scrum 会议

(1) 整理产品需求清单：产品经理和 Scrum 团队进行碰头，基于用户故事和需求反馈来确定产品需求的优先级。Backlog 并不是代办事项列表，而是产品的所有功能列表。研发团队在每次迭代阶段会完成清单中一部分，最终完成整个项目。

(2) 确定迭代规划：在每次迭代开始之前，产品经理会在迭代规划会议上和团队讨论优先级高的功能需求；然后确认有哪些功能将会在下次迭代时完成，并将这些功能从产品需求清单中移至迭代任务清单中。

(3) 梳理迭代任务清单：结束迭代后，产品经理需要和 Scrum 团队碰头来确认下次迭代的任务清单。团队可以利用这个阶段剔除相关度低的用户故事，提出新的用户故事，再重新评估故事的优先级或将用户故事分成更小的任务。这次梳理会议的目的是确保迭代任务清单里的内容足够详细，并且和项目目标保持一致。

(4) 每日站会：每天花 15 分钟左右开一次站会，期间团队每个成员都会讨论当前的进度和遇到的问题。这个过程有助于团队保持日常联系。

(5) 迭代演示：在每次迭代结束时，团队需要向产品经理报告已完成的工作，并做产品现场演示。

(6) 迭代回顾：在每次迭代结束后，团队需要开例会总结通过 Scrum 进行研发带来的影响，并探讨在下次迭代中是否有能做得更好的地方。

3. Scrum 项目所需的常用工件

(1) Scrum 任务板：用户可以用 Scrum 任务板使迭代周期任务清单形象化。任务板可以用不同的形式来呈现，比较传统的方法有索引卡、便利贴或白板。Scrum 任务板通常分为 3 列：待办事项、正在进行中和已完成。团队需要在整个迭代周期过程中不断更新。例如，如果某人想出新任务，他会写一张新卡并将其加入合适的位置。

（2）用户故事：用户故事是从客户角度对软件提出功能的描述。它包括用户类型细分，即用户想要什么以及为什么需要它。它们遵循相似的结构："作为'用户类型'，我希望'执行某项任务'以便我能'实现某个目标'"。团队根据这些用户故事进行研发来满足用户需求。

（3）燃尽图：竖轴表示迭代任务清单，横轴表示剩余时间。剩下工作可以通过不同的点位或其他指标来表示。当事情不按照计划进行并且影响后续决策时，燃尽图可以在这时给团队提示。燃尽图如 2.21 所示。

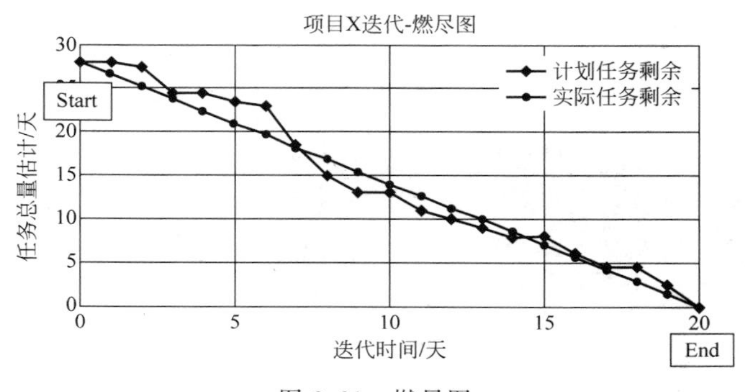

图 2.21　燃尽图

2.3.2　看板

看板作为可视化框架可以用于敏捷方法，能够清晰地向项目成员展示整个项目进度（要做什么、什么时候做、做多少）。当需要对系统进行小幅度改动时，可以采用看板方法来轻量化地解决这个问题，因为看板本身并不需要额外地制订流程。

看板的灵感来源于丰田生产系统和精益生产。在 20 世纪 40 年代，丰田工程师 Taiichi Ohno 从超市库存管理的动态平衡中受到启发并借此建立对应的模型来改进其工程的工作流。当货架空了，仓管就会第一时间去补货和进货，这样既能够随时满足客户的需求，又不至于有过多的库存积压，从而始终保持供需平衡，提高库存管理效率。

这些想法时至今日依然适用于软件团队和 IT 项目。在这种情况下，开发中工作（WIP）代替库存，只有看板上空了以后才能加入新工作。看板能很好地将 WIP 数量与团队能力结合，从而达到生产过程中的动态平衡，提高了工作的灵活性、透明度和产出质量。

看板图是项目中实施看板的常见工具，如图 2.22 所示。依照传统，开发团队用一块白板和看板卡（便利贴或者白纸＋磁铁）就能当看板图用了，便利贴代表着不同的工作。当然近年来项目管理软件工具已经能够在线创建看板了。

无论用哪种形式来创建看板图，都会有一个必须遵守原则：划分为不同列来代表其工作状态。比如最为常见的，一般分三列：代办、进行中、已完成。软件开发项目的分列可能包括待办、准备阶段、研发、测试、审批和已完成。

看板项目包括以下 5 条核心原则。

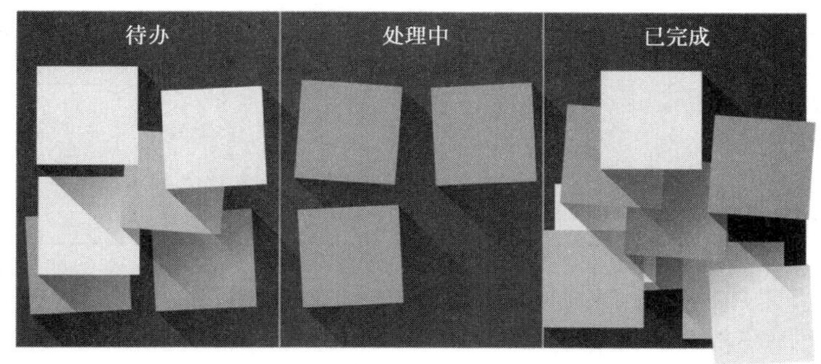

图 2.22　看板图

(1) 可视化工作流程：流程可视化可以帮助管理者清晰地了解整体情况和各项进度，尽早发现其中问题并及时进行改进。

(2) 限制工作进度(WIP)：WIP 将确定看板图上每列的最大、最小工作量。通过对 WIP 进行限制，开发者能够根据自己的意愿来调整速度和灵活度，从而提升解决高优先级需求的效率。

(3) 管理和改进流程：团队需要对看板图上的流程进行定期监控和总结改进。

(4) 制订明确的执行策略：为了防止在进行看板时发生协作变化，因此团队需要有明确的执行策略。每位成员都需要了解如何完成任务和"完成"的真正含义。

(5) 持续改进：看板方法有利于鼓励持续性的小幅度改进。一旦看板系统到位，该团队将能够识别和理解问题并提出改进建议。团队通过回顾总结工作流和测量周期时间来评估其有效性，提高产出质量。

2.3.3　Scrum 与看板的区别

Scrum 与看板有所不同，看板对团队的个人能力要求较高，具有更高的灵活性，适合新产品，而 Scrum 适合成熟一点的产品和团队。差异细节如表 2.1 所示。

表 2.1　Scrum 与看板的区别

Scrum	看　板
要求定时迭代	无指定的定时限迭代，可以分开计划、发布、过程改进，可以事件驱动而不是限定时限
团队在每个迭代周期须承诺一定数目的工作	承诺不是必须的
以速度作为计划和过程改进的度量标准	使用开发周期作为计划和过程改进的度量标准
要求团队是跨功能的，即需要具备完成迭代全部任务所需的技能	不强制要求跨功能团队
工作任务细分，可于一个迭代周期内完成	没有指定工作任务量
指定使用燃烧图	没有指定任何图表
间接限制开发中工作(每个迭代)	设定开发中工作的限制(每个工作流程状态)
规定估算过程	没有指定任何估算方式
在迭代中不能加入新工作任务	只要生产力允许，可以随时加工作任务
由单一团队负责迭代需求清单	多个团队和团员分享看板

续表

Scrum	看　板
指定 3 个角色(产品经理、Scrum Master、Scrum 团队)	没有指定任何团队角色
Scrum 看板在每个迭代后重设	看板反映持久的开发情况
规定优先化的产品需求清单	优先级是非必需的

更具体来说,如果团队需要在某特定的时间发布或推广产品,以达到一定的市场预期,则团队一般会将需求进行拆分和细化为较小的需求,然后通过检查每个迭代周期的进度并进行调整,从而预测交付时间,进而确保整个项目成功交付,这时 Scrum 是首选的方式。但由于 Scrum 承诺在迭代周期内对计划不做修改,如果团队须要应对紧急情况或者修改任务的优先级,则看板方法可以更好地适应此种情况。在 Scrum 中每个迭代周期的时间长度是固定的,一般为 2～4 周,并且每个迭代周期结束后会交付潜在的、可交付的产品增量,如果项目需要有固定的交付时间(2～4 周),那么 Scrum 是比较好的选择。如果团队不足 5 人,在人员方面可能无法发挥 Scrum 的最大功效或存在一定程度的浪费,那么建议使用看板方法。

在实际的小团队项目敏捷开发中,笔者认为 Scrum 和看板都是不错的选择,可视具体情况,灵活调整迭代周期,在两种模式上进行自行微调。

以开发一个博客网站为例,网站的基本功能包括登录注册,与博客内容相关的编辑、发布、收藏、评论、推荐、搜索以及与博客作者相关的查看、跟踪、搜索等。

若采用 Scrum 开发,Scrum 团队首先与用户一起整理产品需求清单,再将用户故事按照优先级排列。其次,在第一次迭代前确定迭代规划,如第一次迭代计划实现登录注册和博客的编辑、发布、收藏、评论功能,并且把每个用户故事划分为更小的用户故事,如把登录拆分为前端与后端的设计。然后实施迭代,在迭代的每天召开站会以便掌握团队进度。在迭代后进行迭代演示,并且梳理产品需求清单,确保产品需求清单里的内容足够详细。然后进行迭代回顾,总结有待改进的地方。然后重复前面的步骤,开始第二次迭代。

若采用看板开发,团队同样需要和用户先确定用户故事,并且根据团队实际情况设置 WIP。若将开发过程分列为待办、准备阶段、研发、测试、审批和已完成,在每轮迭代开始前,团队可以选取本轮迭代计划开发的用户故事,还可进一步将其划分为更小的用户故事,并严格设定需求优先级。如在第一次迭代实现博客内容的相关功能,编辑和发布优先级最高,收藏评论次之;然后,至少每天检查一次看板,将看板上的工作项在满足 WIP 的情况下在不同开发过程中调整顺序,若遇到 WIP 限制的情况,人员可灵活调整。看板与 Scrum 不同的是,在一次迭代中可以灵活地添加用户故事,快速地响应需求变化。

2.3.4　用户故事

开发团队在拿到需求之后首先需要进行需求规划与需求分解。DevCloud 平台提供了方便的需求规划与管理工具。需求规划是以思维导图的形式将工作项的层级结构展示出来,更直观地展示父子关系。在需求规划中新建工作项后,会自动生成到 Epic、Feature、Backlog 和迭代页面列表中。在 DevCloud 平台上,项目中已创建的工作项,如果从属于 Epic 根节点,会自动同步到需求规划页面。团队需要按照工作项类型的层级关系(从大到小依次为“Epic→Feature→Story→Task/Bug”)进行需求规划,具体为添加 Epic 类型工作项、给 Epic 工作项添加 Feature 类型子工作项、给 Feature 工作项添加 Story 类型子工作项,最终建立类似思维导图的需求规划图。

1. 不同级别的工作项

(1) Epic:中文通常翻译为史诗,指公司的关键战略举措,可以是重大的业务方向,也可以是重大的技术演讲。

(2) Feature:中文通常翻译为特性,代表可以给客户带来价值的产品功能或特性。

(3) Story:中文通常翻译为用户故事,用户故事的简称,是从用户角度对产品需求的详细描述,更小粒度的功能。

(4) Task:任务,通过将用户故事分解为一个或多个任务,并分配给团队具体成员。是粒度最小的工作项。

2. 用户故事

实际开发流程中,最为重要的是做好用户故事的划分。用户故事是从用户的角度来描述用户渴望得到的功能。

(1) 用户的 3 个要素。

① 角色:谁要使用这个功能。

② 活动:需要完成什么样的功能。

③ 商业价值:为什么需要这个功能,这个功能带来什么样的价值。

需要注意的是用户故事不能使用技术语言来描述,要使用用户可以理解的业务语言来描述。

(2) 3C 原则。用户故事的描述信息以传统的手写方式写在纸质卡片上,由此 Ron Jeffries 提出了如下 3C 原则。

① 卡片(Card):用户故事一般写在小的记事卡片上。卡片上可能会写上故事的简短描述,工作量估算等。

② 交谈(Conversation):用户故事背后的细节来源于和客户或者产品负责人的交流与沟通。

③ 确认(Confirmation):通过验收测试确认用户故事被正确地完成。

(3) INVEST 原则。一个好的用户故事应该遵循 INVEST 原则。

① 独立性(Independent):要尽可能地让一个用户故事独立于其他的用户故事。用户故事之间存在依赖性,这使得制订计划、确定优先级、估算工作量都变得很困难。通常可以通过组合用户故事和分解用户故事来减少依赖性。

② 可协商性(Negotiable):一个用户故事的内容要是可以协商的,用户故事不是合同。一个用户故事卡片上只是对用户故事的一个简短的描述,不包括太多的细节。具体的细节会在沟通阶段列出。因为如果一个用户故事卡片上带有了太多的细节,那么实际上会限制了和用户的沟通。

③ 有价值(Valuable):每个故事必须对客户具有价值(无论是用户还是购买方)。一个让用户故事更具价值的好方法是让客户来写下它们。一旦一个客户意识到这是一个用户故事而不是一个契约并且可以进行协商的时候,他们将非常乐意写下用户故事。

④ 可以估算性(Estimable)：开发团队需要去估计一个用户故事以便确定优先级和工作量以及安排工作计划。但有些开发者难以写出用户故事，这是因为他们对于领域知识的缺乏(这种情况下需要更多的沟通)或者故事太大了(这时需要把故事切分成小些的)。

⑤ 短小(Small)：一个好的故事在工作量上应尽量短小，最好不要超过 10 个理想人/天的工作量，至少要确保的是在一个迭代或迭代周期中能够完成。用户故事越大，在安排工作计划时，工作量估算等方面的风险也就会越大。

⑥ 可测试性(Testable)：一个用户故事必须是可以测试的，以便于确认它是可以完成的。如果一个用户故事不能够测试，那么就无法知道它什么时候可以完成。

下面介绍在 DevCloud 创建需求规划，划分用户故事的操作步骤。

首先，创建好 DevCloud Scrum 项目之后，选择顶部菜单栏"工作"菜单中的"需求规划"选项进入需求规划页面，如图 2.23 所示。新项目首次进入该页面会有新建一个 Epic 工作项的指引。用户可以按照指示单击带有加号的框体创建一个 Epic 工作项，如图 2.24 所示。

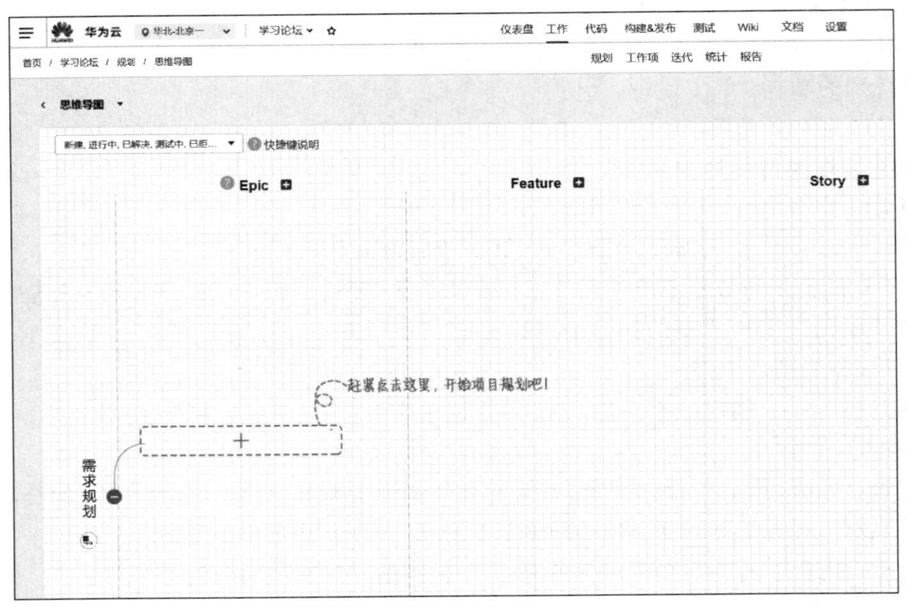

图 2.23 需求规划页面

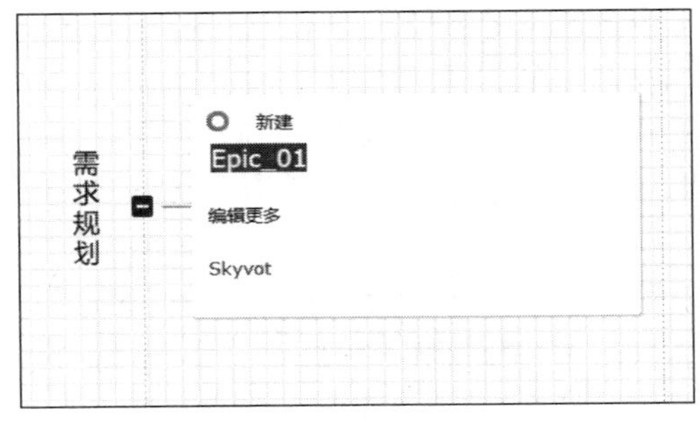

图 2.24 新建 Epic 工作项

在新建的工作项中，单击“编辑更多”按钮进入详细的编辑页面，如图 2.25 所示。在该页面可以编辑详细描述信息、子工作项、关联、详细工时等信息，右侧基本信息栏中的内容也可以自由编辑。

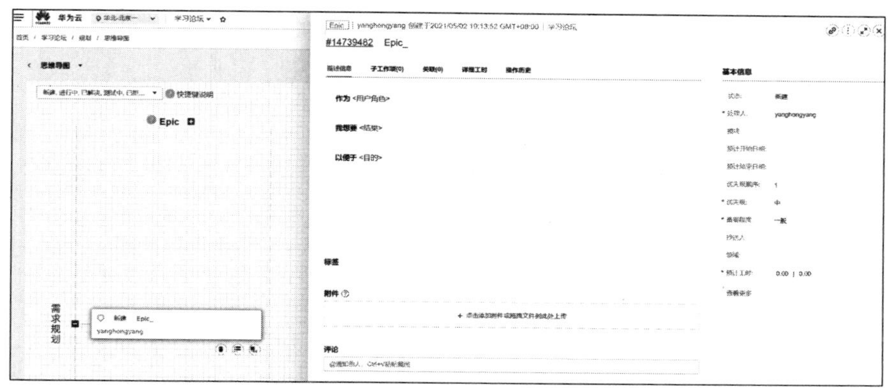

图 2.25　工作项编辑页面

DevCloud 的需求规划是类似思维导图的形式，每个工作项都可以扩展出下一层级的子工作项分支，最终形成树状的结构。为一个工作项添加子工作项有两种方法：第一种是将鼠标指向想要编辑的父工作项，在右下角图标中单击“插入子节点”按钮即可；第二种是通过父节点的工作项编辑页面，选择“子工作项”菜单进行子工作项的管理，如图 2.26 所示。新的工作项创建后的结果，如图 2.27 所示。注意，最低层级的工作项无法再创建子工作项。

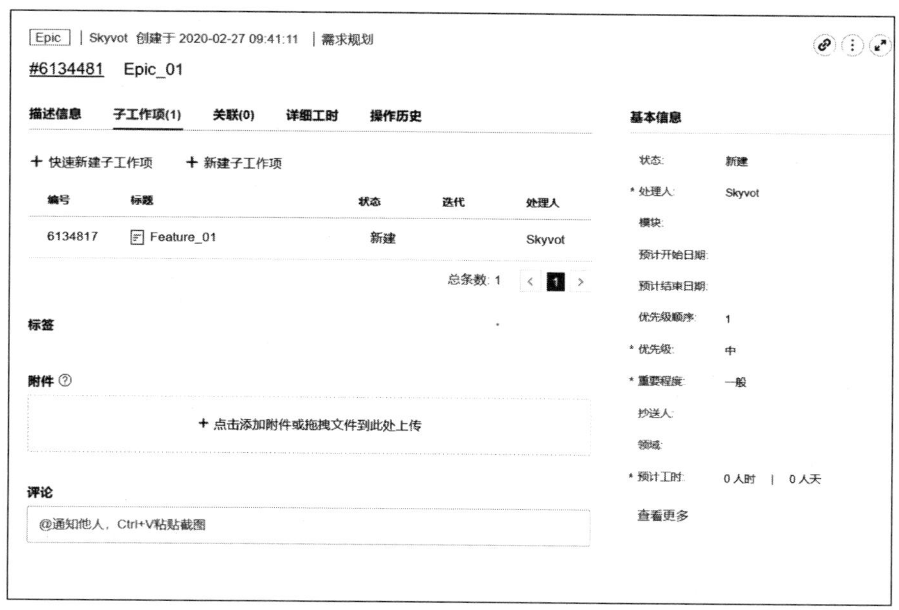

图 2.26　子工作项菜单

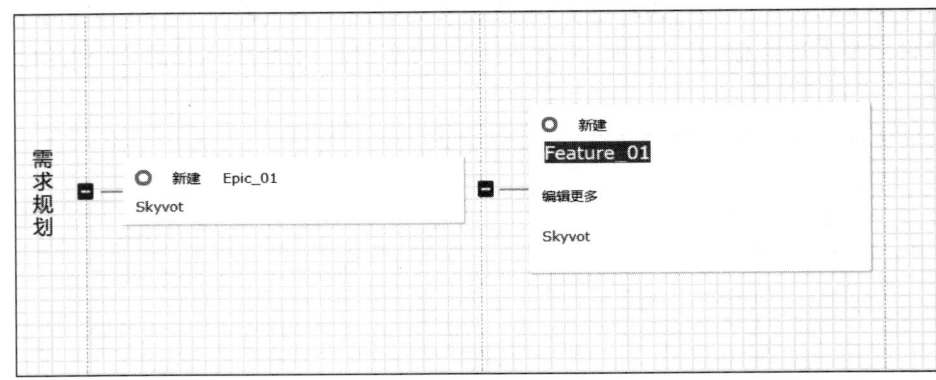

图 2.27　子工作项创建结果

通过对需求的逐级分解，管理者可以最终在该页面形成树状的需求规划结构，如图 2.28 所示。在需求规划图中，管理者不仅可以看到需求划分情况，还可以查看每一个工作项的工作计划、进度情况等一系列信息。管理者可以结合需求规划图进行项目进度的管理工作。

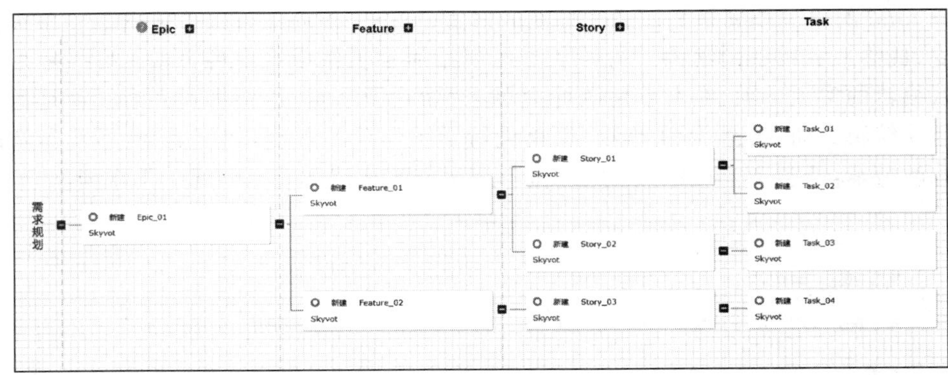

图 2.28　需求规划图

2.3.5　Backlog

Backlog 是 Scrum 中经过优先级排序的能动态刷新的需求清单，用来制订发布计划和迭代计划。使用 Backlog 可以通过需求的动态管理应对变化，避免浪费，并且易于优先交付对用户价值高的需求。

Backlog 的关键要点如下所述。

(1) 清楚表述列表中每个需求任务对用户带来的价值，作为优先级排序的重要参考。

(2) 动态的需求管理而非“冻结”方式，PO 持续地管理和及时刷新 Backlog，在每轮迭代前，都要重新筛选出高优先级需求进入本轮迭代。

(3) 迭代的需求分析过程，而非一次性分析清楚所有需求（只对近期迭代要做的需求进行详细分析，其他需求停留在粗粒度）。

DevCloud 提供了便捷的 Backlog 管理功能。使用 DevCloud 进行产品需求分解并创建需求规划之后，DevCloud 会自动生成 Backlog，使用者可以选择顶部菜单栏"工作"菜单的 Backlog 选项进入需求规划页面，如图 2.29 所示。在 Backlog 页面可以看到所有工作项的优先级、完成度、开发计划等信息。使用者也可以根据自己的喜好选择展示的工作项相关信息，单击页面右上角设置按钮，选择"设置显示字段"选项即可打开"设置列表显示字段"窗口，如图 2.30 所示。

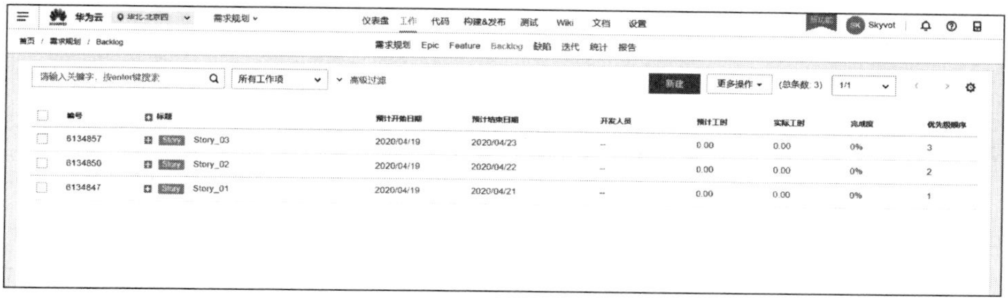

图 2.29 需求规划页面

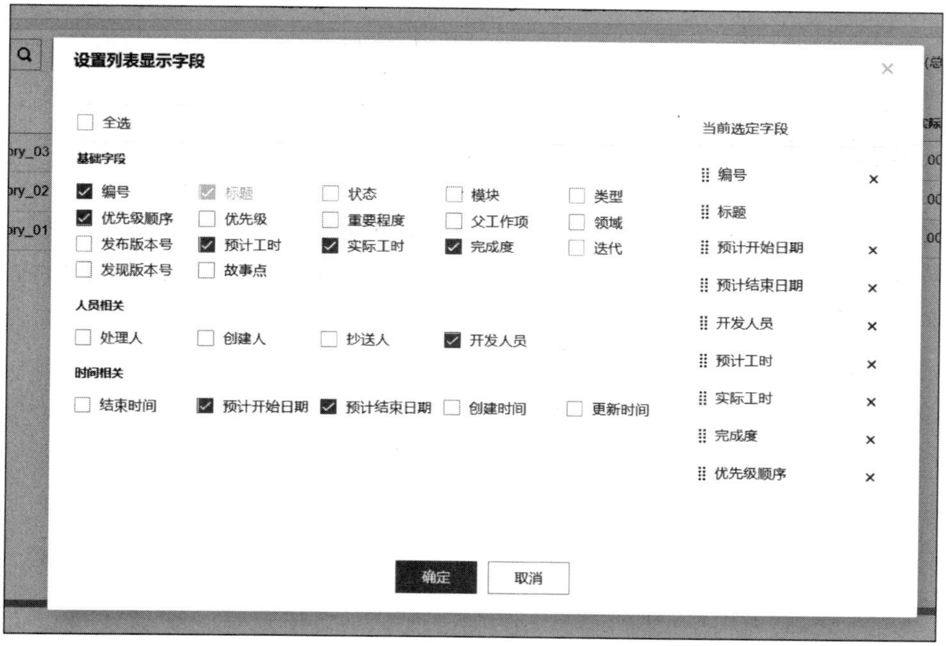

图 2.30 "设置列表显示字段"窗口

在迭代开发的过程中，随着项目进度的推进，工作项的进度、状态、计划都有可能需要随时更新，如果想对某个工作项进行修改可以通过单击该工作项标题的方式进入工作项编辑页面，如图 2.31 所示。

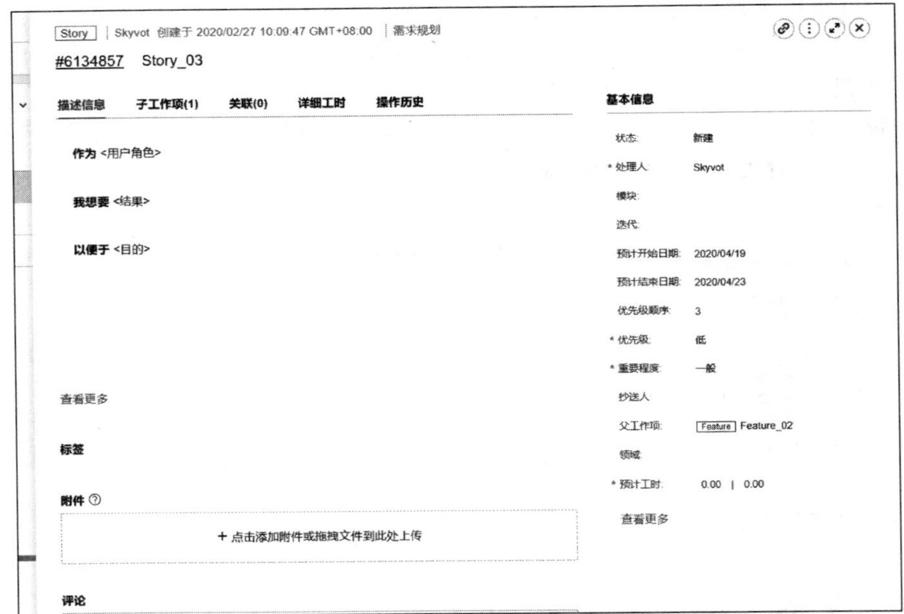

图 2.31 工作项编辑页面

2.4 本章小结

本章首先介绍了敏捷的基本概念，包括敏捷宣言和敏捷原则，接着展示了一个 DevCloud 敏捷开发的项目实例，然后介绍了 Scrum 与看板这两种常见的敏捷形式以及它们的区别，最后简单说明了用户故事和 Backlog 的含义。

第 3 章

技术准备与实践

在进行实战开发之前，开发者必须具备一定的技能才能投身于项目开发。本章将介绍包括 Enterprise Architect 以及 Git 在内的软件开发常用技术，并说明本书实战案例所采用的技术选型以及所选技术方案在 DevCloud 上的编译部署步骤。

3.1 软件开发常用技术

在实践项目开展之前，需要对学生进行相关知识、技术的培训，主要包括 Enterprise Architect（以下简称为 EA）的使用，软件开发模型，DevCloud 使用教程等。

3.1.1 Enterprise Architect 的使用

EA 是一款能够极好地支持软件系统开发的 CASE(Computer Aided Software Engineering) 软件，它与应用范围限制较大的普通 UML 画图工具（如 VISIO）不同，能支撑系统开发的全过程。在需求分析阶段、系统分析与设计阶段、系统开发及部署等方面，EA 都有着强大的支持。同时 EA 还支持 10 种编程语言的正反向工程、项目管理、文档生成以及数据建模。

EA 一般用于瀑布开发模型，敏捷开发一般不需要进行大规模的详细软件设计，但熟练掌握 EA 的使用仍然是开发者必备的技能。下面将以在 EA 中新建项目和用例图为例简单介绍 EA 的使用方法。

EA 初始界面如图 3.1 所示。

图 3.1　Enterprise Architect 初始界面

下面将简要介绍使用 EA 新建用例图的全过程示例。

单击“新文件”按钮，即可创建一个新的 EA 项目。在新建项目成功后，EA 会弹出“模型向导”对话框，如图 3.2 所示。用户在选中所需图表后，EA 就会初始化所需组件。

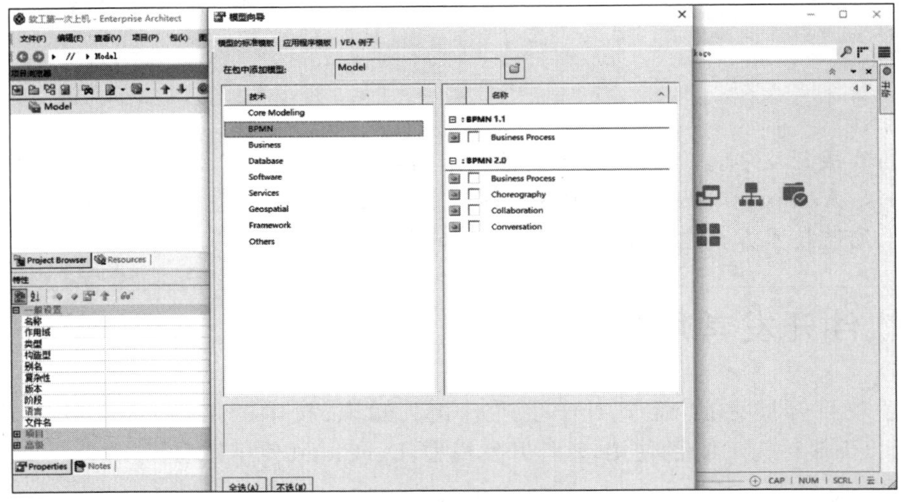

图 3.2 “模型向导”对话框

在选定所需图表后，右击 Model 选项，单击“增加”选项，在“增加”菜单栏中选择“新建增图”选项。图表初始化过程如图 3.3 所示。

图 3.3 图表初始化过程

在弹出的“创建新视图”对话框中选择“用例图”选项，填写视图名称，单击“确定”按钮，如图 3.4 所示。

右击创建好的用例图视图，在菜单栏中选择“添加图”选项，如图 3.5 所示。

在弹出的“新建图”窗口中，在“选自”菜单栏选择 UML Behavioral 选项。在“图的类型”菜单栏中选择 Use Case 选项，单击“确定”按钮，至此，用例图初步创建完成。如图 3.6 所示。

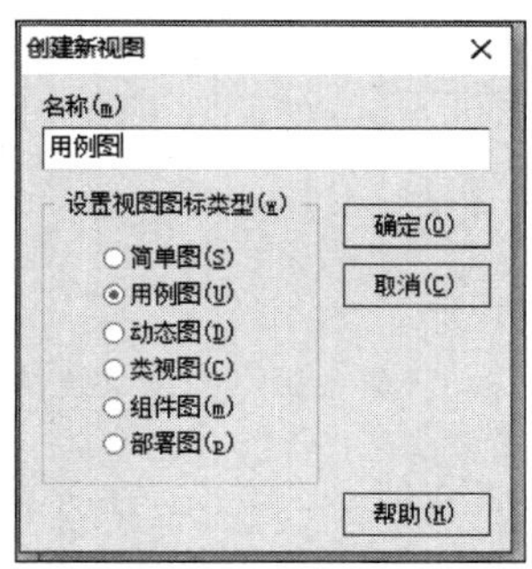

图 3.4　新视图初始化

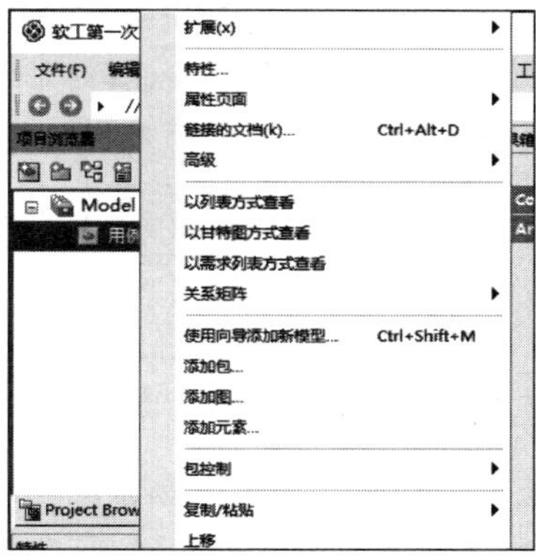

图 3.5　添加用例图

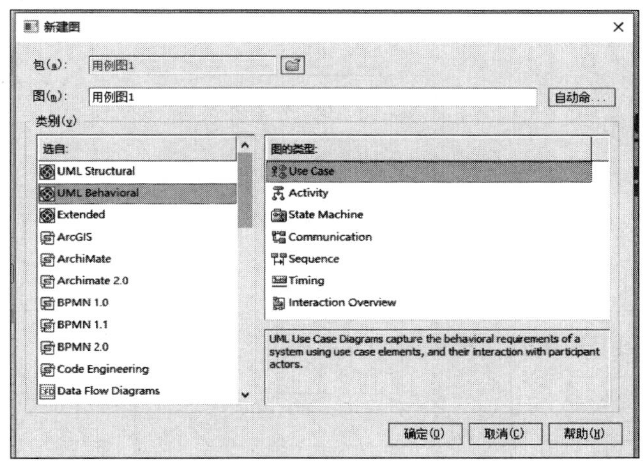

图 3.6　用例图创建完成

3.1.2　Git 的使用

Git 是一个版本控制系统，是指能随着时间的推进记录一系列文件以便开发者可以回退到某个版本的系统。Git 主要分为三类：本地版本控制系统、集中版本控制系统和分布式版本控制系统。

本地版本控制系统(LVCS)是指将文件的各个版本以一定的数据格式存储在本地的磁盘中的系统，其结构如图 3.7 所示。这种方式在一定程度上解决了手动复制粘贴的问题，但无法解决多人协作的问题。

集中版本控制系统(CVCS)与本地版本控制系统类似，但多了一个中央服务器，各个版本的数据存储在中央服务器，管理员可以控制开发人员的权限，开发人员也可以从中央服务器取得数据，其结构如图 3.8 所示。这解决了 LVCS 没有解决的多人协作问题，但由于数据集中存储，一旦服务器死机或者磁盘损坏，会带来不可估量的损失。

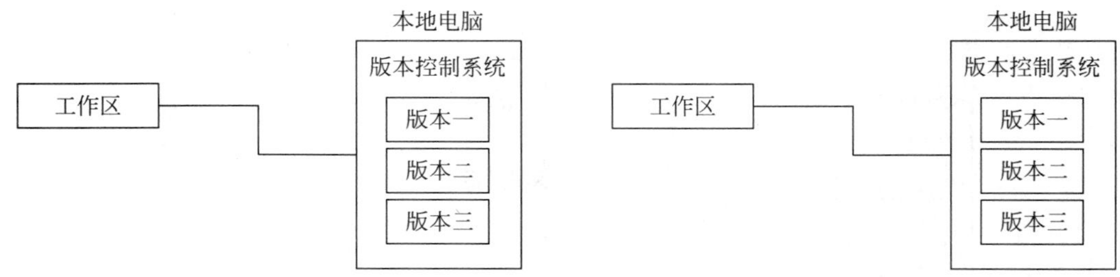

图 3.7　本地版本控制系统结构示意图　　　图 3.8　集中版本控制系统结构示意图

分布式版本控制系统与前两者均不同,其结构如图 3.9 所示。首先,在分布式版本控制系统中,系统保存的不是文件变化的差量,而是文件的快照,即把文件的整体复制并保存,而不关心具体的变化内容。其次,最重要的是分布式版本控制系统是分布式的,开发者从中央服务器复制代码时,复制的是一个完整的版本库,包括历史纪录、提交记录等,这样即使某一台机器死机也能找到文件的完整备份。

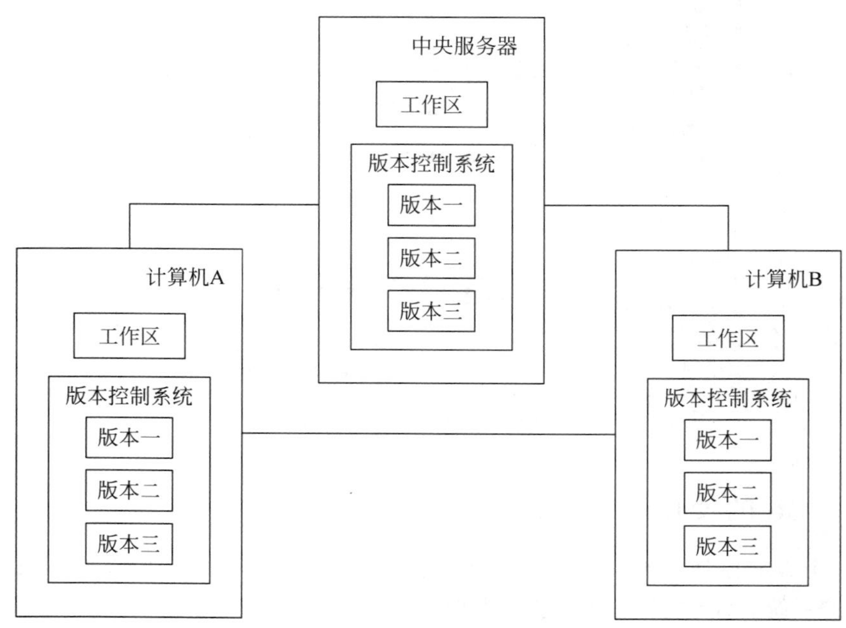

图 3.9　分布式版本控制系统结构示意图

Git 保存的是文件的完整快照,而不是差异变化或者文件补丁。每次提交,Git 保存的都是对项目文件的一个完整复制。这里容易让人疑惑的是,Git 占用的空间会不会随着提交次数的增加而线性增加呢? 比如项目大小是 10MB,提交了 10 次,占用空间是不是 100MB 呢? 显然不是,如果文件没有变化,它只会保存一个指向上一个版本文件的指针,也就是说对一个特定版本的文件,Git 只会保存一个副本,但可以有多个指向该文件的指针。

Git 有 3 个工作区域:工作目录、暂存区域和本地仓库,其关系如图 3.10 所示。工作目录是指当前进行工作的区域,该区域的文件状态为修改但未提交,即处于已修改状态

(modified)；暂存区域是运行 git add 命令后文件保存的区域，即下次提交要保存的文件，文件处于已暂存状态(staged)；本地仓库即版本库，记录了工程提交的完整状态和内容，文件处于已提交状态(committed)。

Git 从核心上看是简单地存储键值对，值为文件的内容，键为文件内容与文件头信息的 40 个字符长度的 SHA-1 校验和。Git 使用校验和并不是为了加密，而是为了保证数据的完整性，这样即便要回退到一个很久之前的 commit 状态，也不会出现一丝差错。当对文件进行了哪怕极少的修改，也会计算出完全不同的 SHA-1 校验和。

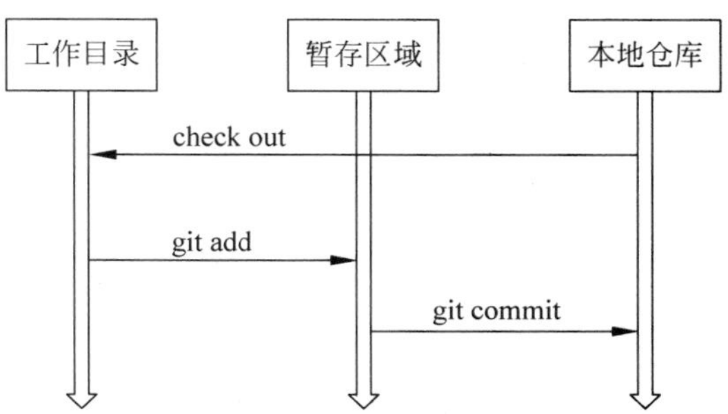

图 3.10　Git 的 3 个工作区关系示意图

SHA-1 校验和(即前面提到的文件的指针)与 C 语言指针不同，当 Git 指针指向的文件内容发生变化时，指针行也会发生改变。这样，对于每个版本的文件，Git 都有一个唯一的指针指向它。

在 Git 中存在着三大对象：tree、blog 和 commit。tree 对象类似于操作系统的目录，而 blog 对象类似于操作系统的文件，一个 tree 对象包含多个指向 blog 对象和 tree 对象的 SHA-1 指针，并包含对象的权限模式、类型和文件名信息等。commit 相当于一个顶层目录，指明了改时间点项目快照的顶层 tree 对象、作者信息等，注意除了第一次的 commit 对象，每个 commit 对象都有一个指向上一次 commit 对象的指针。

当开发者对文件进行修改并提交时，变化的文件会生成一个新的 blog 对象，用于记录文件的完整内容，然后针对该文件有一个唯一的 SHA-1 校验和，修改此次提交该文件的指针为该 SHA-1 校验和，而对于没有变化的文件，简单复制上一次版本的指针即 SHA-1 校验和，而不会生成一个全新的 blog 对象。

一个工程中各对象之间的关系如图 3.11 所示。图中每个对象对应不同的 SHA-1 检验和，File1-2 为 File1-1 的修改。

分支是 Git 进行版本控制的利器，Git 鼓励工程中频繁地使用分支与合并，因为 Git 分支是非常轻量级的，Git 本质上只是一棵巨大的文件树，树的每个节点就是 blog 对象，而分支只是树的一个分叉，即分支只是一个有名字的引用，创建分支就是向文件写入一个校验和，其速度极快。

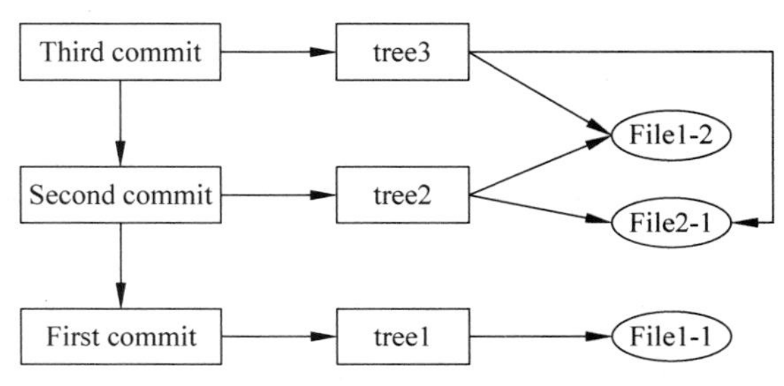

图 3.11　各对象之间的关系示意图

Git 默认分支为 master，创建分支命令如下：

```
git branch [branch - name]
```

[branch-name]为分支名字。切换分支命令如下：

```
git checkout [branch-name]
```

当分支合并时，如果顺着一个分支走下去可以到达另一个分支的话，那么 Git 在合并两个分支时只会简单地把指针右移，这种合并过程被称为快进。分支合并时的快进（Fast Forward）原理示意图如图 3.12 所示。

而当要合并的分支不在一条线时，Git 首先会用两个分支的末端和它们共同的祖先进行一次简单的三方合并计算并提交。将 v3、v5 和 v7 合并计算出 v8 并提交的过程如图 3.13 所示。

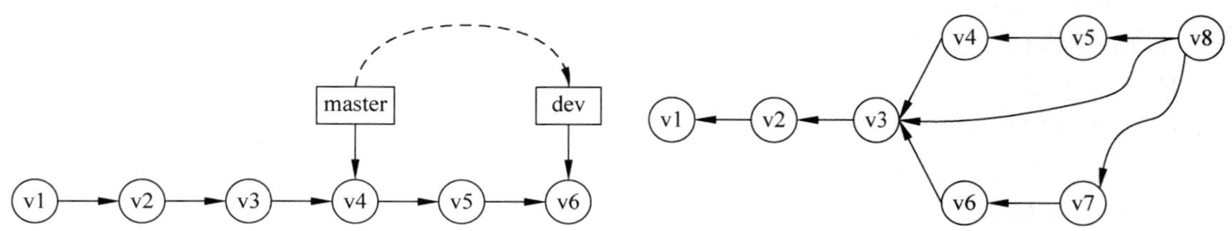

图 3.12　快进原理示意图　　图 3.13　将 v3、v5 和 v7 合并计算出 v8 并提交的过程

Git 常用指令如表 3.1 所示。

表 3.1　Git 常用指令

指　　令	含　　义
git clone	从远程版本库中复制一份全新的代码，保存到本地的新位置
git init	初始化版本库
git add	向索引中添加文件
git mv	在索引中移动文件
git rm	从索引中移出文件
git branch	查看、创建或者删除分支
git checkout	切换分支
git commit	创建提交
git merge	合并两个不同的开发版本
git fetch	从远程版本库中下载最新改动
git pull	从远程版本库中下载最新改动并于本地代码合并
git push	将提交上传到远程版本库中
git log	查看历史提交记录

下面简要介绍使用 Git 管理一个项目的流程。

(1) Git 仓库与分支的创建。

使用 Git 首先要在登录 GitHub 账号后新建一个项目，单击网页右上角用户头像，在菜单栏中选择 Your repositories 选项进入 repository 管理页面，之后单击 New 按钮新建仓库，如图 3.14 所示。

在 Create a new repository 页面中填写目录名 Repository name 以及仓库描述 Description，选择仓库为公开（Public）或私密（Private）。另外可以选择 Initialize this repository with a README 选项，这样项目新建之后会自动创建一个 README 文件用于展示项目简介。配置完

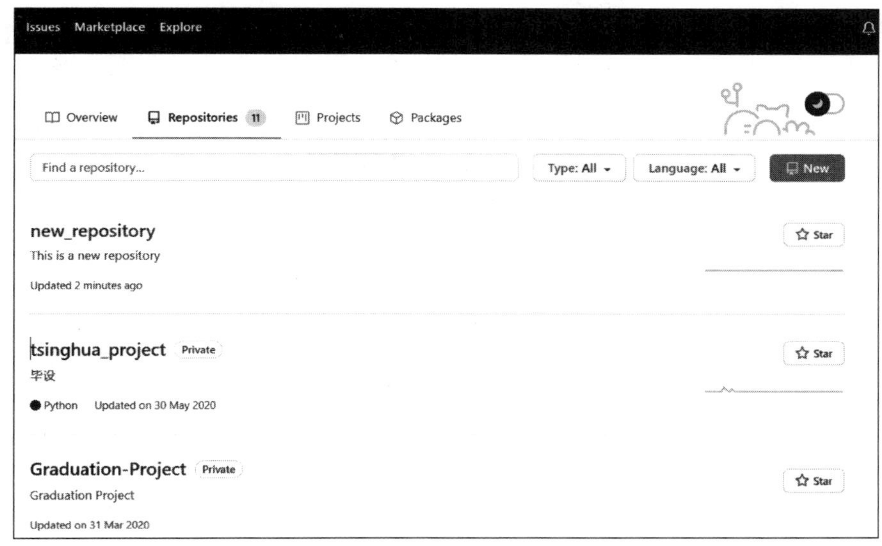

图 3.14　新建仓库

成后单击 Create repository 按钮，完成仓库创建。创建仓库后配置仓库选项如图 3.15 所示。

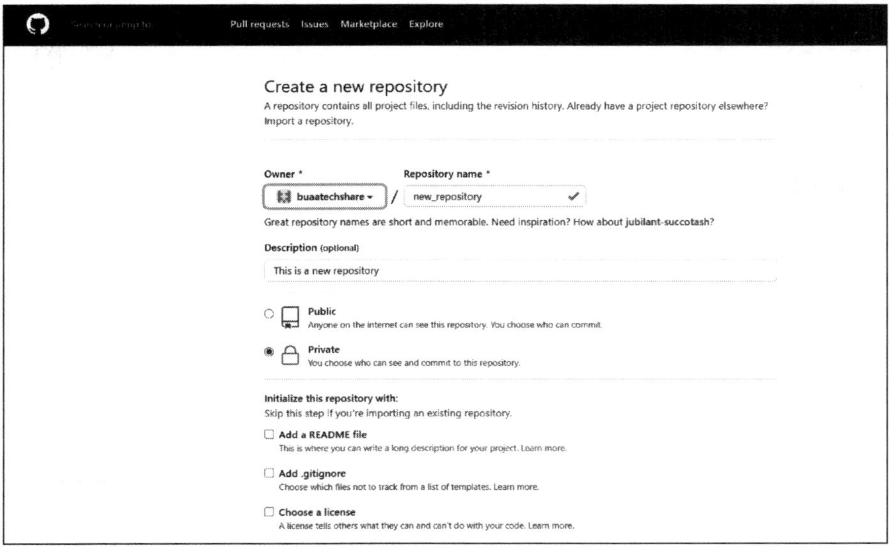

图 3.15　创建仓库后配置仓库选项

仓库创建完成后，可以在该仓库页面单击 Create new file 按钮在仓库中新建项目文件。新建项目文件如图 3.16 所示。

创建新的分支。单击 Branch：master 按钮，在弹出的文本框中输入新的分支名称，单击下方的 Create branch：bug from 'master'按钮即可完成新的分支的创建。创建新的分支如图 3.17 所示。

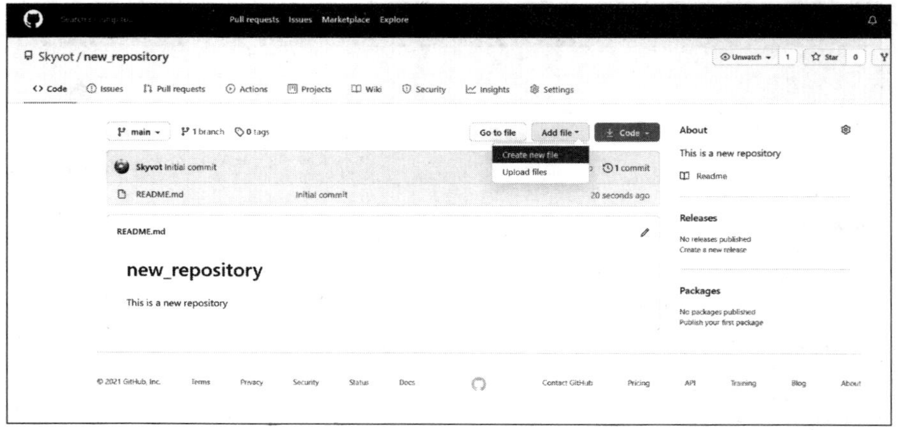

图 3.16　新建项目文件

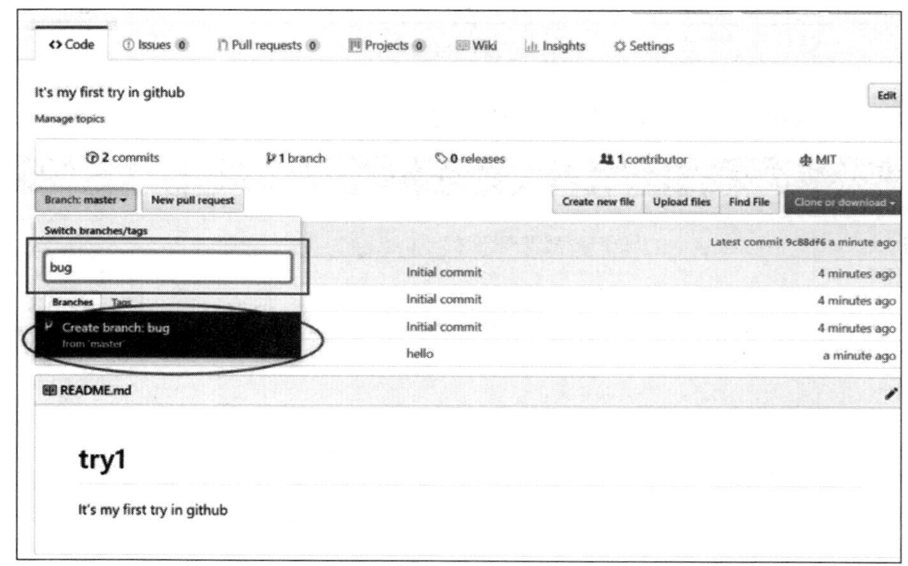

图 3.17　创建新的分支

在 Git 版本控制系统中，本地版本库与远程版本库的数据交互授权可以通过 HTTPS 与 SSH 两种方式实现。前者通过输入个人账户名与密码实现；后者需要在个人账户中配置 RSA 密钥，将私钥置于本地，将公钥上传至远程版本库，在这之后远程版本库将会通过 SSH 协议认证用户身份，无须在每次上传或下载改动时输入用户名与密码。

新的仓库创建完成后，用户须完成版本库成员授权。在工具栏中选择 Settings 选项卡，进入远程版本库配置页面，选择 Collaborators 选项，在下方文本框中输入待授权用户的 GitHub 账号，选择匹配结果，单击 Add Collaborator 按钮，用户同意后即成为授权用户，如图 3.18 所示。

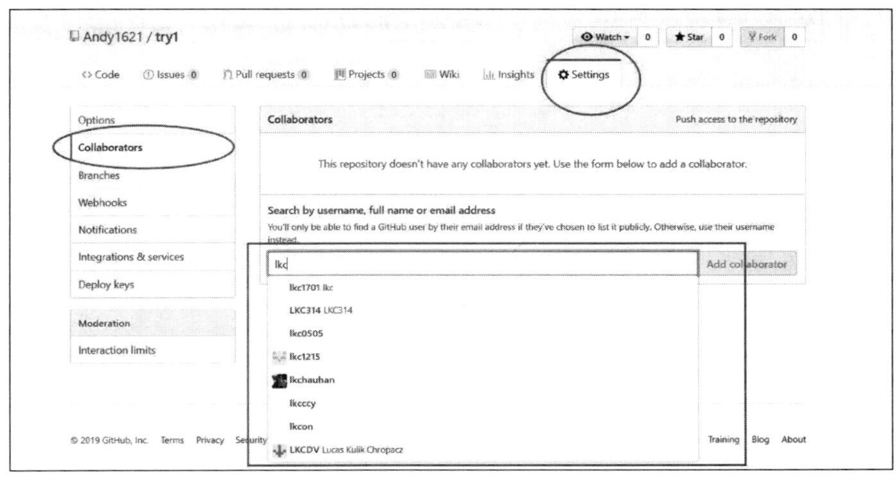

图 3.18　版本库成员授权

(2) 在本地使用 Git Gui 程序进行的更多分支操作。

初始化本地分支仓库。首先在网页端目录页面单击 Clone or download 按钮，复制弹出的对话框中的地址，如图 3.19 所示。之后在本地打开 Git Gui 程序，在 Source Location 文本框中填写之前复制的地址，在 Target Directory 文本框中填写本地目录地址，单击 Clone 按钮即可完成本地仓库的创建，如图 3.20 所示。在弹出的 Git Gui(try1):Create Branch 对话框(同步设置页面)中，选中 Match Tracking Branch Name 单选按钮保持与远程分支的同步，如图 3.21 所示。

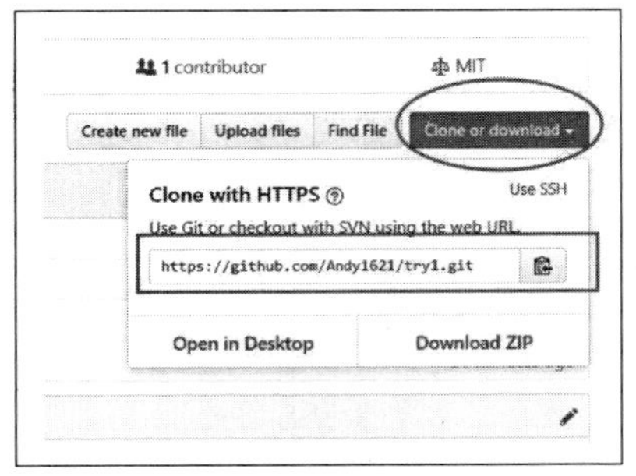

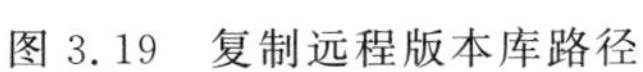

图 3.19　复制远程版本库路径

图 3.20　创建本地仓库

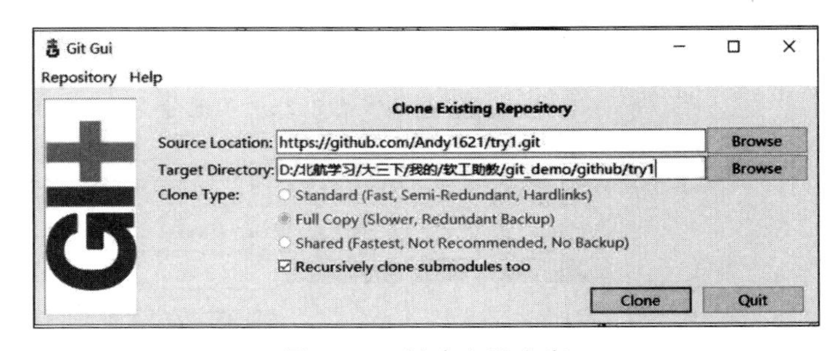

更新仓库。在本地进行仓库操作(如创建新文件)之后在 Git Gui 程序中填写 Commit Message，单击 Commit 按钮进行本地更新提交。如图 3.22 所示。在本地更新 commit 操作之后可以将本地仓库代码修改推送到远程仓库。单击 Push 按钮，在弹出的 Git Gui(try1): Push 对话框的 Source Branch 菜单选择想要更新的分支，并将 Remote 设定为 origin，单击 Push 按钮完成远程仓库的更新操作，如图 3.23 所示。更新的结果可以在网页端查看，如图 3.24 所示。

创建分支。可以在原有 Git 分支的基础上创建新的分支，在网页端想要使用的分支目录

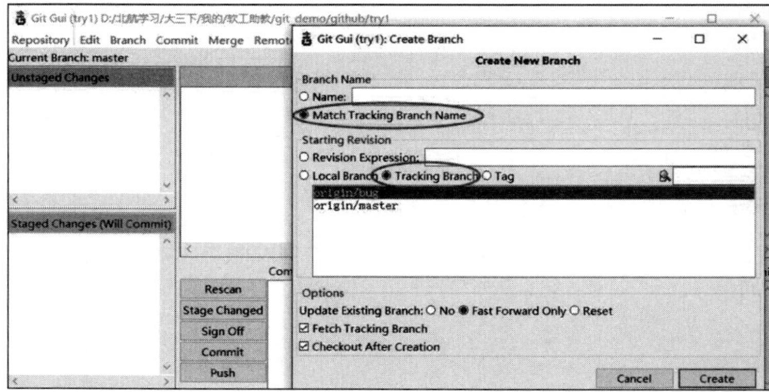

图 3.21　本地仓库同步设置

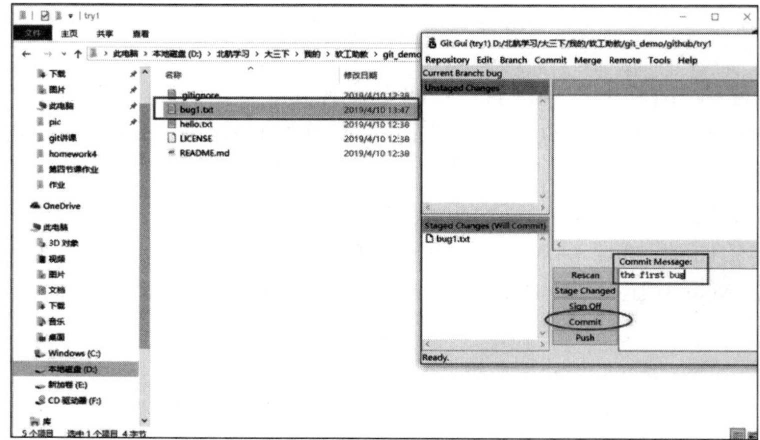

图 3.22　本地分支 commit 操作

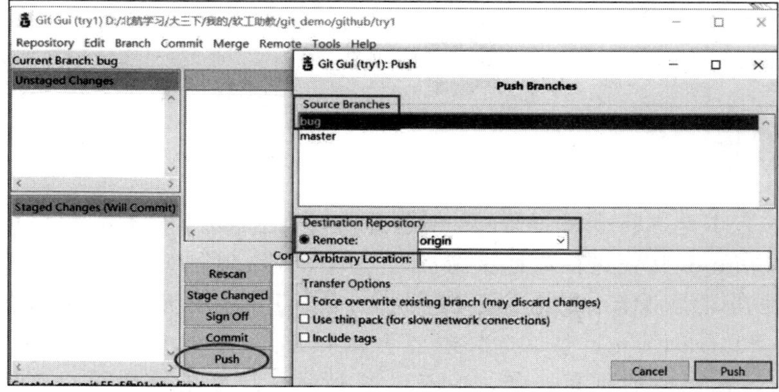

图 3.23　本地仓库 Push 操作

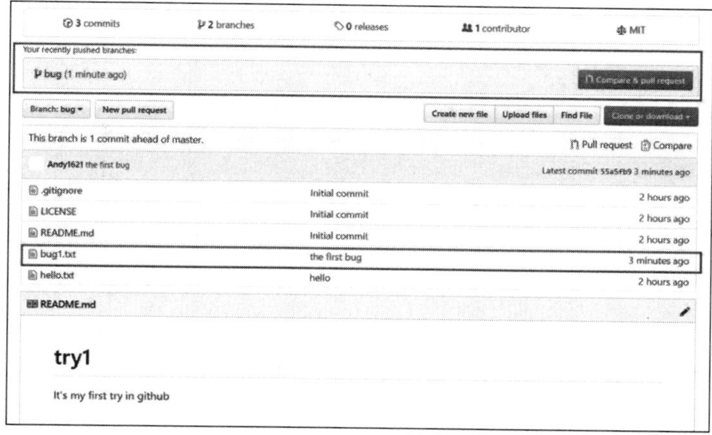

图 3.24　远程仓库更新结果

页面单击 Branch:bug 按钮，在弹出的文本框中输入新建分支的名称，选择 Create branch: debug 选项完成分支的创建，如图 3.25 所示。在 Git Gui 程序菜单栏中选择 Remote→fetch from→origin 选项，如图 3.26 所示。可以看到 fetch origin 对话框，稍等片刻即可完成同步，如图 3.27 所示。

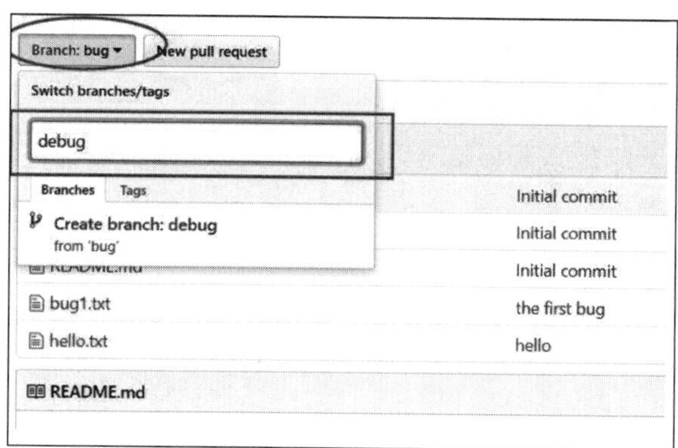

图 3.25　创建分支

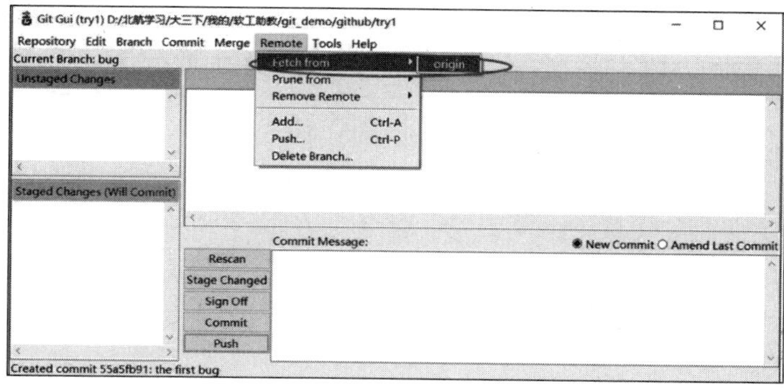

图 3.26　fetch 操作(1)

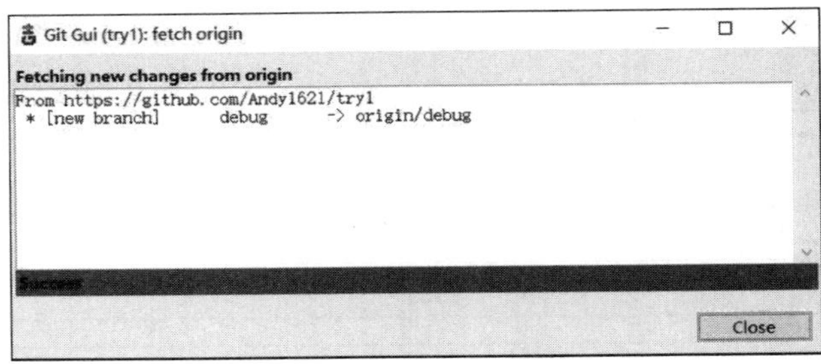

图 3.27　fetch 操作(2)

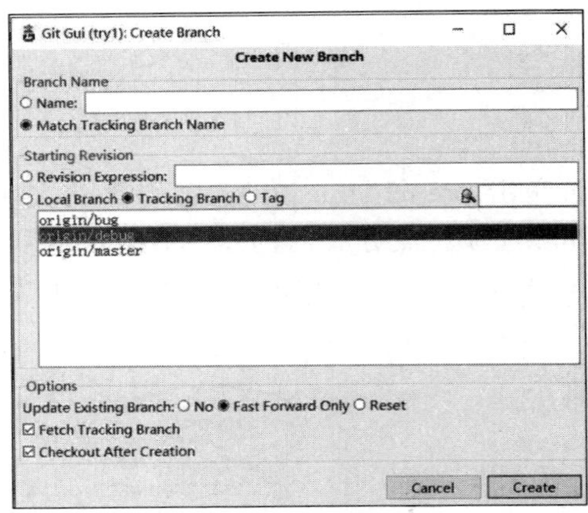

图 3.28　新建分支

合并分支。首先需要在本地部署好新的分支,详细步骤见分支操作步骤 1,如图 3.28 所示。然后假设 A、B 两个用户同时修改同一仓库,A 使用网页端新建文件 debug1. txt,如图 3.29 所示。B 使用 Git Gui 在本地进行 fetch 操作,如图 3.30 所示。并创建新文件 debug2. txt,并进行 commit 操作,commit 操作流程见分支操作步骤 2,如图 3.31 所示。程序会提示用户进行 Merge 操作,输入选择想要合并的分支名称,单击 Merge 按钮完成合并,如图 3.32 所示,Merge 成功页面如图 3.33 所示。此时已经完成了分支在本地的合并,之后需要进行 Push 操作将本地分支更新到远程仓库,具体操作流程见分支操作步骤 2,如图 3.34 所示。之后执行 Pull 操作拉取远程仓库,可以看到 A 创建的 debug1. txt 也被正确更新到本地仓库,如图 3.35 所示。

图 3.29　网页更新仓库

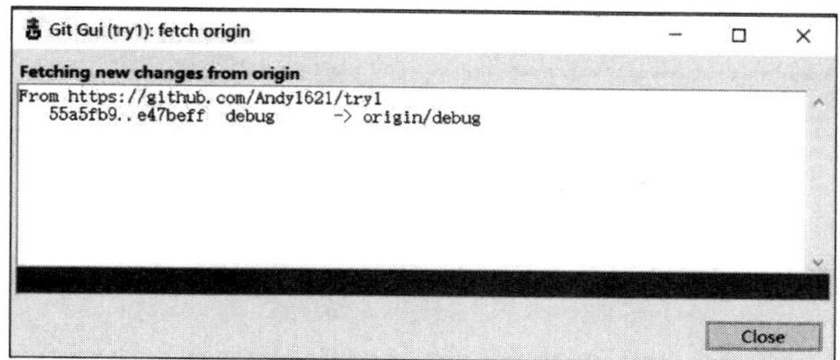

图 3.30　fetch 操作

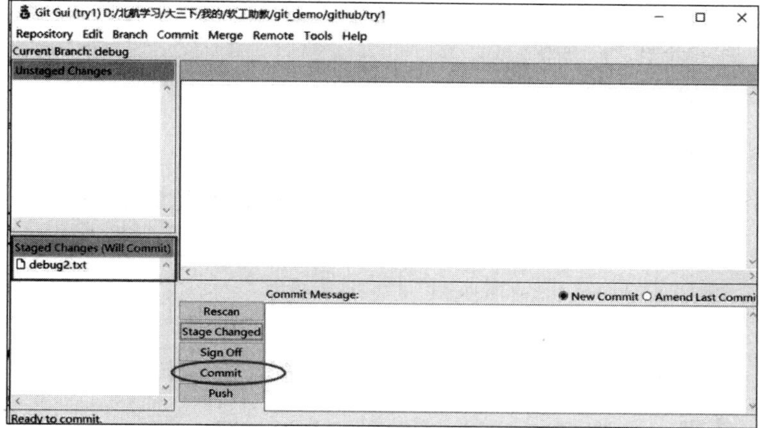

图 3.31　本地 commit 操作

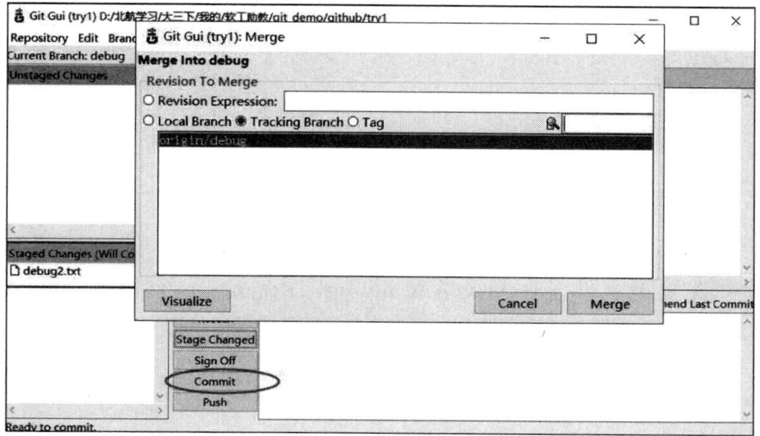

图 3.32　Merge 分支合并操作

前面用户 A 与用户 B 分支合并时，修改的是不同文件，若同时修改了相同文件，则会发生合并冲突，这时要用户手动解决两个改动版本之间的冲突。下面介绍冲突处理的步骤。

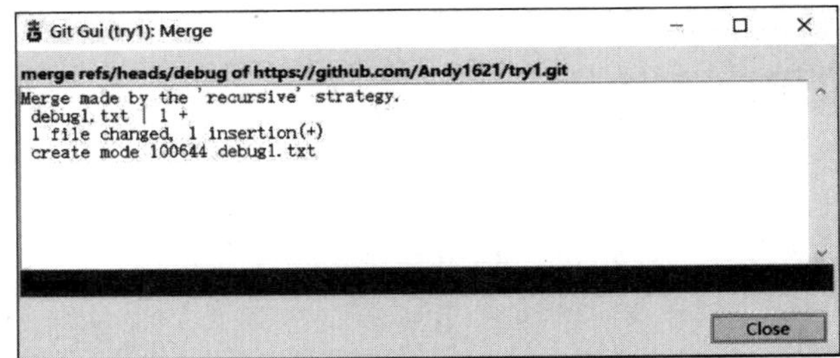

图 3.33　分支合并成功

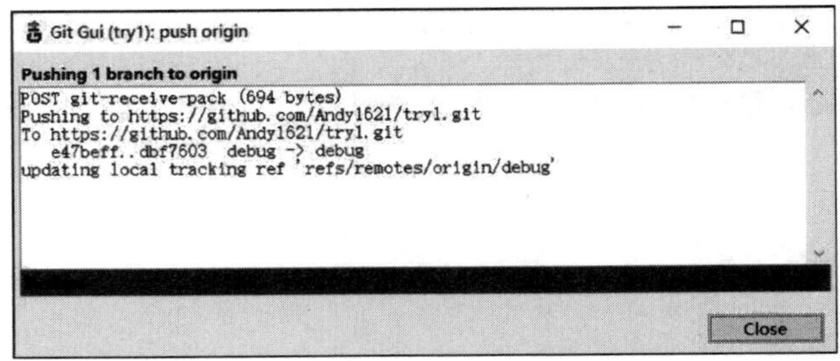

图 3.34　Pull 远程更新

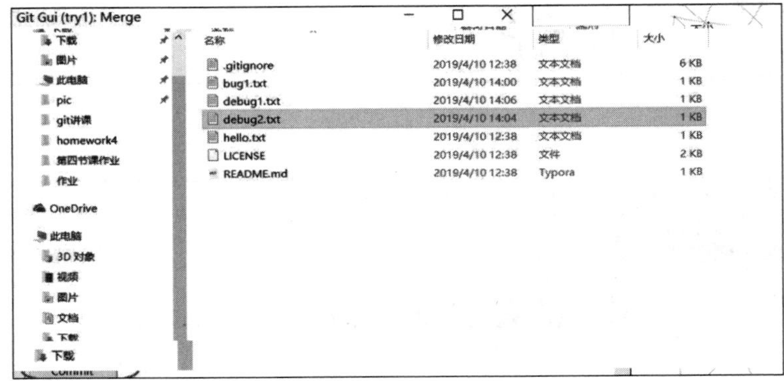

图 3.35　合并结果

首先模拟用户 A 更新文件。在网页端对 debug2.txt 文件进行修改操作，如图 3.36 所示。

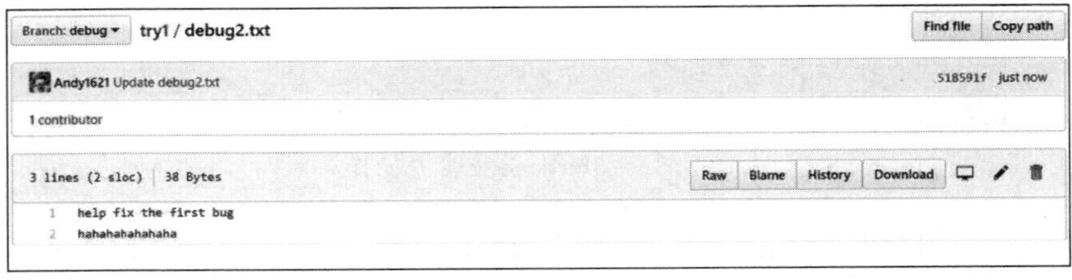

图 3.36　在网页端修改文件

在本地仓库更改 debug2.txt 文件，模拟用户 B 对文件的修改，如图 3.37 所示。

重复分支合并操作，在 Merge 操作时会产生冲突警告，如图 3.38 所示。

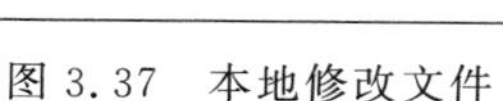

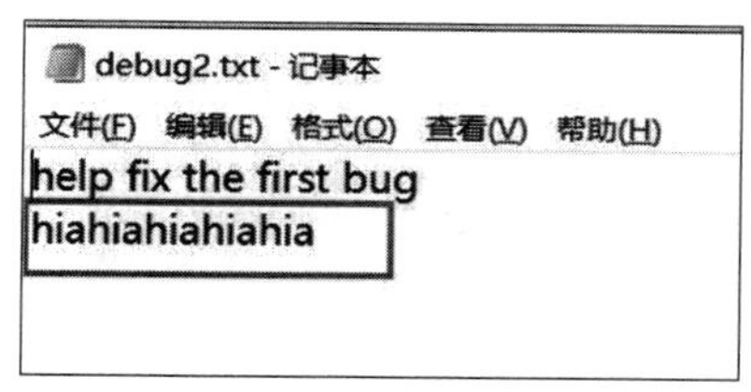

图 3.37　本地修改文件

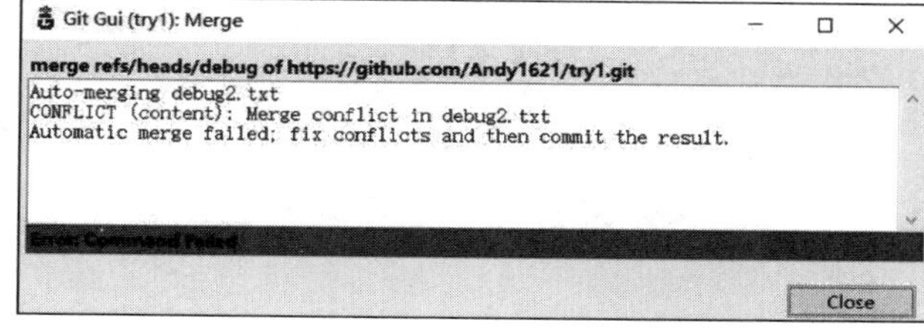

图 3.38　Merge 冲突警告

关闭警告页面，可以在 Git Gui 程序中看到冲突说明，此时需要用户手动选择保留的部分，如图 3.39 所示。

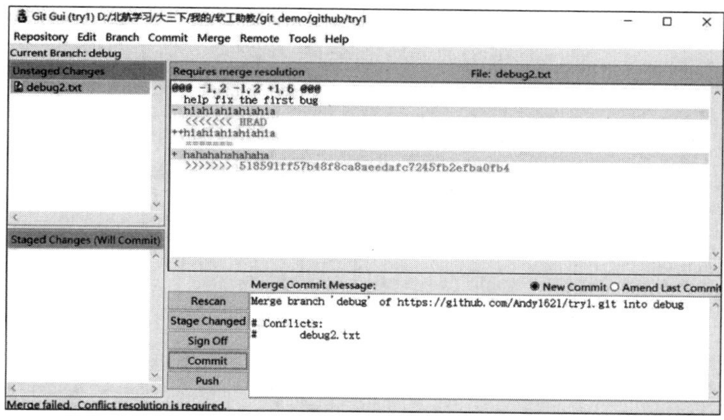

图 3.39　冲突明细

单击菜单栏 Tools→Merge→Resolve Conflict 选项，如图 3.40 所示。在冲突解决工具中，单击各冲突模块菜单栏中的“复制到右侧”按钮和“复制到左侧”按钮进行调整，如图 3.41 所

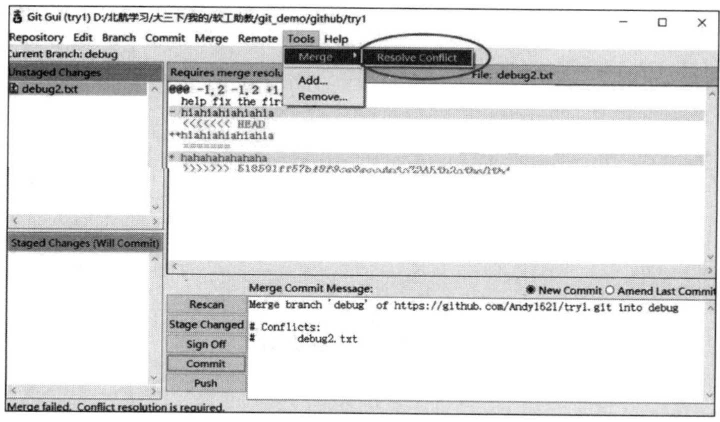

图 3.40　打开冲突解决工具

示。直到冲突消除，两份文件内容相同，如图 3.42 所示。完成分支合并的后续 Push 操作后可以在远程目录查看到修改后的结果，如图 3.43 所示。

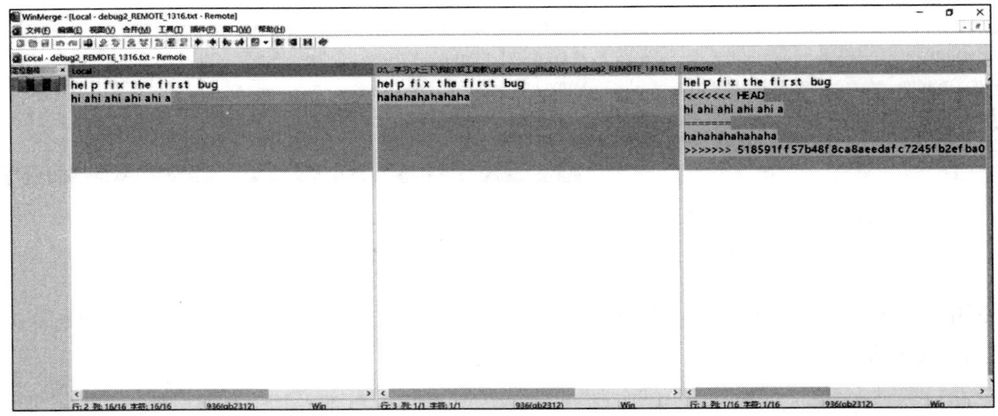

图 3.41　冲突部分选择修改

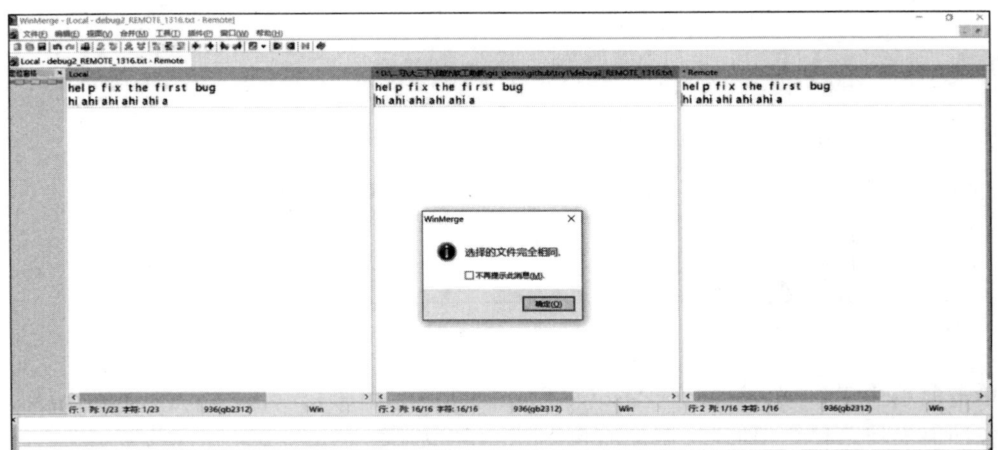

图 3.42　冲突消除

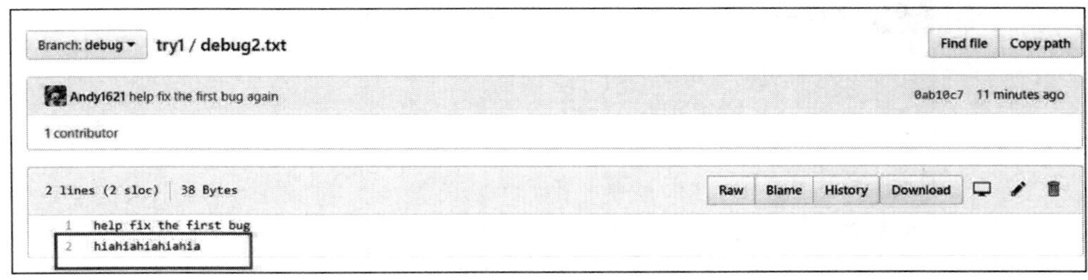

图 3.43　冲突解决结果

3.1.3　软件设计常用图例

软件设计图例与EA一样，是瀑布开发模型中才会使用的，敏捷开发者也可以参考以下图表的思路，更合理地构建软件。

1. 用例图

用例图(User Case)是指由参与者(Actor)、用例(Use Case)、边界以及它们之间的关系构成的用于描述系统功能的视图。用例图是外部用户(被称为参与者)所能观察到的系统功能的模型图，是系统的蓝图，主要用于对系统、子系统或类的功能行为进行建模。

2. 类图

类图(Class Diagram)由许多(静态)说明性的模型元素(例如类、包和它们之间的关系，这些元素和它们的内容互相连接)组成，可以组织在(并且属于)包中仅显示特定包中的相关内容，是最常用的UML图，显示出类、接口以及它们之间的静态结构和关系，用于描述系统的结构化设计。类图最基本的元素是类或者接口。

类图主要用在面向对象软件开发的分析和设计阶段，用于描述系统的静态结构。类图展示了所构建系统的所有实体、实体的内部结构以及实体之间的关系，即类图中包含从用户的客观世界模型中抽象出来的类、类的内部结构和类与类之间的关系。它是构建其他设计模型的基础，没有类图，就没有对象图、状态图、协作图等其他UMI、动态模型图，也就无法表示系统的动态行为。同时，类图也是面向对象编程的起点和依据，可以帮助人们简化对系统的理解，它是系统分析和设计阶段的重要产物，也是系统编码和测试的重要模型依据。

3. 状态图

状态图(Statechart Diagram)是描述一个实体基于事件反应的动态行为，显示了该实体如何根据当前所处的状态对不同的事件作出反应。通常创建一个UML状态图是基于以下的研究目的：研究类、角色、子状态机用于对模型元素的动态行为进行建模，即对系统行为中受事件驱动的方面进行建模。状态机专门用于定义依赖于状态的行为。其行为不会随其他元素状态改变而改变的模型元素不需要用状态机来描述其行为。

状态机由状态组成，各状态由转移连接在一起。其中，状态是对象执行某项活动或等待某个事件时的条件；转移是两个状态之间的关系，由某个事件触发，然后执行特定的操作或评估并导致特定的结束状态。一个简单的编辑器可被视为有限的状态机，其状态为Empty(空)、Waiting for a Command(等待命令)和Waiting for Text(等待文本)。事件Load File(装载文件)、Insert Text(插入文本)、Insert Character(插入字符)和Saveandquit(保存并退出)导致了状态机中的转移。

3.1.4　DevCloud基础实践

登录DevCloud网址可以看到主页界面，如图3.44所示。

新建项目页面可以选择新建Scrum或者看板项目，如图3.45所示。

仪表盘界面展示了开发的用户故事、进度、路标日历等，项目管理人员可以通过查看仪表

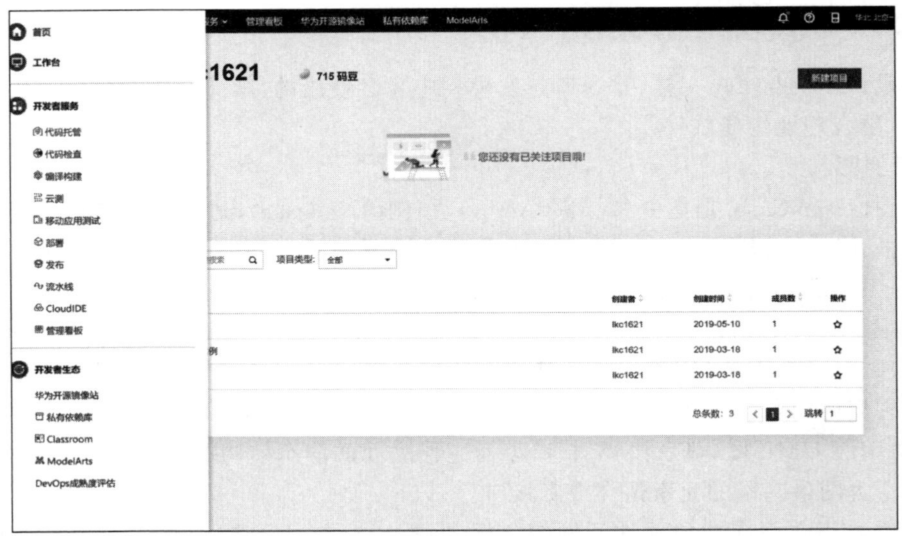

图 3.44　DevCloud

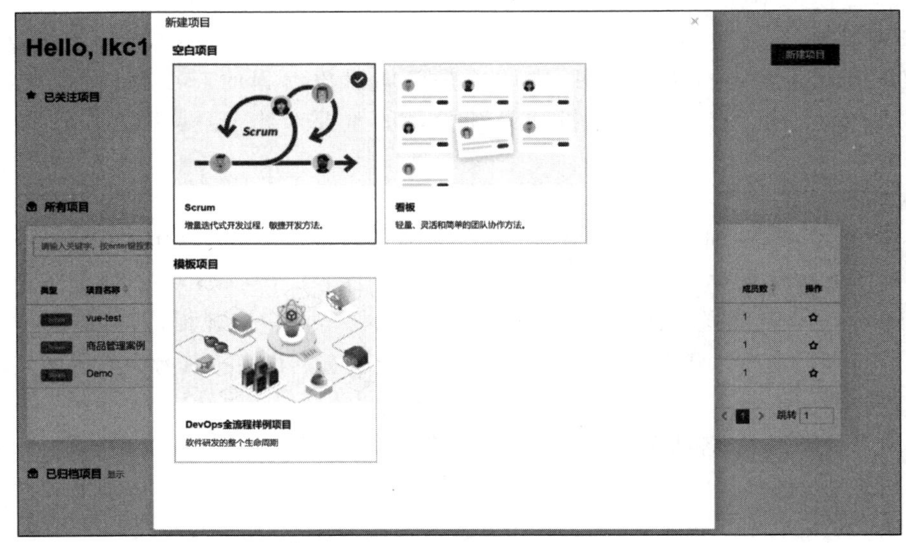

图 3.45　新建项目

盘宏观掌控团队开发进度，如图 3.46 所示。

项目管理者可以在 Scrum 任务版界面查看工作项情况，也可以新建工作项。新建工作项可设置处理人、开发日期、迭代次数等。Scrum 任务版如图 3.47 所示。

用户可以在代码托管界面查看个人代码，如图 3.48 所示。

用户可以在代码检查模块检查代码健康度，项目成员也可在此界面设置规则集，如图 3.49 所示。

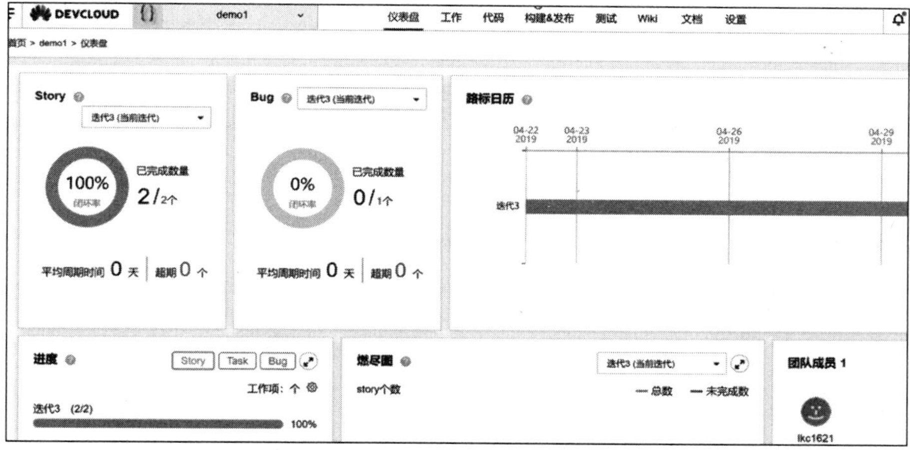

图 3.46　仪表盘

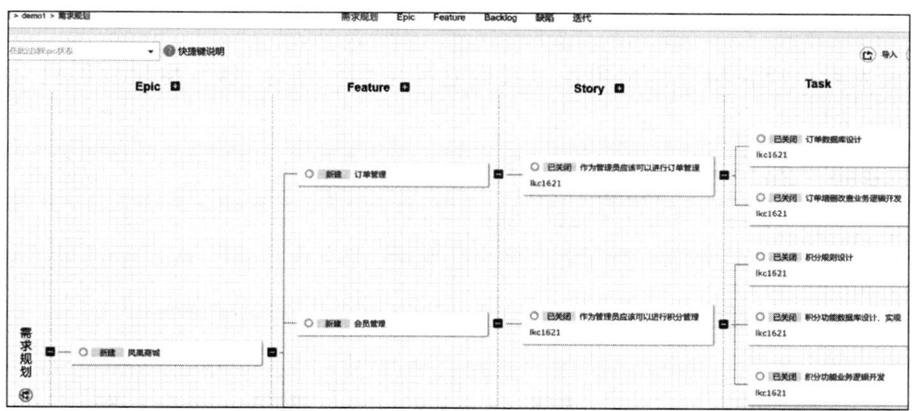

图 3.47　Scrum 任务版

仪表盘　工作　代码　构建&发布　测试　Wiki　文档　设置　华北-北京一

代码托管　代码检查

新建仓库　设置我的SSH密钥　设置我

RL	合并请求	仓库容量 (GIT | LFS)	创建者	最近更新时间	操作
HTTPS	0	0.36M | 0.00M	lkc1621	2019-05-10 16:57:21	
HTTPS	0	0.52M | 0.00M	lkc1621	2019-05-10 16:40:21	

(总条数

图 3.48　代码托管

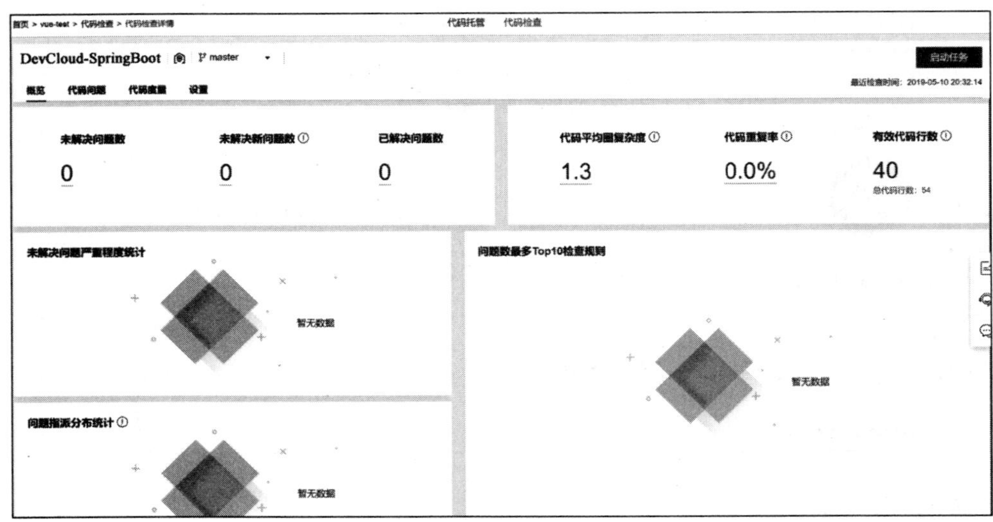

图 3.49　代码检查

项目开发者可以在编译构建模块对代码仓库中代码进行编译，构建软件包，如图 3.50 所示。

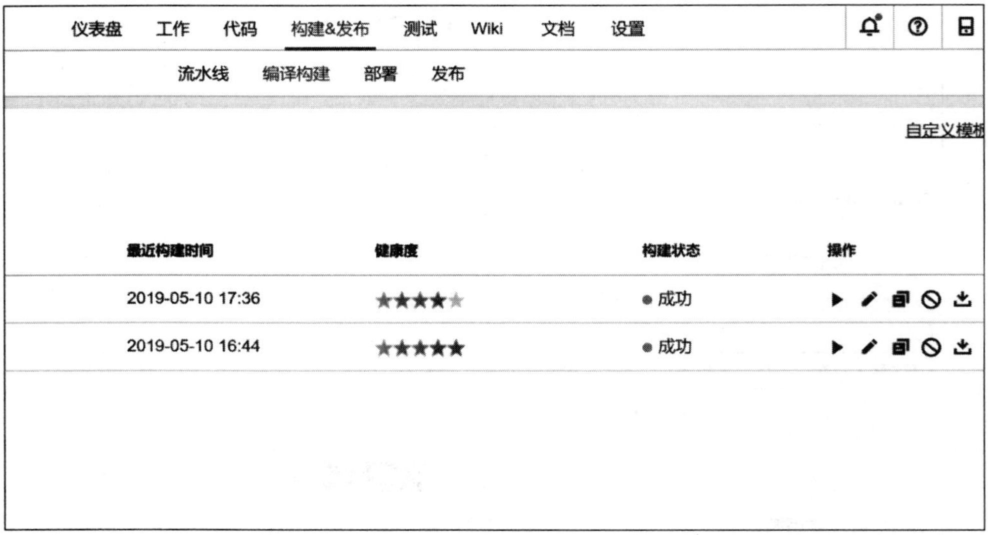

仪表盘　工作　代码　构建&发布　测试　Wiki　文档　设置

流水线　编译构建　部署　发布

自定义模板

最近构建时间	健康度	构建状态	操作
2019-05-10 17:36	★★★★★	成功	
2019-05-10 16:44	★★★★★	成功	

图 3.50　编译构建

项目部署指部署软件包与开发环境，须设置部署的目标华为云主机，如图 3.51 所示。

测试界面模块可以对软件进行移动应用测试、接口测试与性能测试，如图 3.52 所示。

团队成员可以在 Wiki 板块界面记录开发过程会议内容等，如图 3.53 所示。

团队成员可以在共享开发文档页面共享文档，如图 3.54 所示。

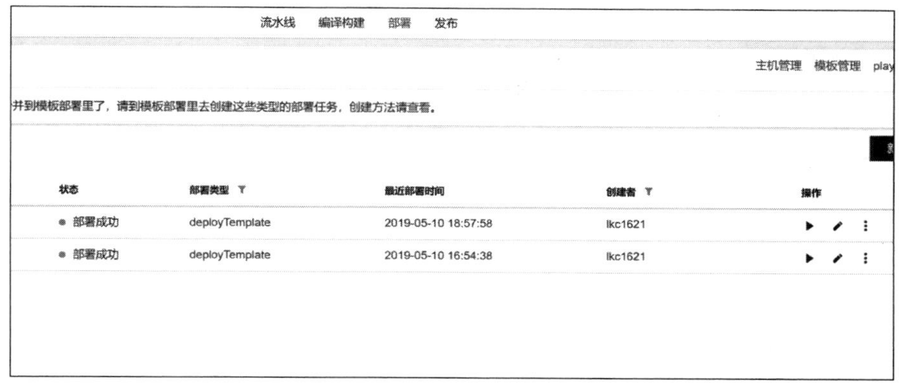

图 3.51　部署主机

图 3.52　测试

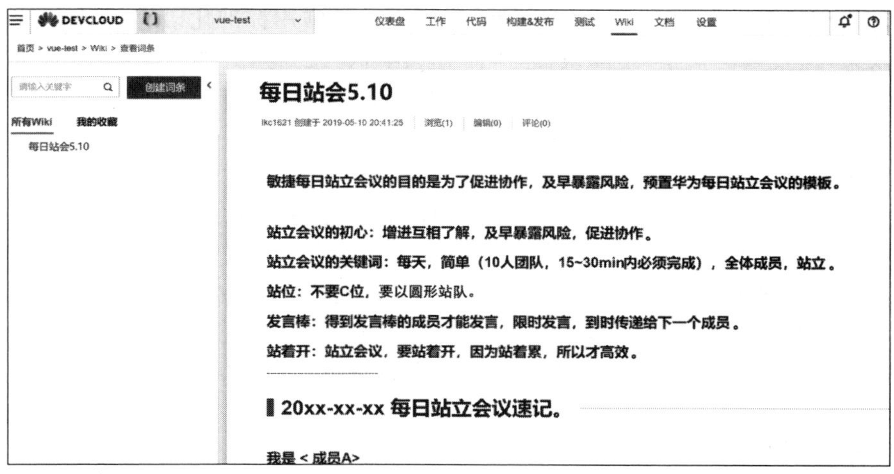

图 3.53　Wiki

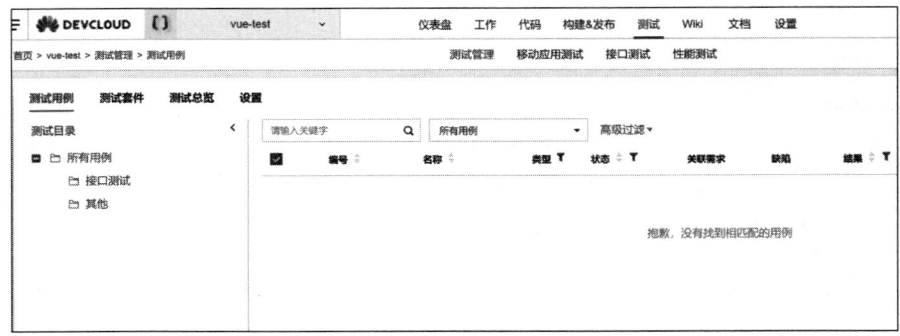

图 3.54 共享开发文档

3.2 技术选型

3.2.1 数据库的选择

数据库(Database)是按照数据结构来组织、存储和管理数据的仓库,它诞生于 20 世纪 60 年代,随着信息技术和市场的发展,特别是 20 世纪 90 年代以后,数据管理不再仅仅是存储和管理数据,而转变成用户所需要的各种数据管理的方式。数据库有很多种类型,从最简单的存储各种数据的表格到能够进行海量数据存储的大型数据库系统都在各个方面得到了广泛的应用。

1. MySQL

MySQL 是一种关系型数据库管理系统。关系数据库能将数据保存在不同的表中,而不是将所有数据都放在一个大仓库内,这样就增加了运行速度并提高了灵活性。

MySQL 所使用的 SQL 语言是用于访问数据库的最常用标准化语言。MySQL 软件采用了双授权政策,由于其体积小、速度快、总体拥有成本低,尤其是开源这一特点,使得一般中小型网站的开发都选择 MySQL 数据库作为网站数据库。

(1) MySQL 数据库的优点。

① 使用标准的 SQL 语言形式。

② 可以运行于多个系统上,并且支持多种语言。这些编程语言包括 C、C++、Python、Java、Perl、PHP、Eiffel、Ruby 和 Tcl 等。

③ 支持大型数据库。支持 5000 万条记录的数据仓库,32 位系统最大可支持 4GB 的表文件,64 位系统最大可支持 8TB 的表文件。

④ 可定制。MySQL 采用了 GPL 协议,便于用户可以修改源码来开发自己的 MySQL 系统。

(2) MySQL 基本操作。

① 连接数据库,代码如下:

```
mysql -u user -p
```

② 查看数据库，创建数据库，使用数据库查看数据库，代码如下：

```
show databases
```

默认数据库：

```
mysql - 用户权限相关数据
test - 用于用户测试数据
information_schema - MySQL 本身架构相关数据
```

③ 创建数据库：

```
create database db1 DEFAULT CHARSET utf8 COLLATE utf8_general_ci;
create database db1 DEFAULT CHARACTER SET gbk COLLATE gbk_chinese_ci;
```

④ 使用数据库：

```
use db1;
```

⑤ 显示当前使用的数据库中所有表：

```
show tables;
```

⑥ 创建用户：

```
create user '用户名'@'IP 地址' identified by '密码';
```

⑦ 删除用户：

```
drop user '用户名'@'IP 地址';
```

⑧ 修改用户：

```
rename user '用户名'@'IP 地址'; to '新用户名'@'IP 地址';
```

⑨ 修改密码：

```
set password for '用户名'@'IP 地址' = Password('新密码')
```

2. MongoDB

MongoDB 是介于关系型数据库和非关系型数据库之间的数据库，是非关系型数据库当中功能最丰富，与关系型数据库最为相似的。它支持的数据结构非常松散，是类似 JSON 的 BSON 格式，因此可以存储比较复杂的数据类型。MongoDB 最大的特点是它能支持的查询语言非常强大，其语法有些类似于面向对象的查询语言，几乎可以实现类似关系数据库单表查询的绝大部分功能，而且还支持对数据建立索引。

(1) MongoDB 的设计目标是高性能、可扩展、易部署、易使用，存储数据非常方便，其主要功能特性如下所述。

① 面向集合存储，容易存储对象类型的数据。在 MongoDB 中数据被分组存储在集合中，集合类似 RDBMS 中的表，一个集合中可以存储无限多的文档。

② 模式自由，采用无模式结构存储。在 MongoDB 中，集合中存储的数据是无模式的文档。采用无模式的形式存储数据是区别于 RDBMS 中表的一个重要特征。

③ 支持完全索引，可以在任意属性上建立索引，包含内部对象。MongoDB 的索引和 RDBMS 的索引基本一样，可以在指定属性、内部对象上创建索引以提高查询的速度。除此之外，MongoDB 还提供创建基于地理空间的索引的能力。

④ 支持查询。MongoDB 支持丰富的查询操作，MongoDB 能支持 SQL 中的大部分查询。

⑤ 强大的聚合工具。MongoDB 除了提供丰富的查询功能外，还提供强大的聚合工具，如 count、group 等，支持使用 MapReduce 完成复杂的聚合任务。

⑥ 支持复制和数据恢复。MongoDB 支持主从复制机制，可以实现数据备份、故障恢复、读扩展等功能。而基于副本集的复制机制提供了自动故障恢复的功能，确保了集群数据不会丢失。

⑦ 使用高效的二进制数据存储，包括大型对象（如视频）。使用二进制格式存储，可以保存任何类型的数据对象。

⑧ 自动处理分片，以支持云计算层次的扩展。MongoDB 支持集群自动切分数据，对数据进行分片可以使集群存储更多的数据，实现更大的负载，也能保证存储的负载均衡。

⑨ 支持 Perl、PHP、Java、C＃、JavaScript、Ruby、C 和 C++语言的驱动程序，MongoDB 提供了当前所有主流开发语言的数据库驱动包，开发人员使用任何一种主流开发语言都可以轻松完成编程，实现访问 MongoDB。

⑩ 文件存储格式为 BSON（JSON 的一种扩展）。BSON 是对二进制格式的 JSON 的简称，BSON 支持文档和数组的嵌套。

⑪ 可以通过网络远程访问 MongoDB。

（2）MongoDB 的使用。

① 在安装完 MongoDB 后，将其设置为设置开机自启动。将 MongoDB 启动项目追加到系统文件（rc. local）中，保证 MongoDB 在服务器开机时启动，命令如下：

```
echo "/usr/local/server/mongodb/bin/mongod  - - dbpath = /usr/local/server/mongodb/data  -
logpath = /usr/local/server/mongodb/logs  - logappend  -- auth  - port = 27017" >> /etc/rc.local
```

② 启动 MongoDB，启动时可以选择加入 fork 选项，表示将 mongod 服务进程推送到后台运行，其他参数如下所述。

--dbpath：指定数据库目录。

--logpath：指定日志存放目录。

--port：指定通信端口，如果不设置这个参数，则该参数默认是 27017；如果设置，则可以指定其他端口，如--port＝27018。

启动 MongoDB 命令示例如下：

```
./mongod -- dbpath = /usr/local/mongodb/data -- logpath = /usr/local/mongodb/logs -- logappend
-- port = 27017 - fork
```

③ 通过 GUI 管理工具（MongoVue、RockMongo、MongoHub）或命令行进行操作。

- 查看有几个数据库：

```
show databases;
```

- 切换数据库：

```
uses XXX;
```

- 查看有哪些表：

```
show collections;(mongo)
```

- 进入 mongo 安装目录的 bin,命令行(Windows 和 Linux 类似)：

```
mongo 127.0.0.1:27017
```

- 查询：

```
db.collection.find(query, projection);
```

其中,query 为查询条件,projection 是返回的键值对,类似于 SQL 中返回的字段。两个参数都可以为默认值,如果都为默认值,则返回所有集合中的所有数据。如果要返回格式化数据,则使用 pretty()。

SQL 语句中简单查询语句中的查询条件 and、or、like、in、not in：

```
and:{"key1":"value1","key2":"value2"}
or:{ $ or:[{"key1":"value1"},{"key2":"value2"}]}
like:{"key1":/value1/}
in:{ $ in:[value1,value2,value3]}
not in: in:{ $ nin:[value1,value2,value3]}
```

④ Java 调用 MongoDB

利用 Java 调用 MongoDB 其实也比较简单,只须下载对应驱动文件即可。注意,一定要编辑配置文件。mongodb.cfg.properties 配置文件示例如下：

```
#configure threadPool
#Mongodb 数据库地址
mongo.db.address = XXX.XXX.XXX.XXX
#Mongodb 数据库 IP
mongo.db.port = 27017
#Mongodb 数据库用户名
mongo.db.username = XXX
#Mongodb 数据库密码
mongo.db.password =
#Mongodb 数据库实例
mongo.db.dbname = XXX
#Mongodb 数据库可以建立的最大连接数
mongo.db.connectionsPerHost = 20
#Mongodb 与数据库建立连接的超时时间 20mins 20 * 60 * 1000
mongo.db.connectTimeout = 1200000
#Mongodb 一个线程获取到数据库连接的最大阻塞时间 5mins 5 * 60 * 1000
mongo.db.maxWaitTime = 300000
#Mongodb 线程队列最大值 注意,该值和最大连接数的乘积为线程队列最大值
mongo.db.threadsAllowedToBlockForConnectionMultiplier = 10
```

3.2.2 前端框架的选择：Vue 和 React

1. Vue

Vue 是一个构建用户界面的框架，是一个轻量级的 MVVM(Model-View-View Model)，即数据的双向绑定。它运用了基于数据驱动和组件化的前端开发思想，通过简单的 API 就能实现响应式的数据绑定和组合的视图组件。

Vue 基本使用方式如下：

(1) 新建 Vue 对象。

① 引用 Vue。在桌面建立一个 vue.html 文件，然后引入 Vue 的 CDN 地址（https://cdn.jsdelivr.net/npm/vue@2.5.16/dist/vue.js）：

```
<script src="https://cdn.jsdelivr.net/npm/vue@2.5.16/dist/vue.js"></script>
```

② 新建 Vue 实例。在 vue.html 中插入一个 id 为 firstVue 的< div >标签，代码如下：

```
<div id="firstVue"></div>
```

在 vue.html 中插入下面 JavaScript 代码：

```
<script type="text/javascript">
    var myVue = new Vue({
        el:"#firstVue"
    })
</script>
```

此时整体代码如下：

```
<!DOCTYPE html>
<html>
<head>
    <title>Vue Demo</title>
    <script src="https://cdn.jsdelivr.net/npm/vue@2.5.16/dist/vue.js"></script>
</head>
<body>
    <div id="firstVue">
    </div>
</body>
<script type="text/javascript">
    var myVue = new Vue({
        el: "#firstVue"
    })
</script>
</html>
```

其中，js 变量 myVue 就是 Vue 创建的一个对象，可以理解成把< div id="firstVue ></div >和这个标签里面包含的所有 DOM 都实例化成了一个 JavaScript 对象，这个对象就是 myVue。

el 是 Vue 的保留字，用来指定实例化的 DOM 的 ID 号，#firstVue 这句话就是标签选择器，告诉 Vue 要实例化 ID="firstVue"的这个标签。

至此，Vue 框架在 HTML 页面的引入工作完成，但是访问这个页面并不能看到任何效果。

(2) 数据绑定。

Vue 数据绑定后的数据流向是从 Vue 实例传递到 DOM 文档的。为实现 Vue 实例的数据绑定给上一步的< div >标签添加如下代码：

```
{{my_data }}
```

即更新为：

```
<!DOCTYPE html>
<html>
<head>
    <title>Vue Demo</title>
    <script src="https://cdn.jsdelivr.net/npm/vue@2.5.16/dist/vue.js"></script>
</head>
<body>
    <div id="firstVue">
    {{my_data}}
    </div>
</body>
<script type="text/javascript">
    var myVue = new Vue({
        el:"#firstVue",
        data:{
            my_data: "test"
        }
    })
</script>
</html>
```

data 参数用来绑定 Vue 实例的数据变量，每个不同变量之间用逗号分隔，上面代码绑定了自定义变量 my_data，并赋初值'test'。

完成数据绑定工作，< div >标签里的{{myData}}数据会随着 myVue 实例里的 myData 数据的变动而变动，浏览器查看当前页面，会出现'test'字符串，说明数据绑定成功。

这是在 HTML 标签内部的数据绑定，那么如果想绑定某个 HTML 标签的属性值，就要用到 v-bind:属性了，比如想绑定一个标签是否可见的属性(hidden)，那么就应该这么写：

```
<div id="firstVue" v-bind:hidden="my_hidden">{{my_data}}</div>
```

v-bind:后面写想要绑定的属性，my_hidden 也无须用两个大括号括起来了，直接写就可以了，然后在 Vue 实例中声明这个绑定数据。

```
var myVue = new Vue({
    el:'#firstVue',
    data:{
        my_data: "test",
        my_hidden: "hidden"
```

```
    }
})
```

这时再浏览这个网页，网页又变成了空白，但按 F12 键查看源代码，发现其实是< div >标签的 hidden 属性被激活了。

v-bind：不仅可以绑定 hidden 属性、disabled 属性、style 属性、color 属性，凡是标签有的属性，都可以通过这个方法进行绑定。

至此，Vue 两种绑定数据的方法都写完并进行了测试。

（3）事件绑定。

v-bind：是用来绑定数据的，v-on：则是用来绑定事件的，比如要绑定一个< button >的 click 事件，代码如下：

```
<button v-on:click="clickButton()">Click Me</button>
```

此处的 click 可以换成任意一个 HTML 事件，比如 load、doubleclick、mouseon、mousedown 等。

将 click 动作绑定到 clickButton()函数之后就需要实现这个函数了，要在之前的 Vue 实例中加入新字段 methods。

```
var myVue = new Vue({
    el:'#firstVue',
    data:{
        my_data: "test",
        my_hidden: "hidden"
    },
    methods:{
        clickButton:function(){
            this.my_data = "Wow! I'm changed!"
        }
    }
})
```

以上代码在 methods 关键字里面定义了 clickButton()方法，并在方法内改变了之前定义的 my_data 变量的值。

这里涉及如何在 Vue 实例中引用 data 字段的变量，如上所示，需要加 this 关键字后面直接写要引用的变量就可以了。

```
<!DOCTYPE html>
<html>
<head>
    <title>Vue Demo</title>
    <script src="https://cdn.jsdelivr.net/npm/vue@2.5.16/dist/vue.js"></script>
</head>
<body>
    <div id="firstVue">
        <button v-on:click="clickButton">Click Me</button>
        <p>{\{my_data\}}</p>
    </div>
```

```
</body>
<script type="text/javascript">
var myVue = new Vue({
    el:'#firstVue',
    data:{
        my_data: "test",
        my_hidden: "hidden"
    },
    methods:{
        clickButton:function(){
            this.my_data = "Wow! I'm changed!"
        }
    }
})
</script>
</html>
```

此时运行项目，单击 Click Me 按钮时，"test"就会变成"Wow！I'm changed!"，这是因为变量 my_data 的改变。

2. React

React 起源于 Facebook 的内部项目，由于 React 的设计思想极其独特，属于革命性创新，性能出众，代码逻辑却非常简单。因此，越来越多的人开始关注和使用 React。

React 主要用于构建 UI。用户可以在 React 里传递多种类型的参数，如声明代码，便于渲染出 UI、静态的 HTML DOM 元素，也可以传递动态变量、可交互的应用组件。

React 有以下特点。

(1) 声明式设计：React 采用声明范式，可以轻松地描述应用。

(2) 高效：React 通过对 DOM 的模拟，最大限度地减少与 DOM 的交互。

(3) 灵活：React 可以与已知的库或框架很好地配合。

该例将使用一个类似 XML 语法的 JSX 来构建组件，实现一个 render()方法，并且根据输入的数据返回相应的结果。输入的数据作为 XML 属性传递给组件，render()方法通过 this.props 访问这些输入的数据。

```
import React from 'react'
import ReactDOM from 'react-dom'
class App extends React.Component{
render(){
return <div>helo {this.props.name}</div>
}
}
ReactDOM.render(<App name='Tom'/>,document.getElementById('node'))
```

也可以使用 class 语法或函数的方式创建组件。

```
import React from 'react';
import ReactDOM from 'react-dom'
const App = props =><div>hello {props.name}</div>;
ReactDOM.render(<App name='Tom'/>,document.getElementById('node'))
```

这段代码将会在页面容器中呈现出 Hello Tom。

3.2.3 后端框架的选择：Spring Boot 和 Django

1. Spring Boot

Spring 框架是 Java 平台上的一种开源应用框架，提供具有控制反转特性的容器。尽管 Spring 框架自身对编程模型没有限制，但其在 Java 应用中的频繁使用让它备受青睐，以至于后来让它作为 EJB(Enterprise Java Beans)模型的补充，甚至是替补。Spring 框架为开发提供了一系列的解决方案，如利用控制反转的核心特性，并通过依赖注入实现控制反转，从而实现管理对象生命周期容器化，利用面向切面编程进行声明式的事务管理，整合多种持久化技术管理数据访问，提供大量优秀的 Web 框架方便开发等等。Spring 框架具有控制反转(Inversion of Control，IoC)特性，IoC 旨在方便项目维护和测试，它提供了一种能通过 Java 的反射机制对 Java 对象进行统一的配置和管理的方法。Spring 框架利用容器管理对象的生命周期，容器可以通过扫描 XML 文件或类上特定 Java 注解来配置对象，开发者可以通过依赖查找或依赖注入来获得对象。Spring 框架具有面向切面编程(Aspect Oriented Programming，AOP)框架，Spring AOP 框架基于代理模式，同时运行时可配置；AOP 框架主要针对模块之间的交叉关注点进行模块化。Spring 的事务管理框架为 Java 平台带来了一种抽象机制，使本地和全局事务以及嵌套事务能够与保存点一起工作，并且几乎可以在 Java 平台的任何环境中工作。Spring 集成多种事务模板，系统可以通过事务模板、XML 或 Java 注解进行事务配置，并且事务框架集成了消息传递和缓存等功能。Spring 的数据访问框架解决了开发人员在应用程序中使用数据库时遇到的常见困难。它不仅对 Java：JDBC、iBATIS/MyBatis、Hibernate、Java 数据对象(JDO)、Apache OJB 和 Apache Cayne 等所有流行的数据访问框架中提供支持，同时还可以与 Spring 的事务管理一起使用，为数据访问提供了灵活的抽象。Spring 框架最初是没有打算构建一个自己的 Web MVC 框架，其开发人员在开发过程中认为现有的 Struts Web 框架的呈现层和请求处理层之间以及请求处理层和模型之间的分离不够，于是创建了 Spring MVC。

(1) Spring Boot 所具备的特征有以下 6 点。

① 可以创建独立的 Spring 应用程序，并且基于其 Maven 或 Gradle 插件，创建可执行的 JARs 和 WARs。

② 内嵌 Tomcat 或 Jetty 等 Servlet 容器。

③ 提供自动配置的 starter 项目对象模型(POMS)以简化 Maven 配置。

④ 尽可能地自动配置 Spring 容器。

⑤ 提供准备好的特性，如指标、健康检查和外部化配置。

⑥ 绝对没有代码生成，不需要 XML 配置。

(2) Spring Boot 主要文件如下：

```
src/main/java                    程序开发以及主程序入口
src/main/resources               配置文件
src/test/java                    测试程序
```

（3）Spring Boot 建议的目录结构如下：

```
com
 +- example
   +- myproject
     +- Application.java
     |
     +- domain
     |  +- Customer.java
     |  +- CustomerRepository.java
     |
     +- service
     |  +- CustomerService.java
     |
     +- controller
     |  +- CustomerController.java
     |
```

① Application.java 建议放到根目录下面，主要用于对一些框架进行配置。

② domain 目录主要用于实体（Entity）与数据访问层（Repository）。

③ service 层主要是业务类代码。

④ controller 负责页面访问控制。

最后，启动 Application main()方法，至此一个 Java 项目搭建已经搭建完毕。

2. Django

Django 是高水准的 Python 编程语言驱动的一个开源模型。另外，在 Django 框架中，还包含许多功能强大的第三方插件，使得 Django 具有较强的可扩展性。

（1）Django 框架的核心组件。

① 用于创建模型的对象关系映射。

② 为最终用户设计较好的管理界面。

③ URL 设计。

④ 设计者友好的模板语言。

⑤ 缓存系统。

Django 是一个遵循 MVC 设计模式的框架。MVC 是 Model、View、Controller 这 3 个单词的简写，分别代表模型、视图、控制器。Django 其实也是一个 MTV 的设计模式。MTV 是 Model、Template、View 这 3 个单词的简写，分别代表模型、模板、视图。但是在 Django 中，控制器接收用户输入的部分由框架自行处理，所以 Django 里更关注的是模型（Model）、模板（Template）和视图（Views）称为 MTV 模式。它们各自的职责如表 3.2 所示。

表 3.2　Django 结构示例

层　　次	职　　责
模型（Model）即数据存取层	处理与数据相关的所有事务：如何存取、如何验证有效性、包含哪些行为以及数据之间的关系等
模板（Template）即表现层	处理与表现相关的决定：如何在页面或其他类型文档中进行显示
视图（View）即业务逻辑层	存取模型及调取恰当模板的相关逻辑。模型与模板的桥梁

从以上表述可以看出 Django 视图不能处理用户输入，而仅仅用于决定要展现哪些数据给用户，而 Django 模板仅能决定如何展现 Django 视图指定的数据。换言之，Django 将 MVC 中的视图进一步分解为 Django 视图和 Django 模板两个部分，分别决定“展现哪些数据”和“如何展现”，使得 Django 模板可以根据需要随时替换，而不仅限制于内置的模板。

至于 MVC 控制器部分，由 Django 框架的 URLconf 来实现。URLconf 机制是使用正则表达式匹配 URL，然后调用合适的 Python 函数。URLconf 对于 URL 的规则没有任何限制，可以设计成任意的 URL 风格，不论是传统的还是 RESTful 的，或者是另类的。框架把控制层给封装了，无非与数据交互这层都是数据库表的读、写、删除、更新的操作。在写程序时，只要调用相应的方法就可以了，非常方便。程序员把控制层东西交给 Django 自动完成了，即只须编写非常少的代码完成很多的事情。因此，它比 MVC 框架考虑的问题要深一步，因为程序员大都在写控制层的程序。而程序员把这个工作交给了框架，仅须写很少的调用代码，就可以完成工作，大大提高了工作效率。

(2) Django 的工作机制。

① 用 manage . py runserver 启动 Django 服务器时就载入了在同一目录下的 settings . py。该文件包含了项目中的配置信息，如 URLconf 等，其中最重要的配置就是 ROOT_URLCONF，它能告诉 Django 哪个 Python 模块应该用作本站的 URLConf，默认的 Python 模块是 urls . py。

② 当访问 URL 的时候，Django 会根据 ROOT_URLCONF 的设置来装载 URLconf。

③ 然后按顺序逐个匹配 URLconf 里的 URLpatterns。如果找到与 URLpatterns 中模式相匹配的 URL 则会调用相关联的视图函数，并把 HttpRequest 对象作为第一个参数(通常是 request)。

④ 最后该 view()函数负责返回一个 HttpResponse 对象。

3.3 DevCloud 编译部署及框架部署过程

新建部署任务，在服务器上下载安装 MongoDB，如图 3.55 所示。

图 3.55　MongoDB 安装

添加 shell 如下命令以服务运行 MongoDB,操作步骤如图 3.56 所示。命令如下:

```
curl -O https://fastdl.mongodb.org/linux/mongodb-linux-x86_64-3.0.6.tgz  #下载
tar -zxvf mongodb-linux-x86_64-3.0.6.tgz                            #解压
mv mongodb-linux-x86_64-3.0.6/ /usr/local/mongodb                   #将解压内容复制到指定目录
export PATH=<mongodb-install-directory>/bin:$PATH                   #保证在任意路径直接运行 MongoDB
                                                                    #的可执行文件
mkdir -p /data/db                                                   #手动创建数据库目录
```

图 3.56　MongoDB 运行

添加 shell 命令如下:

```
echo '
dbpath=/data/db/
logpath=/data/mongo.log
logappend=true
fork=true
port=27017'> mongodb.conf
mongod -f mongodb.conf #启动 MongoDB 服务
```

在本地下载安装 Robo 3T 和 MongoDB 可视化工具,新建连接,如图 3.57 所示。

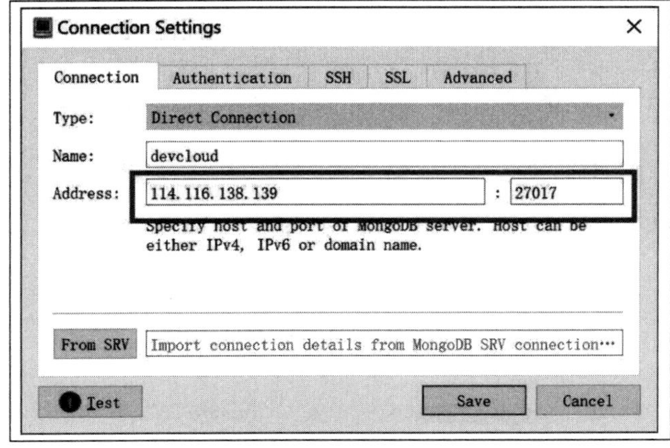

图 3.57　Robo 3T

在原 Spring Boot 项目中导入 spring-boot-starter-data-mongodb 依赖，如图 3.58 所示。

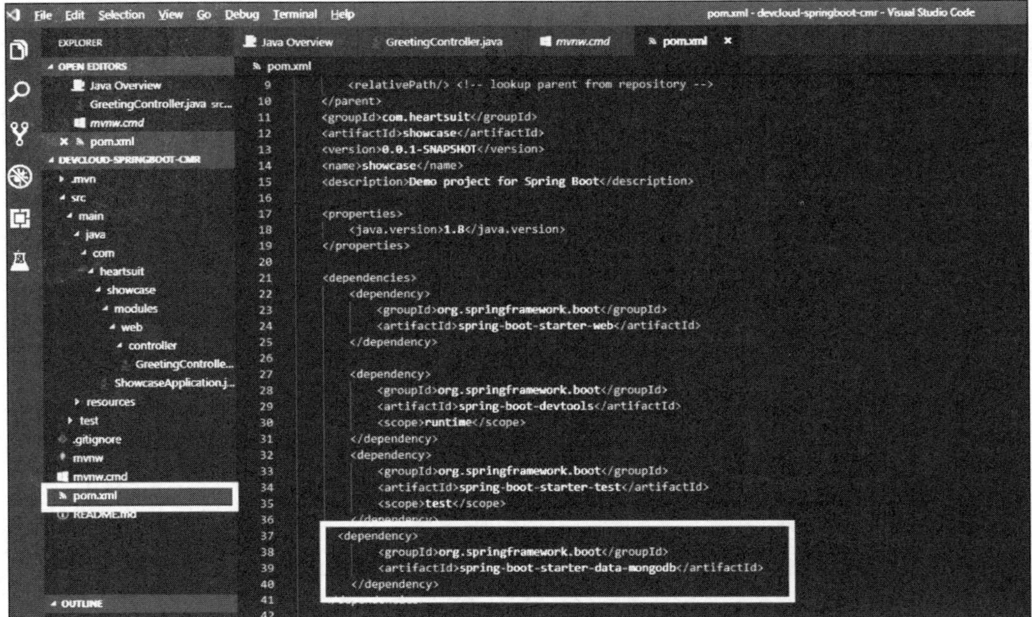

图 3.58　Spring Boot 与 MongoDB 连接

添加 pom.xml 文件依赖如下：

```
<dependency>
<groupId>org.springframework.boot</groupId>
<artifactId>spring-boot-starter-data-mongodb</artifactId>
</dependency>
```

修改

\src\main\java\com\heartsuit\showcase\modules\web\controller\GreetingController.java

文件，添加测试接口，如图 3.59 所示。

```
//测试添加其他接口,开发时同理
@GetMapping("/easyTest")
public String easyTest() {
return "Here is test.";
}
//测试使用 MongoDB
@GetMapping("/testMongodb")
public String testMongodb() {
MongoClient mongoClient = new MongoClient( "114.116.138.139" , 27017 );
MongoDatabase database = mongoClient.getDatabase("mydb");
```

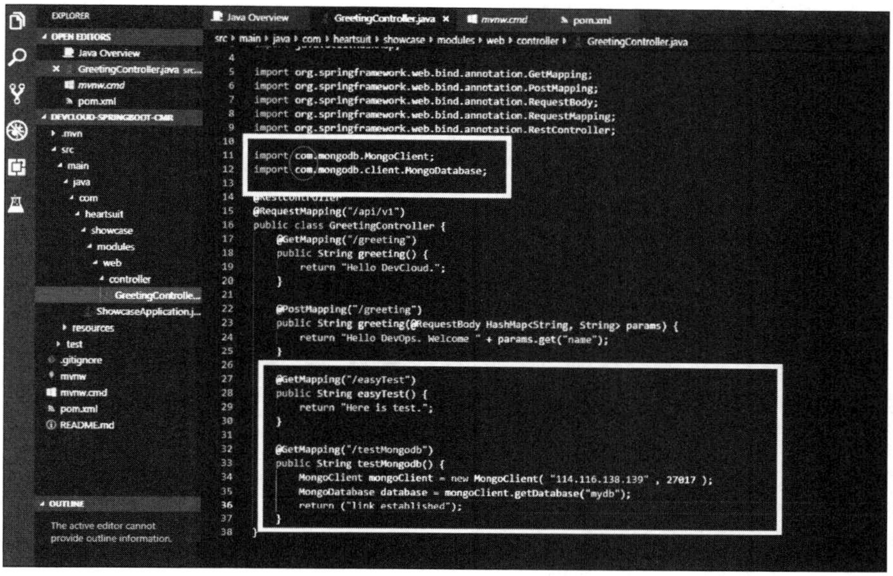

图 3.59　测试接口

```
return ("link established");
}
```

新建一个项目，如图 3.60 所示。

图 3.60　新建项目

将 Vue 框架代码上传到华为云代码仓库，如图 3.61 所示。

新建编译构建任务，如图 3.62 所示。

上传文件至软件发布库，如图 3.63 所示。注意到华为云上传软件包不支持文件夹，需要进行压缩。

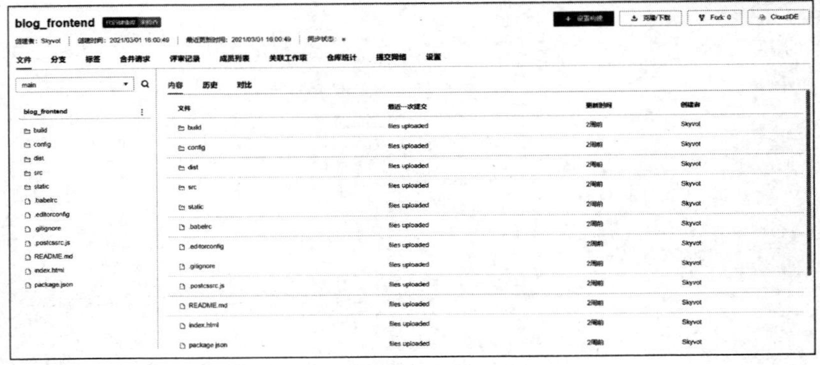

图 3.61　华为云仓库

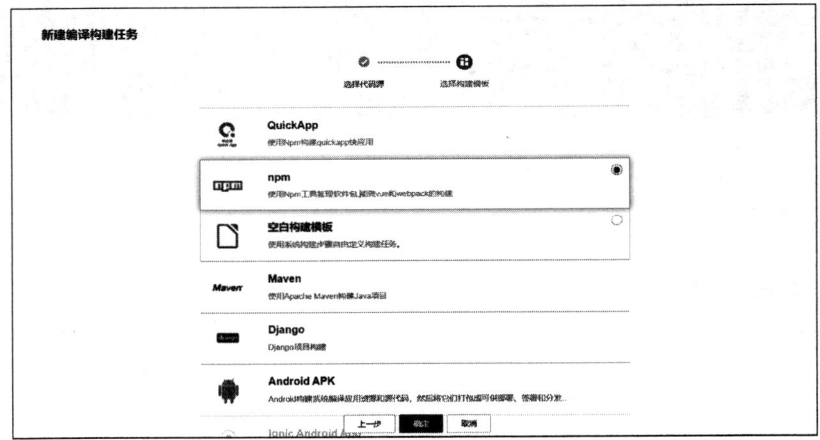

图 3.62　编译构建

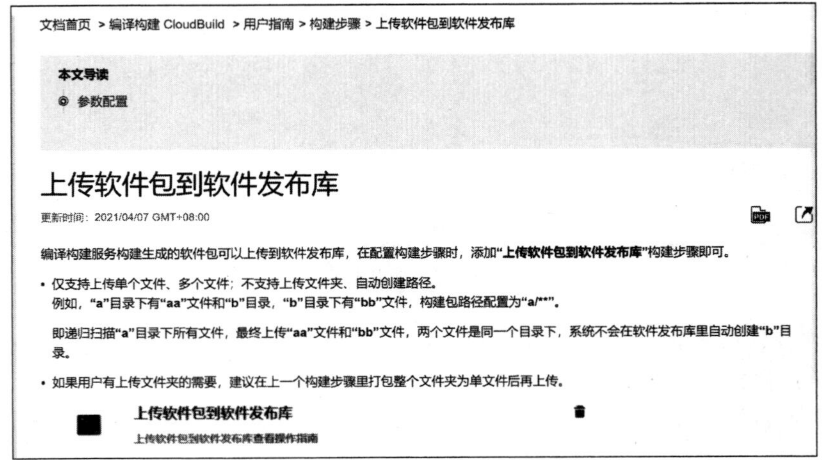

文档首页 > 编译构建 CloudBuild > 用户指南 > 构建步骤 > 上传软件包到软件发布库

本文导读

◎ 参数配置

上传软件包到软件发布库

更新时间：2021/04/07 GMT+08:00

编译构建服务构建生成的软件包可以上传到软件发布库，在配置构建步骤时，添加"**上传软件包到软件发布库**"构建步骤即可。

- 仅支持上传单个文件、多个文件；不支持上传文件夹、自动创建路径。
  例如，"**a**"目录下有"**aa**"文件和"**b**"目录，"**b**"目录下有"**bb**"文件，构建包路径配置为"**a/****"。

  即递归扫描"**a**"目录下所有文件，最终上传"**aa**"文件和"**bb**"文件，两个文件是同一个目录下，系统不会在软件发布库里自动创建"**b**"目录。
- 如果用户有上传文件夹的需要，建议在上一个构建步骤里打包整个文件夹为单文件后再上传。

上传软件包到软件发布库

上传软件包到软件发布库查看操作指南

图 3.63　上传文件

设置编译构建的参数，如图 3.64、图 3.65、图 3.66 所示。

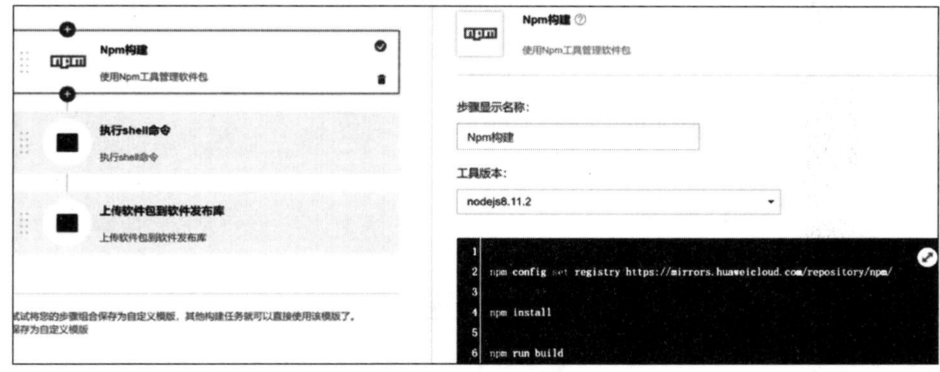

图 3.64　编译构建参数设置(1)

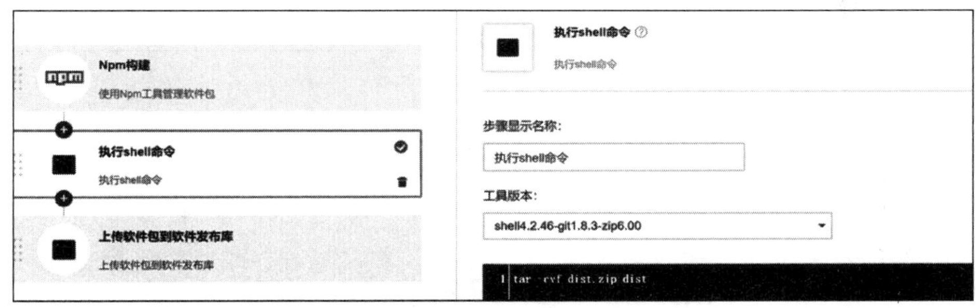

图 3.65　编译构建参数设置(2)

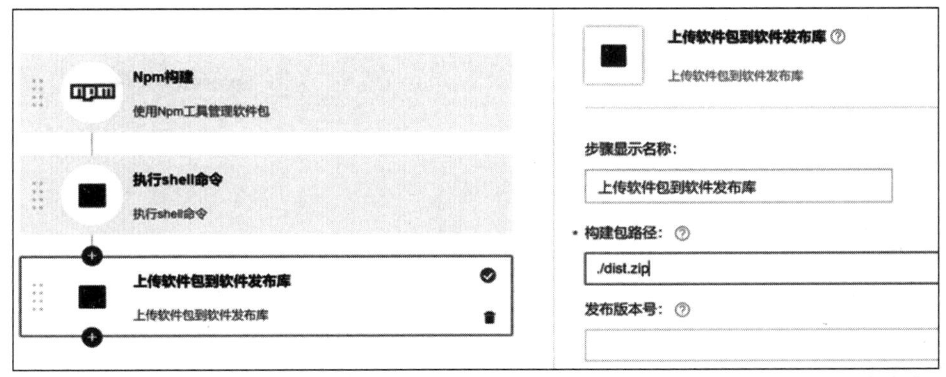

图 3.66　编译构建参数设置(3)

Vue 代码经编译构建发布后，网页运行结果如图 3.67 所示。前端部署成功，pm2 启动的 8000 端口访问正常。

新建仓库后，将 Spring Boot 模板上传至华为云，如图 3.68 所示。同样新建仓库，编程语言选择 Java。

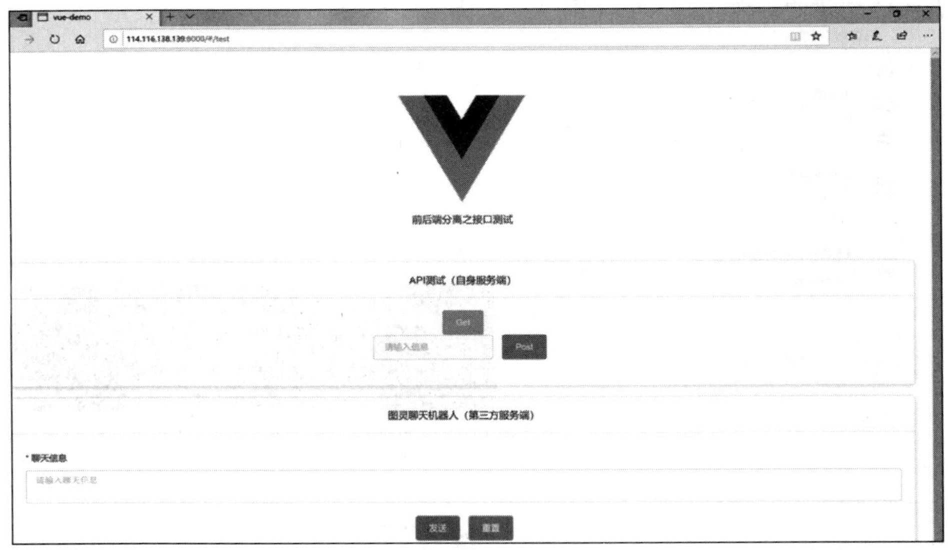

图 3.67　Vue 运行结果

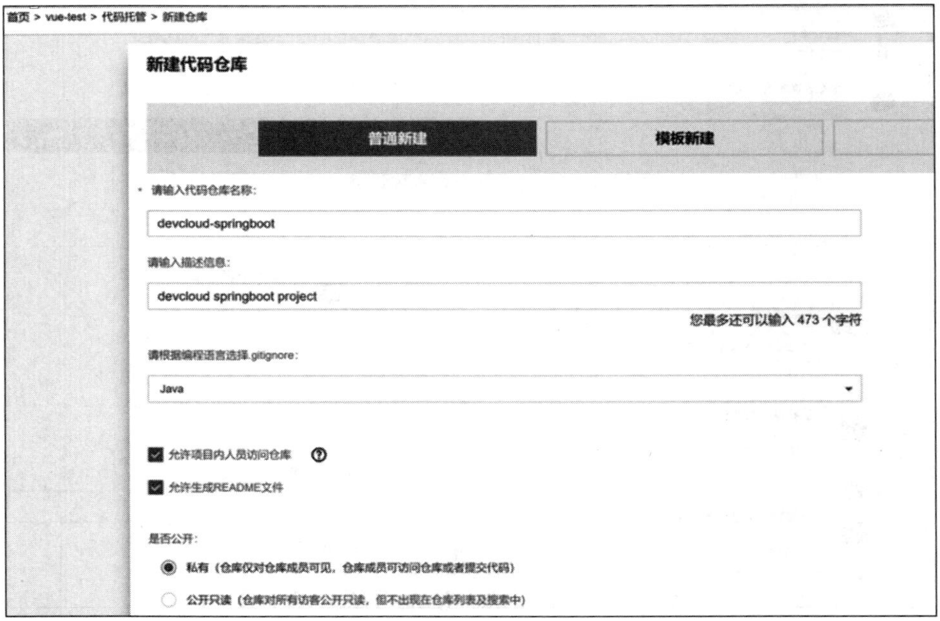

图 3.68　新建仓库

单击“新建发布任务”按钮，选择 Maven 选项，自定义参数，如图 3.69 所示。

单击“发布”按钮，其他选项保持默认，将源代码打包成可运行文件，如图 3.70 所示。

选择“SpringBoot 应用部署”选项对 Spring Boot 模板进行部署，如图 3.71 所示。

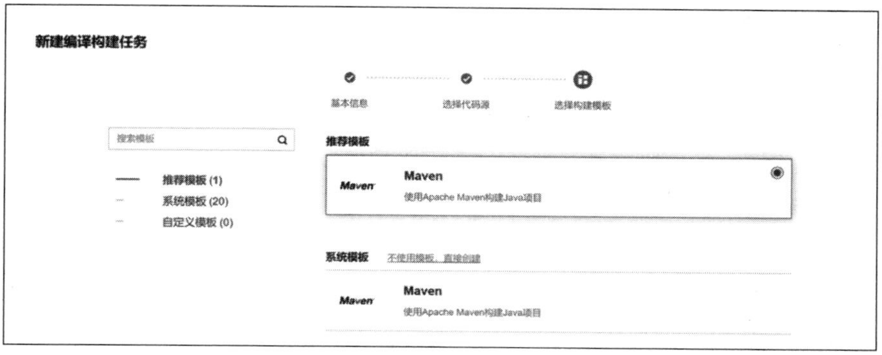

图 3.69　选择 Maven 选项

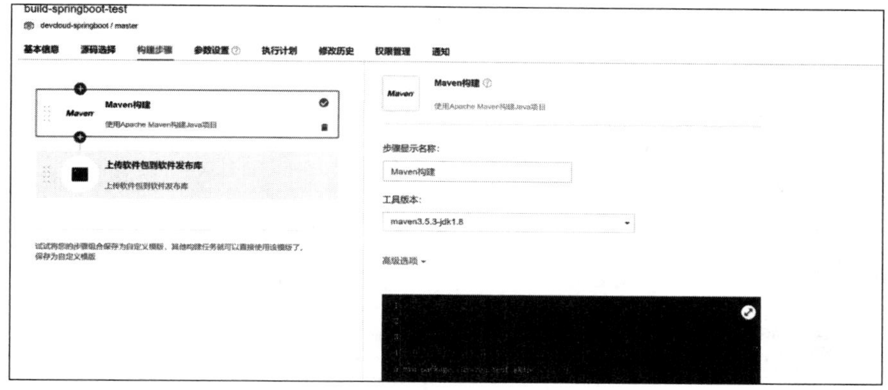

图 3.70　部署参数保持默认选项

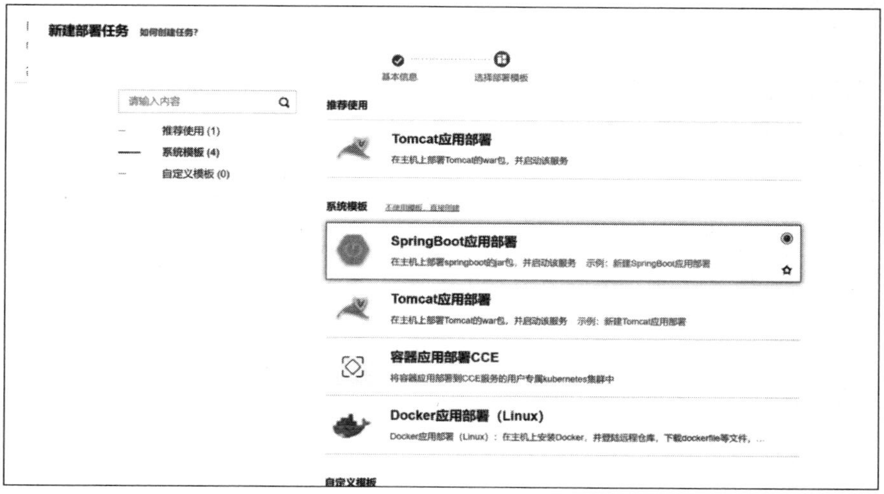

图 3.71　Spring Boot 部署

对部署的参数进行设置，部署参数设置如图 3.72、图 3.73、图 3.74、图 3.75 所示。注意，路径中的 jar 包为刚才构建的包名。

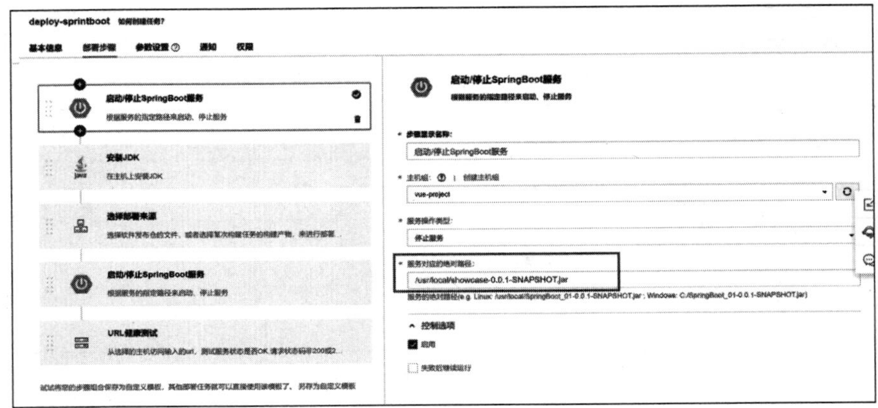

图 3.72　部署参数设置

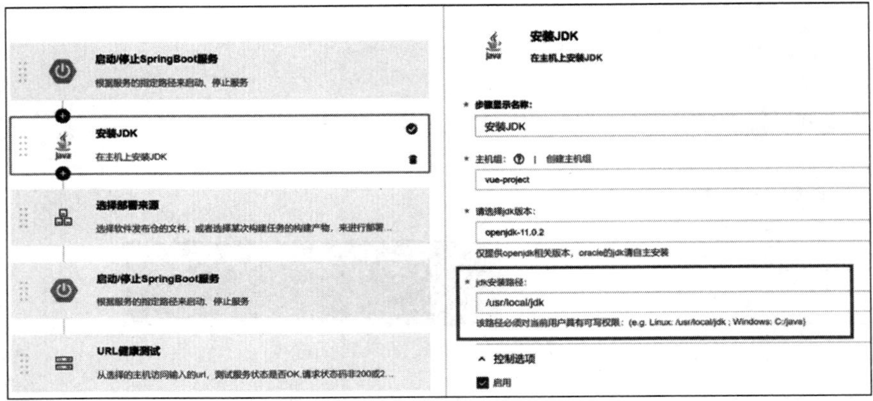

图 3.73　部署参数设置-设置 JDK 安装路径

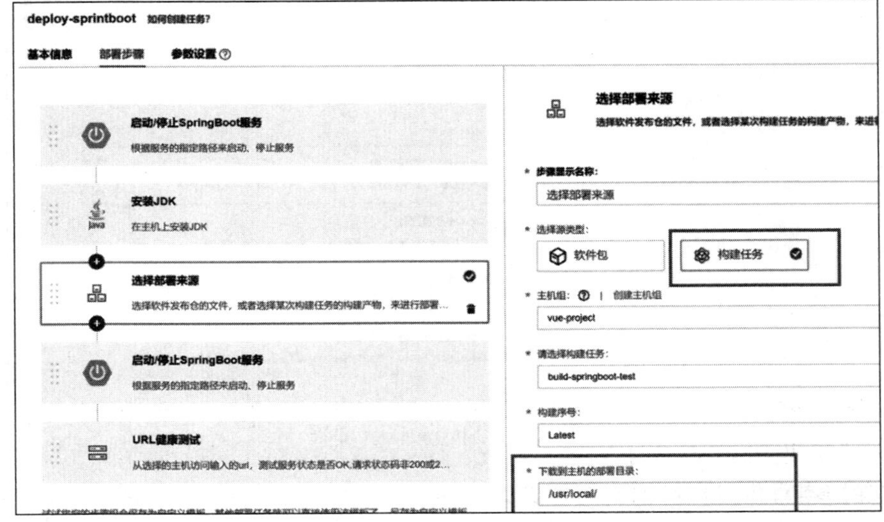

图 3.74　部署参数设置-选择构建任务

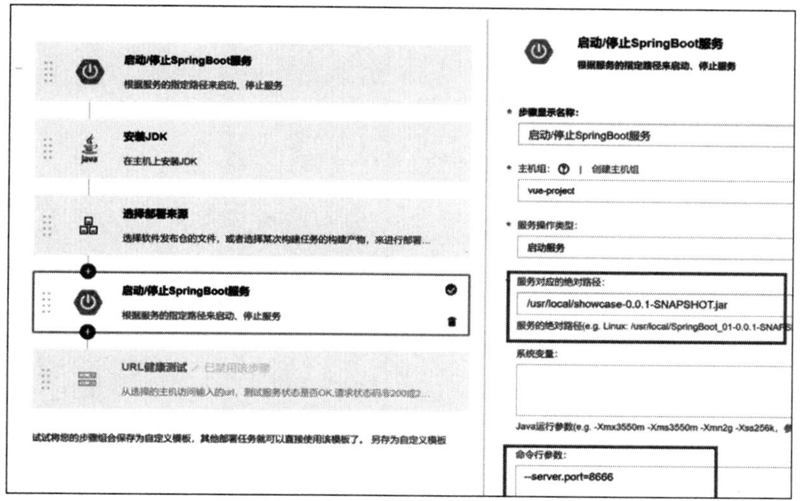

图 3.75 部署参数设置-端口设置为 8666

注意包名以及命令行参数。端口设置为 8666,与静态服务器端口一致。

部署成功后,运行结果如图 3.76 所示。

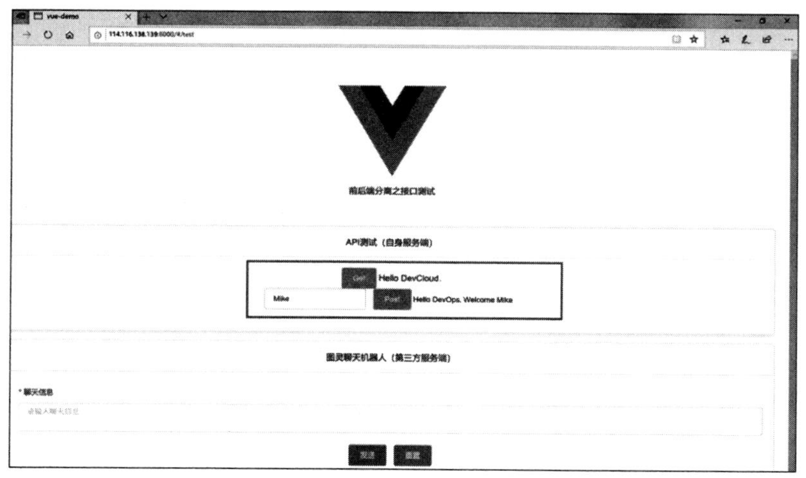

图 3.76 运行示例

3.4 本章小结

本章主要介绍了华为云使用过程中可能涉及的相关技术,包括 EA、Git、软件设计图表等,为用户流畅地使用 DevCloud 打下坚实基础。同时,介绍了本书的框架选型以及详细部署方法,读者可参照本章内容对项目进行配置。

第 2 部分　实　战　篇

视频讲解

第4章 书籍影视交流平台

为了方便广大用户无障碍地交流书籍与影视，现为此开发书籍影视交流平台。平台功能主要包括对书籍和影视进行评级、小组活动、话题广场等。该平台具体功能详述如下：

(1) 主页展示热点内容。热点内容包括流行书籍、流行影视、热门评论、热门话题。游客和注册用户均可对热点内容进行浏览和访问。但游客对内容不能进行操作，如对流行书籍进行评论等。这些只有注册用户才能进行操作。

(2) 检索。首页检索栏根据输入的关键词进行全站检索，按照不同类别(书籍、影视、小组及小组讨论、话题及话题内容)返回检索结果。游客及注册用户均可以检索。

(3) 各功能主页。书籍、影视、小组、话题这4个功能分别有其对应主页。各功能主页必须相应的检索栏，其余页面内展示内容可自行添加。

(4) 评论书籍。注册用户可在对应书籍主页对书籍进行评分以及撰写评论。评论必须包含评论标题以及不少于25字符的评论内容。

(5) 书籍评论反馈。注册用户可对现有的评论进行点赞、反对以及举报。其中举报需要填写举报详情单，包括举报标题及不少于15字符的举报原因。

(6) 评论影视。注册用户可在对应影视主页对影视进行评分以及撰写评论。评论必须包含评论标题以及不少于25字符的评论内容。

(7) 影视评论反馈。反馈功能与书籍评论反馈功能类似。

(8) 参与话题。话题可与具体书籍或影视相关，也可以无关。某话题下所有用户发表内容应以一定方式在话题页展示。注册用户参与某话题后，可发表与话题相关的图片及文字。

(9) 参与小组。话题可与具体书籍或影视相关，也可以无关。某小组下所有用户发表的内容应以一定方式在小组页面内展示。注册用户加入某小组后，可发表帖子(帖子必须包含标题及不少于25字符的内容)。未加入小组的用户只能浏览小组内的帖子。

(10) 管理小组。小组成员均可申请成为小组管理员。小组管理员具有对帖子进行置顶、精华、删除的权限。

4.1 需求分析

本案例需要完成一个书籍影视交流平台，系统的用户包括用户、管理员、游客，其中游客需求优先级最高，用户需求优先级次之，管理员优先级最低。在第一轮迭代中可注重与开发游客和用户需求，完成网站整体功能搭建；在第二轮迭代中实现管理员需求。同时，前端页面布局美化，项目安全防护等非功能性需求也可在第二轮迭代中完成。

在本系统中，游客可以进行信息检索，但不能进行评论、点赞等操作。游客需要权限管理，所以本系统需要相应的登录注册功能，将各层级的用户操作区分开。用户在检索外，可以进行评论、评分，还可以进行小组相关功能的操作。管理员则主要负责信息管理以及权限申请认定。

注意，以上为笔者个人分析，实际开发应由团队讨论和客观条件共同决定。

4.2　编写用户故事和制订迭代计划

4.2.1　编写用户故事

下面分析一个团队的实际开发记录。在对需求进行初步分析后，首先需要条目化用户故事，并按优先级进行排序，然后再按照用户故事为管理粒度进行开发、测试以及交付活动。用户故事划分、内容及优先级如表 4.1 所示。

表 4.1　用户故事划分、内容及优先级

用　　户	用 户 故 事	优　先　级
游客	展示搜索内容 搜索小组、帖子 注册	高
用户	撰写评价 评分 回复帖子 登录	高
	创建小组 点赞评价 查看详细信息 个人简历修改 发表帖子 申请成为管理员	中
	添加书籍、影音 退出小组 密码修改 加入小组 头像修改 置顶、精华帖子	低
管理员	管理用户 处理申请 处理举报	高

用户故事在软件开发过程中被作为描述需求的一种表达形式。为了规范用户故事的表达，便于沟通，通常将用户故事的表达格式规定为：作为一个<用户角色>，我想要<完成活动>，以便于<实现价值>。

一个完整的用户故事包含三要素。

(1) 角色(who)：谁要使用这个。

(2) 活动(what)：要完成什么活动。

(3) 价值(value)：为什么要这么做，这么做能带来什么价值。

DevCloud 提供了便捷的用户故事管理工具，使用者可以方便地进行用户故事的创建查看和管理，极大地提高了使用者的开发效率。

在 DevCloud 上创建的用户故事实例的过程，如图 4.1～图 4.3 所示。需要强调的是，用户故事不是软件需求。虽然用户故事完成了以前由软件需求规范、用例等所做的大部分工作，但它们在许多细微的方面却有着本质上的不同。用户故事不是详细的要求规范，而是用户意图的表达式。同时，用户故事应该能够代表有价值的功能。用户故事相对容易估计，因此可以实现功能迅速确定。此外，用户故事在项目开始时并不应该被详细说明，而是应该在时间基础上详细阐述。这些区别读者可以对照图 4.1～图 4.3 或在 DevCloud 中体会。

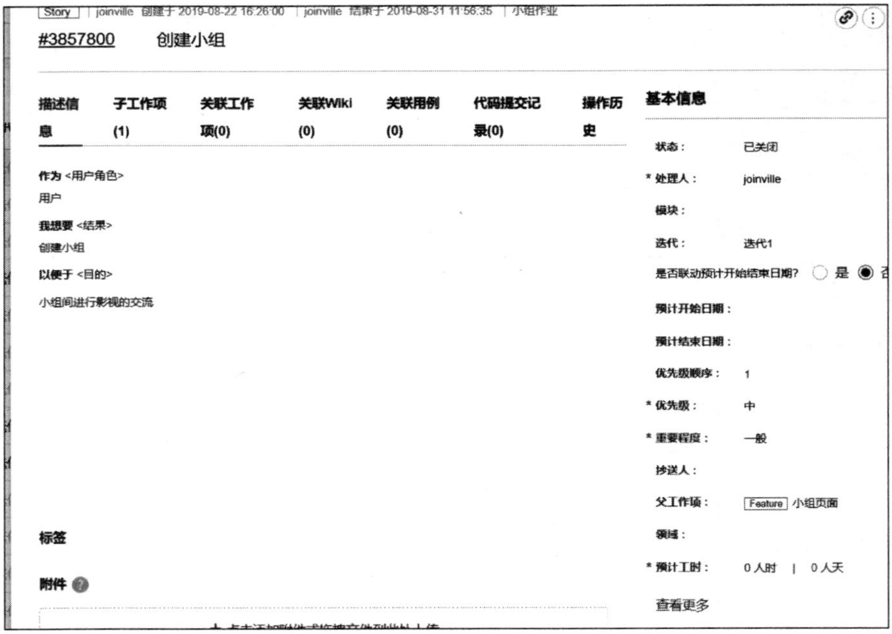

图 4.1　用户故事—创建小组

使用 DevCloud 进行用户故事管理可以全面综合地展示项目进度和开发者动态。在 DevCloud 中创建仓库，并且成功创建用户故事和项目后，即可简洁方便地在该页查看到用户故事的代码提交记录，子工作项的进度以及操作历史。对于一个项目管理工具来说，这种综合性无疑极大地提升了平台的可用性。

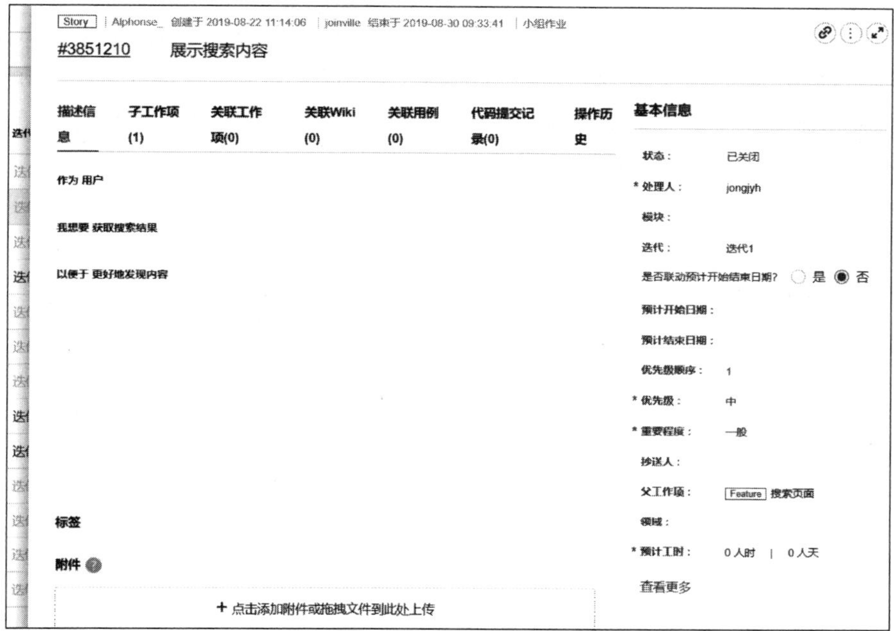

图 4.2　用户故事—展示搜索内容

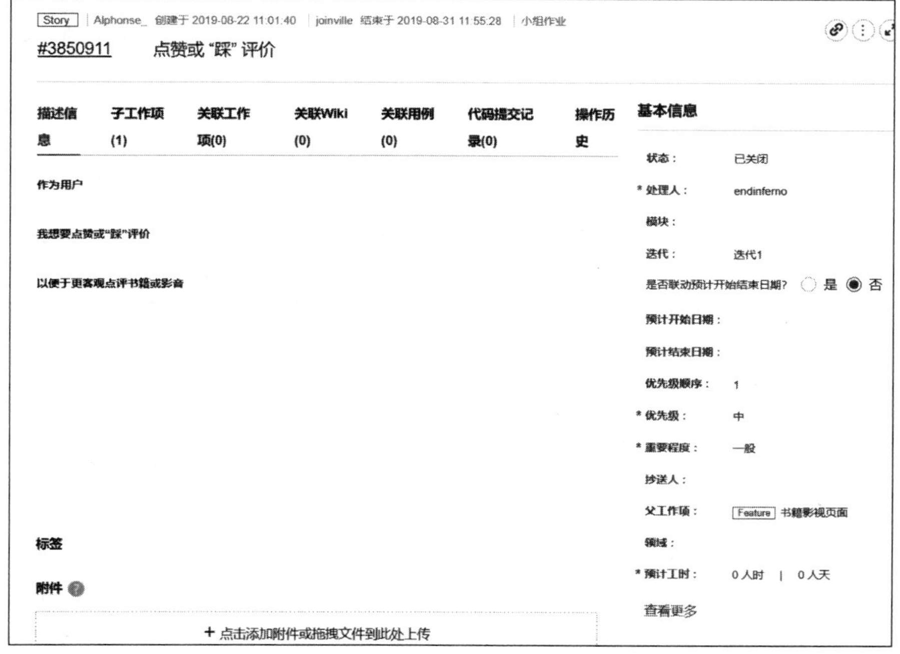

图 4.3　用户故事—点赞或"踩"评价

用户在使用 DevCloud 创建用户故事时，除了最基础的故事描述，即“作为用户，我想要创建小组，以便于小组间进行影视的交流”，还要求用户填写该用户的处理人、所处的迭代周期、预计的开发日期、优先级、重要程度以及父工作项。因为这些要素在敏捷开发中十分重要，项目管理者如果能清晰地把控以上信息并调度团队进度，就可以更合理地安排工作，提高开发效率。

选取项目的部分用户故事描述，在此以表格的形式进行展示。

(1) 创建小组，如表 4.2 所示。

(2) 展示搜索内容，如表 4.3 所示。

表 4.2　创建小组

用户故事标题	创 建 小 组
描述信息	作为用户 我想要创建小组 以便于小组间进行影视的交流
优先级	中
重要程度	一般
预计工时	10 人时|1.25 人天

表 4.3　展示搜索内容

用户故事标题	展示搜索内容
描述信息	作为用户 我想要获取搜索结果 以便于更好地发现内容
优先级	中
重要程度	一般
预计工时	4 人时|0.5 人天

(3) 点赞或“踩”评价，如表 4.4 所示。

(4) 关联推荐，如表 4.5 所示。

表 4.4　点赞或“踩”评价

用户故事标题	点赞或“踩”评价
描述信息	作为用户 我想要点赞或“踩”评价 以便于更客观地点评书籍或影音
优先级	中
重要程度	一般
预计工时	10 人时|1.25 人天

表 4.5　关联推荐

用户故事标题	关 联 推 荐
描述信息	作为用户 我想要获取和该电影、书籍相关的推荐 以便于更好地发现内容
优先级	高
重要程度	重要
预计工时	4 人时|0.5 人天

(5) 搜索小组、帖子，如表 4.6 所示。

(6) 搜索书籍、影视、小组、帖子，如表 4.7 所示。

表 4.6　搜索小组、帖子

用户故事标题	搜索小组、帖子
描述信息	作为用户 我想要搜索小组和帖子 以便于更好地发现内容
优先级	低
重要程度	一般
预计工时	4 人时|0.5 人天

表 4.7　搜索书籍、影视、小组、帖子

用户故事标题	搜索书籍、影视、小组、帖子
描述信息	作为用户 我想要搜索书籍、影视 以便于获取我想要的书籍影视信息
优先级	中
重要程度	重要
预计工时	4 人时|0.5 人天

(7) 查看书籍和影视详细信息,如表4.8所示。

(8) 添加书籍、影音,如表4.9所示。

表4.8 查看书籍和影视详细信息

用户故事标题	查看书籍和影视详细信息
描述信息	作为用户 我想要查看一个书籍和影视的具体信息 以便于查看具体内容
优先级	低
重要程度	一般
预计工时	4人时|0.5人天

表4.9 书籍、影音

用户故事标题	添加书籍、影音
描述信息	作为用户 我想要添加书籍、影音 以便于管理网站内容
优先级	低
重要程度	一般
预计工时	4人时|0.5人天

(9) 管理用户,如表4.10所示。

(10) 书写评价,如表4.11所示。

表4.10 管理用户

用户故事标题	管理用户
描述信息	作为网站管理员 我想要封禁、解禁用户 以便于管理用户
优先级	高
重要程度	关键
预计工时	10人时|1.25人天

表4.11 书写评价

用户故事标题	书写评价
描述信息	作为用户 我想要写一个完整的对一部影视或者一本书籍的完整评价 以便于分享个人感受
优先级	高
重要程度	关键
预计工时	10人时|1.25人天

(11) 评分,如表4.12所示。

(12) 点赞,如表4.13所示。

表4.12 评分

用户故事标题	评分
描述信息	作为用户 我想要给一个书籍或者影视评分 以便于分享书籍影视的看法
优先级	中
重要程度	重要
预计工时	4人时|0.5人天

表4.13 点赞

用户故事标题	点赞
描述信息	作为注册用户 我想要对帖子进行点赞 以便于对帖子内容进行管理
优先级	低
重要程度	一般
预计工时	4人时|0.5人天

(13) 回复帖子,如表 4.14 所示。

表 4.14　回复帖子

用户故事标题	回 复 帖 子
描述信息	作为小组成员 我想要回复帖子 以便于更好地进行组间交流
优先级	低
重要程度	一般
预计工时	4 人时|0.5 人天

4.2.2　制订迭代计划

迭代计划发生在每一迭代前。在迭代计划中,敏捷团队和客户为开发协作选择用户故事。用户故事起初在产品待办事项中被优先处理,但是敏捷团队和客户应以逐步完善(即增加知识和观点)为基础审查优先化。优先化常以价值和风险为基础,可运作 MoSCoW 和 KANO 方法和通过风险-价值与成本-价值指标执行。敏捷团队执行分解,将用户故事细分为更多可操纵的任务,以此评估任务时间。迭代任务同样可以价值为基础进行优先处理,类似于优先处理用户故事。

制订迭代计划,需要规划每一轮迭代需要完成的用户故事,优先级更高的用户故事会被放到前面的位置,因为这些用户故事能带来最大的用户价值。再者需要明确所有细节,将每一个用户故事拆分成更小的用户故事,让这些模块更便于分配、开发和追踪。小组经过讨论分析,计划进行两轮迭代完成项目开发。在第一轮迭代中,本小组计划实现信息查询、用户登录注册、评论点赞等核心功能,保证整个系统可以正常运行,之后在第二轮迭代中再对每一模块的内容进行细化,加入小组、权限限制、二级评论、管理员禁言等功能,从而提高用户体验。在制订迭代计划的阶段,需要对每个故事需要小组成员进行讨论并拆分,而到了具体迭代实施阶段,对拆分的故事进行确认并分配。

在本项目中,创建用户故事时就已经将两个迭代周期中的任务分配完毕,在每个用户故事下,有更细化的工作项安排。为展示项目全貌,展示全部具体工作项设置及完成时间如表 4.15 所示。

在开发中,小组需要每天维护看板工作项,记录工作进度。所有的工作进度变化都会直观地反映在仪表盘上。此时团队刚刚开始项目的需求规划,完成进度为 0 时的仪表盘记录如图 4.4 所示。

开发完成后的仪表盘记录如图 4.5 所示。此时主要需求已经开发完成,可以看出此时小组处于第二次迭代阶段,受时间影响,部分非功能性需求没有完成。第一次迭代和第二次迭代的需求完成度以及工作项完成情况都可以直观地展现出来。通过使用仪表盘,可以对整体项目进度有非常清晰的把控。

表 4.15 工作项设置及完成时间

编号	标题	迭代	处理人	状态	创建时间	预计结束日期	更新时间	父工作项编号	类型
3857944	创建小组逻辑实现	迭代 1	joinville	已关闭	2019-08-22 16:33:35		2019-08-31 11:56:12	3857800	Task
3857800	创建小组	迭代 1	joinville	已关闭	2019-08-22 16:26:00		2019-08-31 11:56:35	3848523	Story
3851929	增删改逻辑实现	迭代 1	Alphonse_	进行中	2019-08-22 11:31:55		2019-08-22 16:34:11	3850309	Task
3851925	禁言、解禁逻辑实策	迭代 1	Alphonse_	进行中	2019-08-22 11:31:41		2019-08-22 16:34:04	3850146	Task
3851919	搜索逻辑实现	迭代 2	Alphonse_	已关闭	2019-08-22 11:31:08		2019-08-31 11:56:58	3850683	Task
3851918	帖子点赞数数据库	迭代 2	Alphonse_	已关闭	2019-08-22 11:30:56		2019-08-31 11:56:54	3849970	Task
3851914	帖子回复数据库设	迭代 2	Alphonse_	已关闭	2019-08-22 11:30:11		2019-08-31 11:56:48	3849880	Task
3851907	退出小组逻辑实现	迭代 1	Alphonse_	已关闭	2019-08-22 11:29:59		2019-08-30 11:56:22	3849796	Task
3851905	加入小组逻辑实现	迭代 1	Alphonse_	已关闭	2019-08-22 11:29:46		2019-08-30 11:56:16	3849709	Task
3851904	帖子展示页面设计	迭代 2	Alphonse_	已关闭	2019-08-22 11:29:32		2019-08-31 11:55:55	3849615	Task
3851903	书写帖子页面设计	迭代 2	Alphonse_	已关闭	2019-08-22 11:29:21		2019-08-26 11:55:50	3849297	Task
3851767	帖子操作逻辑实现	迭代 2	Alphonse_	已关闭	2019-08-22 11:26:45		2019-08-26 11:55:46	3849239	Task
3851703	帖子数据库设计	迭代 2	Alphonse_	已关闭	2019-08-22 11:26:34		2019-08-26 11:55:42	3849239	Task
3851702	授权逻辑实现	迭代 2	Alphonse_	已关闭	2019-08-22 11:26:22		2019-08-31 11:55:37	3849131	Task
3851701	小组成员数据库设	迭代 2	Alphonse_	已关闭	2019-08-22 11:26:09		2019-08-31 11:55:33	3848843	Task
3851655	点赞数数据库设计	迭代 1	Alphonse_	已关闭	2019-08-22 11:21:40		2019-08-24 16:32:45	3850911	Task
3851541	关联推荐逻辑设计	迭代 2	Alphonse_	测试中	2019-08-22 11:21:24		2019-08-31 11:55:17	3850869	Task
3851486	详细信息界面设计	迭代 1	Alphonse_	已关闭	2019-08-22 11:21:05		2019-08-24 16:32:31	3850408	Task
3851269	书籍、影视、帖子	迭代 1	Alphonse_	已关闭	2019-08-22 11:18:30		2019-08-24 16:31:52	3849873	Task
3851263	评价数据库设计	迭代 1	Alphonse_	已关闭	2019-08-22 11:18:19		2019-08-24 16:32:14	3850137	Task
3851259	书写评价界面设计	迭代 1	Alphonse_	已关闭	2019-08-22 11:18:09		2019-08-24 16:32:20	3850137	Task
3851255	评分规则设计	迭代 1	Alphonse_	已关闭	2019-08-22 11:17:53		2019-08-24 16:32:00	3850053	Task
3851253	搜索逻辑实现	迭代 1	Alphonse_	已关闭	2019-08-22 11:17:38		2019-08-31 11:54:54	3849873	Task
3851249	个人简介界面设计	迭代 1	Alphonse_	已关闭	2019-08-22 11:17:18		2019-08-24 16:31:46	3849864	Task
3851247	密码修改界面设计	迭代 1	Alphonse_	已关闭	2019-08-22 11:17:11		2019-08-31 11:54:38	3849712	Task
3851244	密码修改逻辑实现	迭代 1	Alphonse_	已关闭	2019-08-22 11:16:57		2019-08-31 11:54:32	3849712	Task
3851236	头像数据库设计	迭代 1	Alphonse_	已关闭	2019-08-22 11:16:30		2019-08-26 10:35:28	3849627	Task
3851227	上传头像功能实现	迭代 1	Alphonse_	已关闭	2019-08-22 11:16:01		2019-08-26 10:35:35	3849627	Task
3851217	搜索结果展示界面	迭代 1	Alphonse_	已关闭	2019-08-22 11:15:04		2019-08-24 16:31:24	3851210	Task

续表

编号	标题	迭代	处理人	状态	创建时间	预计结束日期	更新时间	父工作项编号	类型
3851210	展示搜索内容	迭代 1	jongjyh	已关闭	2019-08-22 11:14:06		2019-08-31 16:44:53	3851151	Story
3851131	搜索逻辑实现	迭代 1	Alphonse _	已关闭	2019-08-22 11:11:51		2019-08-30 09:27:58	3850466	Task
3851077	主页界面设计	迭代 1	Alphonse _	已关闭	2019-08-22 11:11:33		2019-08-24 16:30:53	3848667	Task
3851073	注册界面设计	迭代 1	joinville	已关闭	2019-08-22 11:11:26		2019-08-24 16:30:47	3848667	Task
3851054	用户数据库设计	迭代 1	joinville	已关闭	2019-08-22 11:09:59		2019-08-24 16:30:43	3848667	Task
3850911	点赞或“踩”评价	迭代 1	endinferno	已关闭	2019-08-22 11:01:40		2019-08-31 16:44:49	3848516	Story
3850869	关联推荐	迭代 2	Alphonse _	测试中	2019-08-22 10:58:45		2019-08-31 11:55:22	3848516	Story
3850683	搜索小组、帖子	迭代 2	Alphonse _	已关闭	2019-08-22 10:54:07		2019-08-31 11:57:02	3848523	Story
3850466	搜索书籍、影视	迭代 1	Alphonse _	已关闭	2019-08-22 10:47:40		2019-08-30 09:33:30	3848650	Story
3850408	查看书籍和影视详细	迭代 1	jongjyh	已关闭	2019-08-22 10:44:57		2019-08-31 11:55:09	3848516	Story
3850309	添加书籍、影音	迭代 1	joinville	进行中	2019-08-22 10:42:18		2019-08-31 16:45:07	3850132	Story
3850146	管理用户	迭代 1	joinville	进行中	2019-08-22 10:39:50		2019-08-31 16:45:08	3850132	Story
3850137	书写评价	迭代 1	jongjyh	已关闭	2019-08-22 10:39:06		2019-08-31 11:55:04	3848516	Story
3850053	评分	迭代 1	jongjyh	已关闭	2019-08-22 10:38:03		2019-08-24 16:32:04	3848516	Story
3849970	点赞帖子	迭代 2	Alphonse _	已关闭	2019-08-22 10:36:11		2019-08-31 16:16:59	3848523	Story
3849880	回复帖子	迭代 2	Alphonse _	已关闭	2019-08-22 10:34:30		2019-08-31 16:16:54	3848523	Story
3849873	搜索书籍、影视		jongjyh	已关闭	2019-08-22 10:33:41		2019-08-31 11:54:58	3848516	Story
3849864	个人简介修改	迭代 1	jongjyh	已关闭	2019-08-22 10:32:59		2019-08-31 11:54:48	3848526	Story
3849796	退出小组	迭代 1	Alphonse _	已关闭	2019-08-22 10:32:27		2019-08-30 11:56:27	3848523	Story
3849712	密码修改	迭代 1	jongjyh	已关闭	2019-08-22 10:31:34		2019-08-31 11:54:42	3848526	Story
3849709	加入小组	迭代 1	Alphonse _	已关闭	2019-08-22 10:31:31		2019-08-31 11:56:31	3848523	Story
3849627	头像修改	迭代 1	jongjyh	测试中	2019-08-22 10:29:35		2019-08-26 10:35:43	3848526	Story
3849615	浏览帖子	迭代 2	Ruan _ Yixuan	已关闭	2019-08-22 10:28:46		2019-08-31 16:47:59	3848523	Story
3849297	发表帖子	迭代 2	Ruan _ Yixuan	已关闭	2019-08-22 10:23:36		2019-08-30 16:47:58	3848523	Story
3849239	置顶、精华、删除帖子	迭代 2	Ruan _ Yixuan	已关闭	2019-08-22 10:21:59		2019-08-30 16:47:56	3848523	Story
3849131	授权小组管理员	迭代 2	Alphonse _	测试中	2019-08-22 10:19:26		2019-08-29 11:59:53	3848523	Story
3848843	申请成为小组管理员	迭代 2	endinferno	进行中	2019-08-22 10:13:07		2019-08-29 16:48:01	3848523	Story
3848667	主页快捷注册/登录	迭代 1	MireeMOS	已关闭	2019-08-22 10:06:39		2019-08-24 16:30:57	3848650	Story

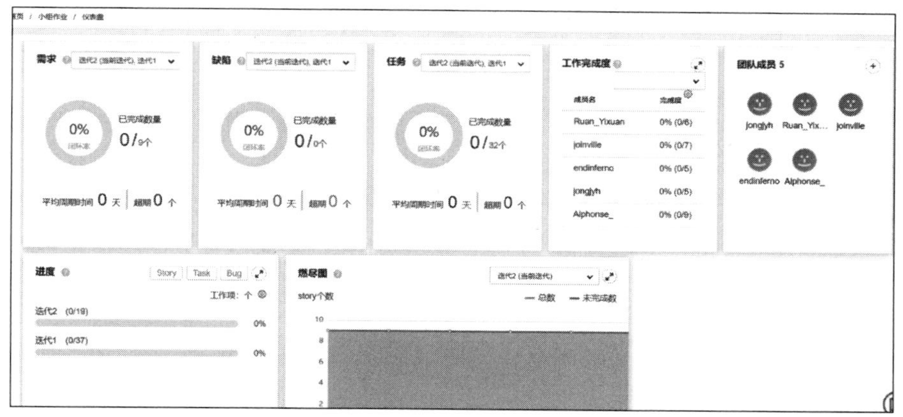

图 4.4　完成进度为 0 时的仪表盘记录

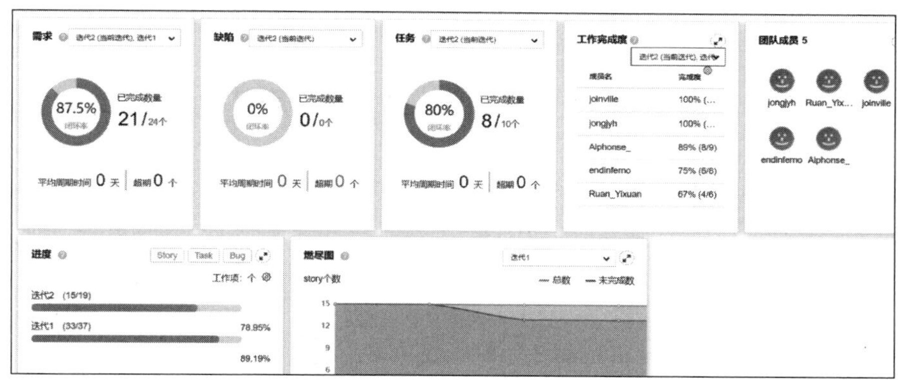

图 4.5　开发完成后的仪表盘记录

4.3　第一次迭代

4.3.1　估算用户故事和拆分确认

对第一次迭代的用户故事进行估算并拆分。以“创建小组”用户故事为例，对其进行拆分。具体步骤如下所述。

对“创建小组”这个用户故事进行估算。该用户故事所属 feature 为“小组页面”，该故事的优先级为中，重要程度为一般。根据分析，该故事的描述为：第一个子故事为：作为用户，我想要创建小组，以便小组间进行影视的交流。然后，对该故事进行再次分解，确定相关用例。用例为：用户在小组页面上单击“创建小组”按钮，填写表格信息，提交并等待审阅。

在对第一次迭代中分配的用户故事进行逐个进行上述分析后，即可开始按照用户故事的负责人开始分配编码工作。该小组在第一轮迭代中的每日进展如图 4.6～图 4.10 所示。可以从列表中的“状态”一项查看各工作项的进度变化。

首页 / 小组作业 / Backlog　　需求规划　Epic　Feature　Backlog　缺陷　迭代　报表

(总条数：57)　1/2

编号	标题	迭代	处理人	优先级顺序	状态	创建时间	预计结束日期	操作
3857800	创建小组	迭代1	joinville	1	新建	2019-08-22 16…		
3851210	展示搜索内容	迭代1	endinferno	1	新建	2019-08-22 11:…		
3850911	点赞或“踩”评价	迭代1	jongjyh	1	新建	2019-08-22 11:…		
3850869	关联推荐	迭代2	Alphonse_	1	新建	2019-08-22 10…		
3850683	搜索小组、帖子	迭代2	endinferno	1	新建	2019-08-22 10…		
3850466	搜索书籍、影视、小组、帖子	迭代1	Ruan_Yixuan	1	新建	2019-08-22 10…		
3850408	查看书籍和影视详细信息	迭代1	jongjyh	1	新建	2019-08-22 10…		
3850309	添加书籍、影音	迭代1	Ruan_Yixuan	1	新建	2019-08-22 10…		
3850146	管理用户	迭代1	joinville	1	新建	2019-08-22 10…		
3850137	书写评价	迭代1	endinferno	1	新建	2019-08-22 10…		
3850053	评分	迭代1	endinferno	1	新建	2019-08-22 10…		
3849970	点赞帖子	迭代2	jongjyh	1	新建	2019-08-22 10…		
3849680	回复帖子	迭代2	Ruan_Yixuan	1	新建	2019-08-22 10…		
3849873	搜索书籍、影视、帖子		Alphonse_	1	新建	2019-08-22 10…		

图 4.6　第一轮迭代进度—Day1

首页 / 小组作业 / Backlog　　需求规划　Epic　Feature　Backlog　缺陷　迭代　报表

(总条数：25)　1/2

编号	标题	迭代	处理人	优先级顺序	状态	创建时间	预计结束日期	操作
3857800	创建小组	迭代1	joinville	1	进行中	2019-08-22 16…		
3851210	展示搜索内容	迭代1	endinferno	1	进行中	2019-08-22 11:…		
3850911	点赞或“踩”评价	迭代1	jongjyh	1	进行中	2019-08-22 11:…		
3850869	关联推荐	迭代2	Alphonse_	1	新建	2019-08-22 10…		
3850683	搜索小组、帖子	迭代2	endinferno	1	新建	2019-08-22 10…		
3850466	搜索书籍、影视、小组、帖子	迭代1	Ruan_Yixuan	1	进行中	2019-08-22 10…		
3850408	查看书籍和影视详细信息	迭代1	jongjyh	1	进行中	2019-08-22 10…		
3850309	添加书籍、影音	迭代1	Ruan_Yixuan	1	进行中	2019-08-22 10…		
3850146	管理用户	迭代1	joinville	1	进行中	2019-08-22 10…		
3850137	书写评价	迭代1	endinferno	1	进行中	2019-08-22 10…		
3850053	评分	迭代1	endinferno	1	进行中	2019-08-22 10…		
3849970	点赞帖子	迭代2	jongjyh	1	新建	2019-08-22 10…		
3849680	回复帖子	迭代2	Ruan_Yixuan	1	新建	2019-08-22 10…		

图 4.7　第一轮迭代进度—Day2

首页 / 小组作业 / Backlog　　需求规划　Epic　Feature　Backlog　缺陷　迭代　报表

(总条数：25)　1/2

编号	标题	迭代	处理人	优先级顺序	状态	创建时间	预计结束日期	操作
3857800	创建小组	迭代1	joinville	1	进行中	2019-08-22 16…		
3851210	展示搜索内容	迭代1	endinferno	1	进行中	2019-08-22 11:…		
3850911	点赞或“踩”评价	迭代1	jongjyh	1	进行中	2019-08-22 11:…		
3850869	关联推荐	迭代2	Alphonse_	1	新建	2019-08-22 10…		
3850683	搜索小组、帖子	迭代2	endinferno	1	新建	2019-08-22 10…		
3850466	搜索书籍、影视、小组、帖子	迭代1	Ruan_Yixuan	1	进行中	2019-08-22 10…		
3850408	查看书籍和影视详细信息	迭代1	jongjyh	1	已关闭	2019-08-22 10…		
3850309	添加书籍、影音	迭代1	Ruan_Yixuan	1	进行中	2019-08-22 10…		
3850146	管理用户	迭代1	joinville	1	进行中	2019-08-22 10…		
3850137	书写评价	迭代1	endinferno	1	进行中	2019-08-22 10…		
3850053	评分	迭代1	endinferno	1	进行中	2019-08-22 10…		
3849970	点赞帖子	迭代2	jongjyh	1	新建	2019-08-22 10…		
3849680	回复帖子	迭代2	Ruan_Yixuan	1	新建	2019-08-22 10…		
3849873	搜索书籍、影视、帖子		Alphonse_	1	进行中	2019-08-22 10…		

图 4.8　第一轮迭代进度—Day3

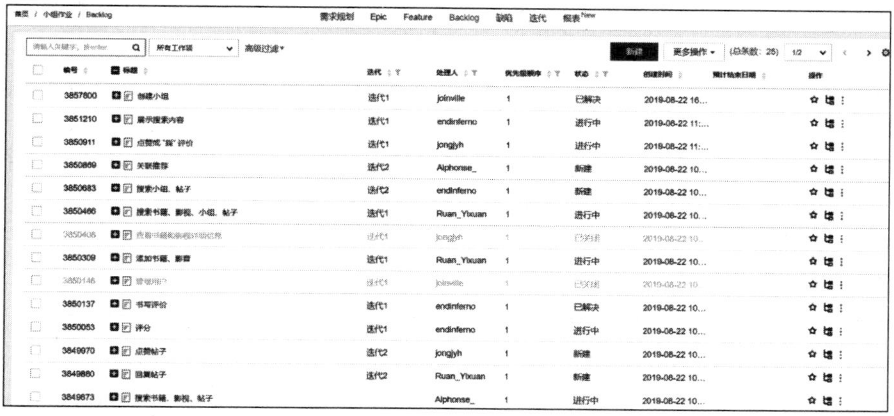

编号	标题	迭代	处理人	优先级顺序	状态	创建时间	预计结束日期	操作
3857800	创建小组	迭代1	joinville	1	已解决	2019-08-22 16...		
3851210	展示搜索内容	迭代1	endinferno	1	进行中	2019-08-22 11:...		
3850911	点赞或"踩"评价	迭代1	jongjyh	1	进行中	2019-08-22 11:...		
3850869	关联推荐	迭代2	Alphonse_	1	新建	2019-08-22 10...		
3850683	搜索小组、帖子	迭代2	endinferno	1	新建	2019-08-22 10...		
3850466	搜索书籍、影视、小组、帖子	迭代1	Ruan_Yixuan	1	进行中	2019-08-22 10...		
3850408	查看书籍和影视详细信息	迭代1	jongjyh	1	已关闭	2019-08-22 10...		
3850309	添加书籍、影音	迭代1	Ruan_Yixuan	1	进行中	2019-08-22 10...		
3850146	管理用户	迭代1	joinville	1	已关闭	2019-08-22 10...		
3850137	书写评价	迭代1	endinferno	1	已解决	2019-08-22 10...		
3850053	评分	迭代1	endinferno	1	进行中	2019-08-22 10...		
3849970	点赞帖子	迭代2	jongjyh	1	新建	2019-08-22 10...		
3849880	回复帖子	迭代2	Ruan_Yixuan	1	新建	2019-08-22 10...		
3849873	搜索书籍、影视、帖子		Alphonse_	1	进行中	2019-08-22 10...		

图 4.9　第一轮迭代进度—Day4

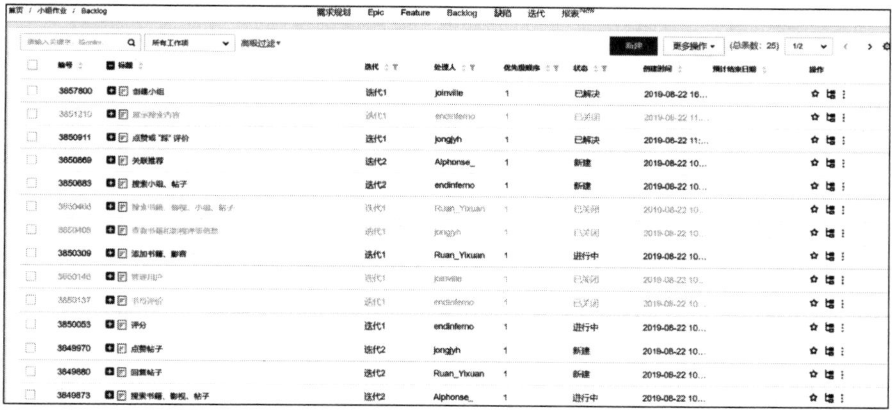

编号	标题	迭代	处理人	优先级顺序	状态	创建时间	预计结束日期	操作
3857800	创建小组	迭代1	joinville	1	已解决	2019-08-22 16...		
3851210	展示搜索内容	迭代1	endinferno	1	已关闭	2019-08-22 11...		
3850911	点赞或"踩"评价	迭代1	jongjyh	1	已解决	2019-08-22 11:...		
3850869	关联推荐	迭代2	Alphonse_	1	新建	2019-08-22 10...		
3850683	搜索小组、帖子	迭代2	endinferno	1	新建	2019-08-22 10...		
3850466	搜索书籍、影视、小组、帖子	迭代1	Ruan_Yixuan	1	已关闭	2019-08-22 10...		
3850408	查看书籍和影视详细信息	迭代1	jongjyh	1	已关闭	2019-08-22 10...		
3850309	添加书籍、影音	迭代1	Ruan_Yixuan	1	进行中	2019-08-22 10...		
3850146	管理用户	迭代1	joinville	1	已关闭	2019-08-22 10...		
3850137	书写评价	迭代1	endinferno	1	已关闭	2019-08-22 10...		
3850053	评分	迭代1	endinferno	1	进行中	2019-08-22 10...		
3849970	点赞帖子	迭代2	jongjyh	1	新建	2019-08-22 10...		
3849880	回复帖子	迭代2	Ruan_Yixuan	1	新建	2019-08-22 10...		
3849873	搜索书籍、影视、帖子	迭代2	Alphonse_	1	进行中	2019-08-22 10...		

图 4.10　第一轮迭代进度—Day5

4.3.2　按用户故事创建代码

在估算用户故事和拆分确认后，即根据用户故事来创建代码。下面结合实践项目进行讲解。

Reed 项目基于 vue/vuetify/Spring Boot/mongodb，使用敏捷开发的方法。

作为将主要精力放在前端的项目，前期的 UI 设计使用了墨刀制作快速原型，并基于原型撰写前端静态网页代码；在界面完善后，再与后端接口进行对接与调试。

前端使用的 Vue 框架是一套构建用户界面的渐进式框架。与其他重量级框架不同的是，Vue 采用自底向上增量开发的设计。Vue 的核心库只关注视图层，并且非常容易学习，非常容易与其他库或已有项目整合。另一方面，Vue 完全有能力驱动采用单文件组件和 Vue 生态系统支持的库开发的复杂单页应用。

后端使用的 Spring Boot 是一套成熟的后端框架，Spring 框架是 Java 平台上的一种开源应用框架，提供具有控制反转特性的容器。Spring 框架下的事务管理、远程访问等功能均可以通过使用 Spring AOP 技术实现。Spring 的事务管理框架、多种事务模板、数据访问框架等为开发提供了便利。

该项目使用的 MySQL 是一种关系型数据库管理系统，是目前的 Web 应用方面最优秀的关系数据库库管理系统之一。

考虑到各项目需求不同和各框架特点不同，读者应根据自身情况灵活选择技术选型方案。

4.3.3 编译部署

1. 运行环境

(1) 操作系统：Ubuntu 16.04.6 LTS (GNU/Linux 4.4.0-142-generic x86_64)。

(2) Web 服务器：JFinal-undertow。

(3) 数据库：MySQL Ver 14.14 Distrib 5.7.26, for Linux (x86_64) using EditLine wrapper。

系统安装部署图如图 4.11 所示。

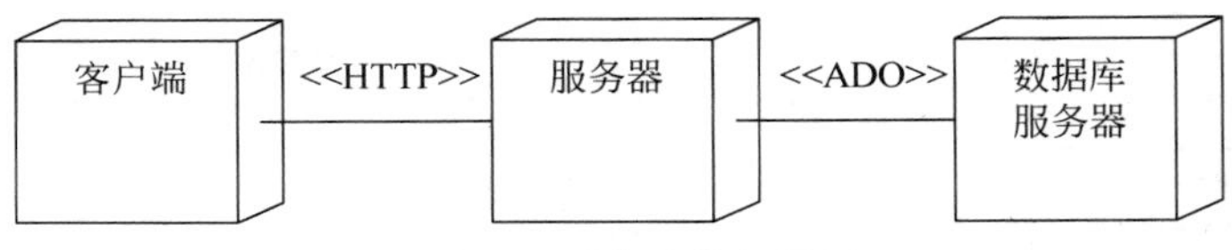

图 4.11 系统安装部署图

2. 系统硬件配置

租用云端服务器进行后端部署发布，本例中使用的云服务器硬件配置如下所述。

(1) CPU：Intel(R) Xeon(R) CPU E5-2680 v4 @ 2.40GHz。

(2) 内存大小：1GB。

(3) 磁盘空间容量：40GB。

3. 编译构建部署

将前后端代码上传至华为云代码仓库，如图 4.12 所示。

请输入关键字，按enter键搜索　新建　设置我的SSH密钥　设置我的HTTPS密

仓库名称	类型	仓库URL	合并请求	仓库容量（GIT | LFS）	创建者	最近更新时间	操作
backEnd	私有	SSH | HTTPS	0	0.34M | 0.00M	joinville	2019-08-29 16:51:21	
frontEnd	私有	SSH | HTTPS	0	12.14M | 0.00M	joinville	2019-08-29 10:16:42	

图 4.12 将前后端代码上传至华为云代码仓库

4. 前端编译构建

使用 Npm 工具管理软件包进行前端 Vue 项目的构建，效果如图 4.13 所示。

执行 shell 命令打包代码，命令界面如图 4.14 所示。

将软件包上传到软件发布库，如图 4.15 所示。

5. 前端部署

执行 shell 命令创建 Node.js 的安装目录如图 4.16 所示。

在主机上安装 Node.js，操作步骤如图 4.17 所示。

选择前端编译构建任务的构建产物作为部署来源进行部署，如图 4.18 所示。

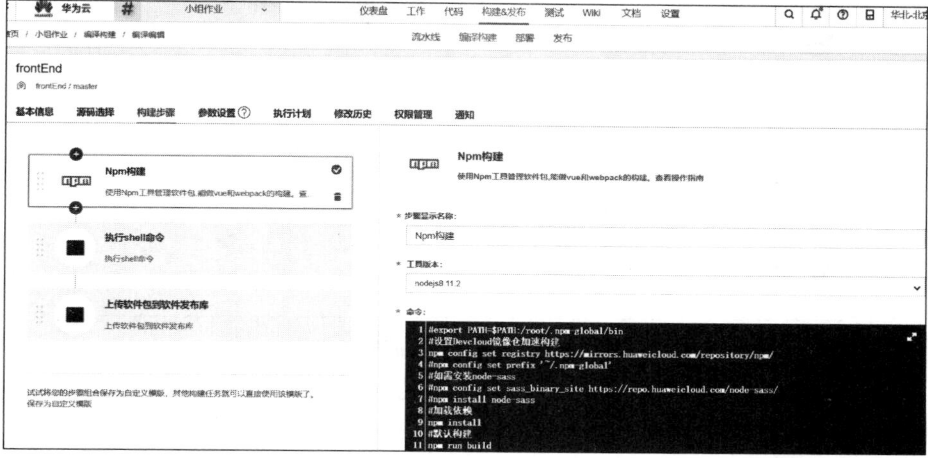

图 4.13　Npm 构建

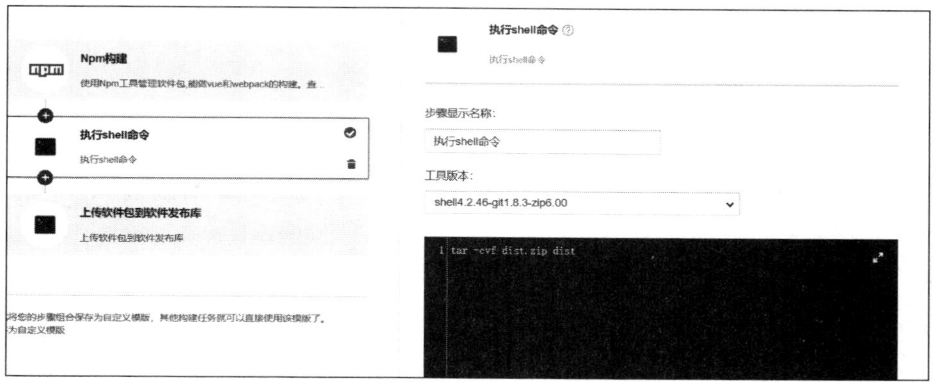

图 4.14　命令界面

图 4.15　上传前端软件包

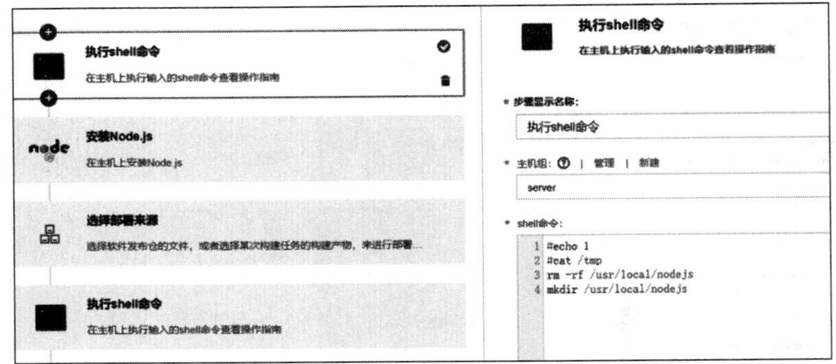

图 4.16　创建 Node.js 的安装目录

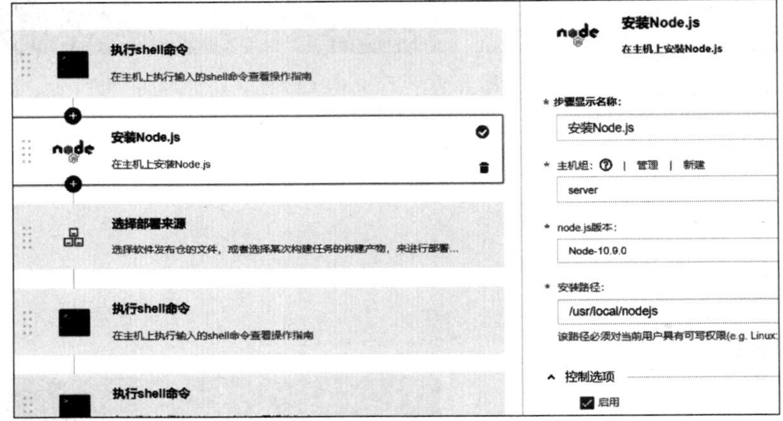

图 4.17　安装 Node.js

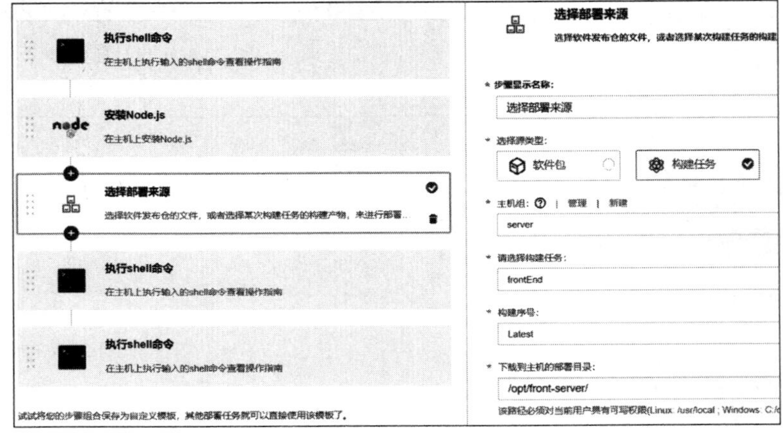

图 4.18　选择前端部署来源

将部署来源的软件包进行解压，得到 Vue 生产环境下所有的静态资源，操作步骤如图 4.19 所示。

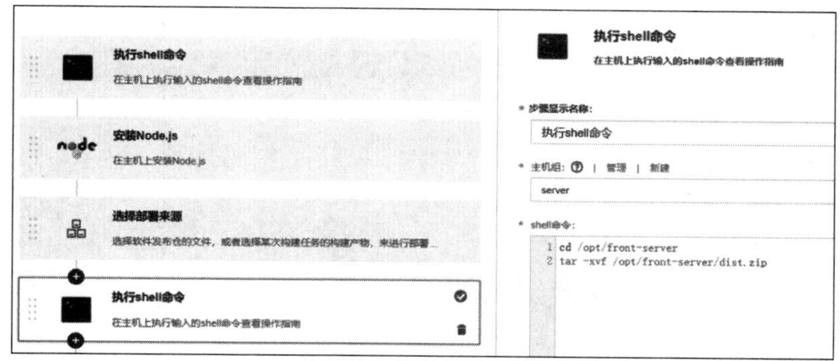

图 4.19　解压软件包

配置全局 npm 包安装路径，接着全局安装 nrm，全局安装 pm2；然后进入项目目录，安装依赖，最后由 pm2 守护启动，设置前端部署端口为 8000，操作流程如图 4.20 所示。

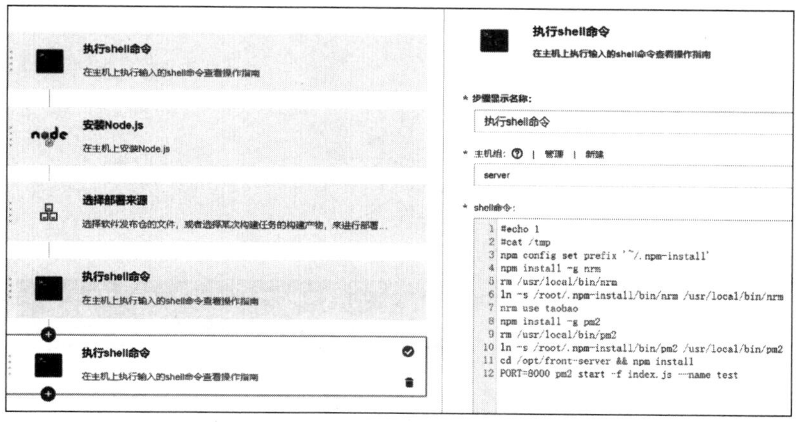

图 4.20　安装依赖操作流程

创建前端流水线后成功执行，效果如图 4.21 所示。

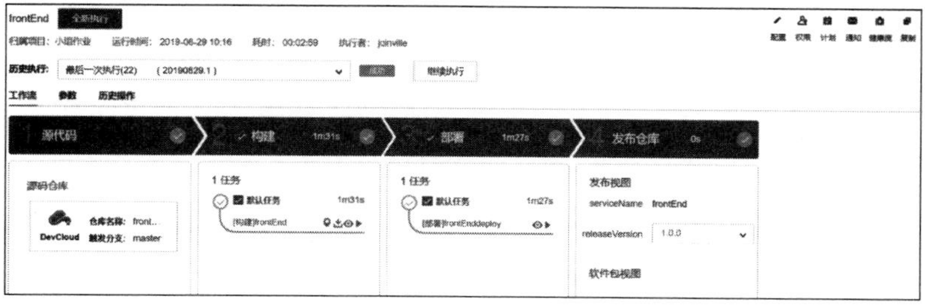

图 4.21　创建前端流水线后的执行效果

通过 114.115.151.92:8000 成功访问前端页面，页面效果如图 4.22 所示。

6. 后端编译构建

使用 Apache Maven 构建 Java 项目，如图 4.23 所示。

图 4.22　前端成功访问

图 4.23　使用 Apache Maven 构建 Java 项目

上传软件包到软件发布库，如图 4.24 所示。

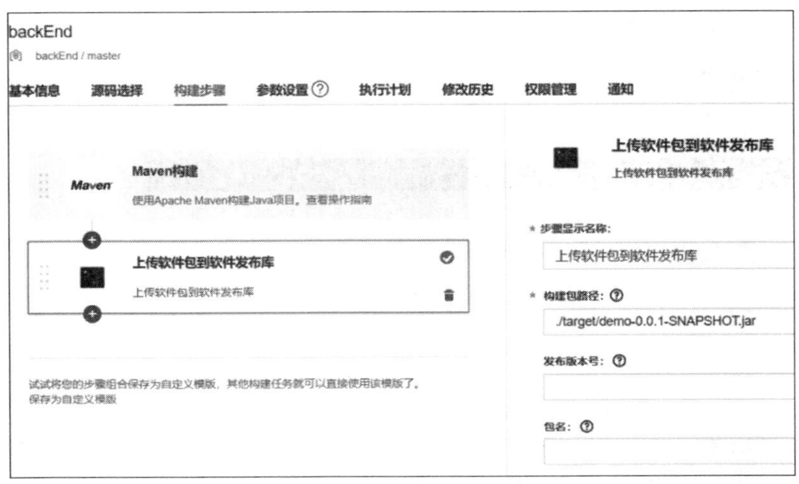

图 4.24　上传软件包到软件发布库

7. 后端部署

停止之前运行的 Spring Boot 服务(第一次部署时删除此步骤,否则会由于找不到要停止的服务后部署失败),操作步骤如图 4.25 所示。

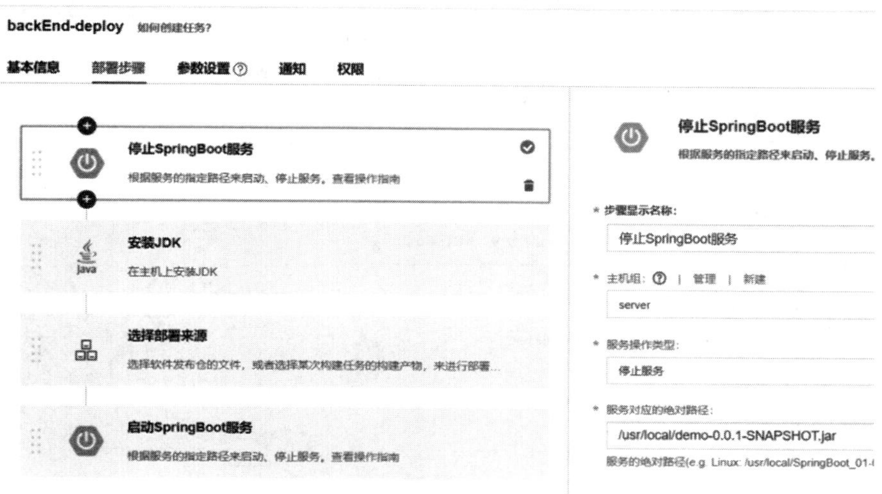

图 4.25　停止 Spring Boot 服务

选择合适的 JDK 版本进行安装,如图 4.26 所示。

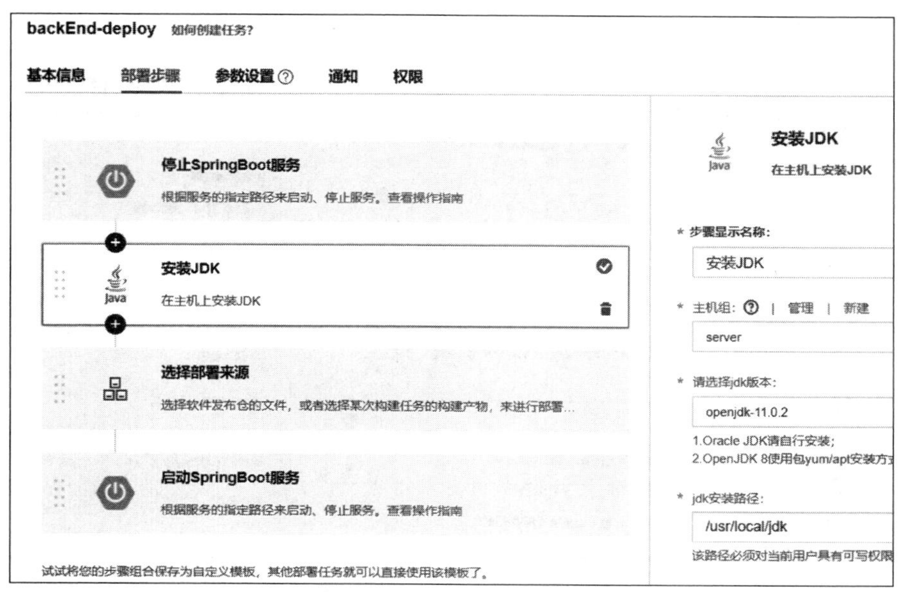

图 4.26　安装 JDK

选择后端构建产物作为部署来源,如图 4.27 所示。

根据构建获得的软件包路径启动 Spring Boot 服务,如图 4.28 所示。

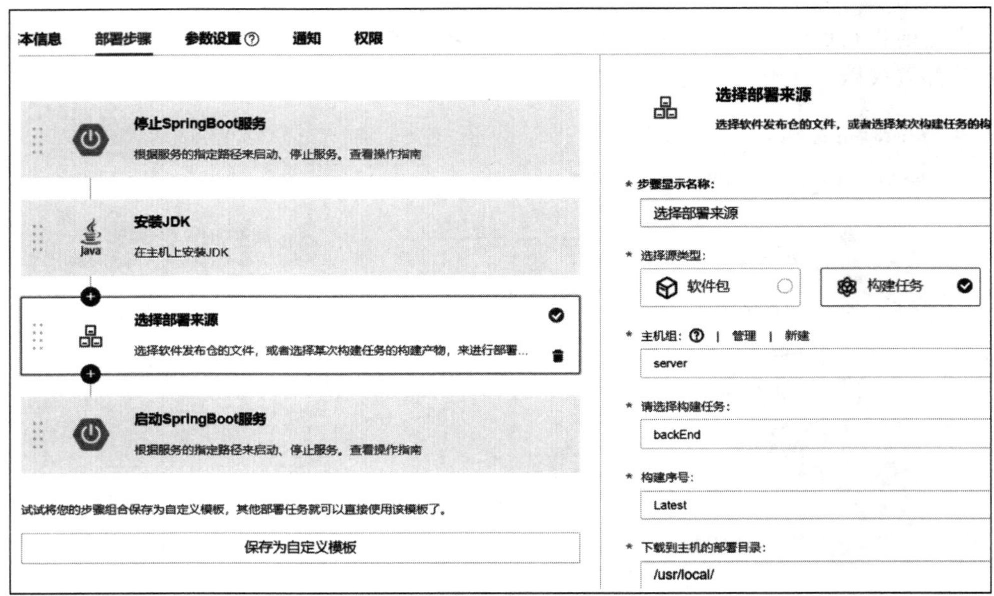

图 4.27　选择后端部署来源

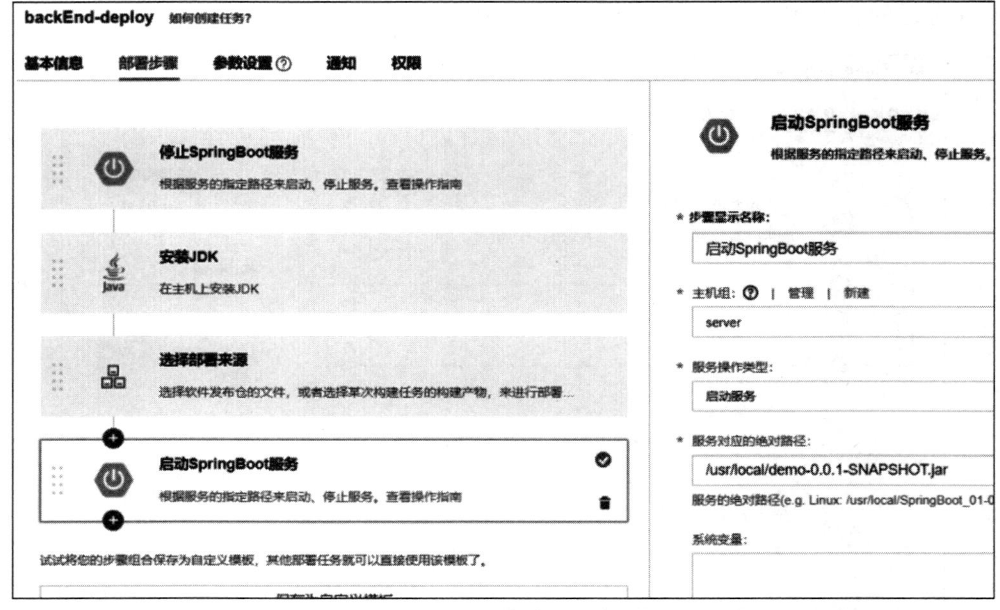

图 4.28　启动 Spring Boot 服务

创建流水线后成功进行后端部署，运行效果如图 4.29 所示。

8. 软件发布

软件发布后线上仓库显示打包正常，可正常运行，操作步骤如图 4.30～图 4.32 所示。

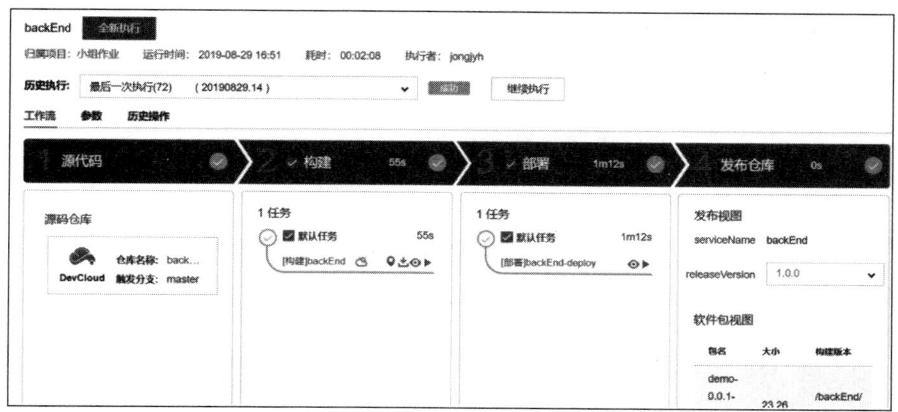

图 4.29　后端流水线

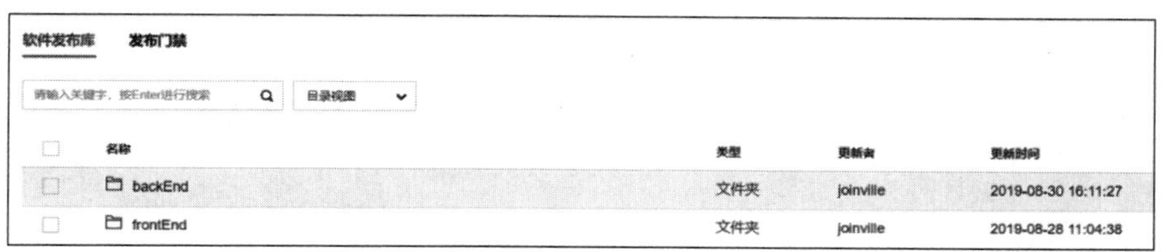

图 4.30　软件发布库

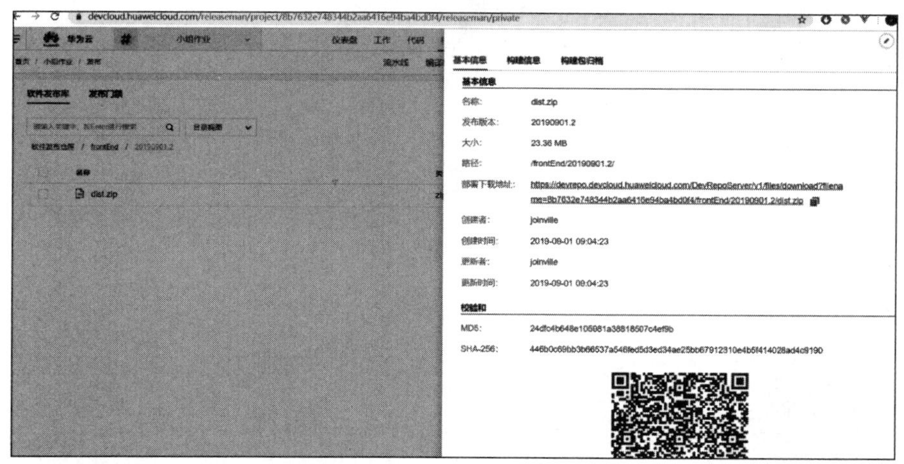

图 4.31　前端软件包

4.3.4　迭代回顾

在第一轮迭代中，团队已经完成了项目的主要功能，部分功能的展示如下所述。

1．注册

用户在网站主页可进行登录注册操作，在用户名输入框中输入未注册过的合法用户名后自动进入注册页面，如图 4.33 所示。

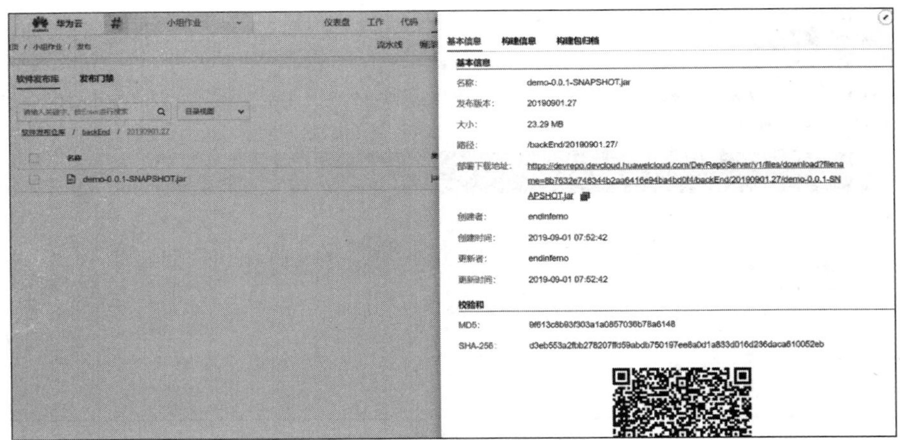

图 4.32　后端

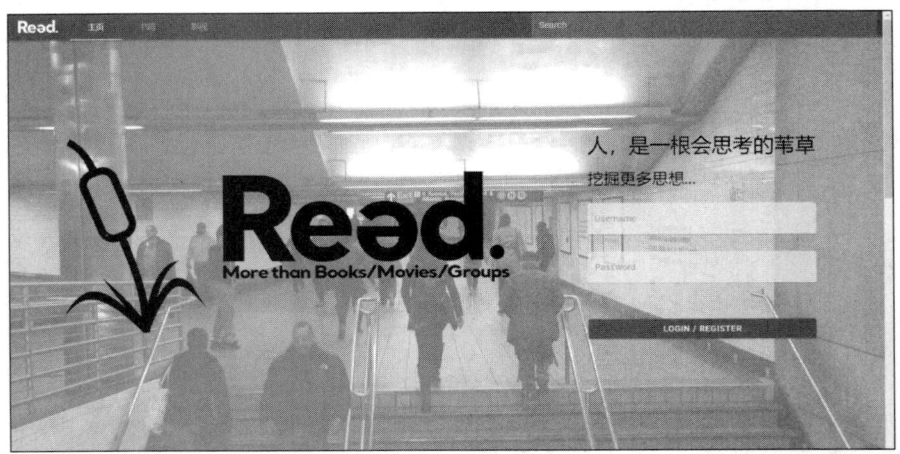

图 4.33　注册页面

进入注册页面前需要先进行滑块验证，如图 4.34 所示。

图 4.34　验证

完成注册前需要先进行手机短信验证，验证码限定 60s 发送一次，完成注册后会自动登录，并跳转进入个人主页，如图 4.35 所示。

图 4.35　个人主页

2. 搜索电影、书籍、小组

在导航栏的搜索框中输入关键字，按 Enter 键后按分类出现搜索结果，这里对搜索结果进行了分类和分页处理，如图 4.36 所示。

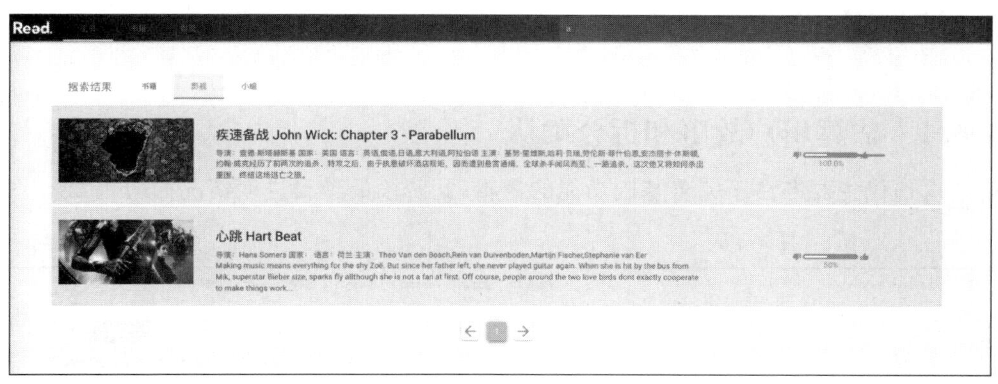

图 4.36　搜索

3. 登录

用户可在主页进行登录操作，登录前需要进行滑块验证。登录成功后自动跳转到个人主页。个人主页保留了该用户评论过的书籍、电影、加入的小组和发表过的帖子。当鼠标光标停留在电影、书籍卡片时，卡片会翻转过来并显示具体信息。

4. 获取电影、书籍

用户可以在主页获取今日推荐的书籍和电影（第一行书籍、第二行电影、按点赞数排序），如图 4.37 所示。

用户可以进入书籍主页和电影主页获取推荐、热门和最新的电影（书籍）列表，分别按点赞数、评论数和上映时间排序，在页面左侧可以获取标签热度词云和标签热度排行，页面最底部和可以获取关于所有电影点赞数最高的评论。

图 4.37　电影、书籍

4.4　第二次迭代

4.4.1　估算用户故事和拆分确认

第二次迭代主要专注于完善基础功能的逻辑，此阶段的项目进度情况如图 4.38～图 4.42 所示。

首页 / 小组作业 / Backlog　　需求规划　Epic　Feature　Backlog　缺陷　迭代　报表New

请输入关键字，按enter...　所有工作项　高级过滤▾　新建　更多操作

编号	标题	迭代	处理人	优先级顺序	状态	创建时间
3857800	创建小组	迭代1	joinville	1	已关闭	2019-08-22 16...
3851210	展示搜索内容	迭代1	endinferno	1	已关闭	2019-08-22 11:...
3850911	点赞或"踩"评价	迭代1	jongjyh	1	已关闭	2019-08-22 11:...
3850869	关联推荐	迭代2	Alphonse_	1	进行中	2019-08-22 10...
3850683	搜索小组、帖子	迭代2	endinferno	1	进行中	2019-08-22 10...
3850466	搜索书籍、影视、小组、帖子	迭代1	Ruan_Yixuan	1	已关闭	2019-08-22 10...
3850408	查看书籍和影视详细信息	迭代1	jongjyh	1	已关闭	2019-08-22 10...
3850309	添加书籍、影音	迭代1	Ruan_Yixuan	1	进行中	2019-08-22 10...
3850146	管理用户	迭代1	joinville	1	已关闭	2019-08-22 10...
3850137	书写评价	迭代1	endinferno	1	已关闭	2019-08-22 10...
3850053	评分	迭代1	endinferno	1	已关闭	2019-08-22 10...
3849970	点赞帖子	迭代2	jongjyh	1	新建	2019-08-22 10...
3849880	回复帖子	迭代2	Ruan_Yixuan	1	新建	2019-08-22 10...
3849873	搜索书籍、影视、帖子	迭代2	Alphonse_	1	进行中	2019-08-22 10...

图 4.38　第二次迭代—Day1

首页 / 小组作业 / Backlog　　需求规划　Epic　Feature　Backlog　缺陷　迭代　报表New

请输入关键字，按enter…　所有工作项　高级过滤▾　　新建　更多操作

编号	标题	迭代	处理人	优先级顺序	状态	创建时间
3857800	创建小组	迭代1	joinville	1	已关闭	2019-08-22 16…
3851210	展示搜索内容	迭代1	endinferno	1	已关闭	2019-08-22 11:…
3850911	点赞或"踩"评价	迭代1	jongjyh	1	已关闭	2019-08-22 11:…
3850869	关联推荐	迭代2	Alphonse_	1	进行中	2019-08-22 10…
3850683	搜索小组、帖子	迭代2	endinferno	1	已关闭	2019-08-22 10…
3850466	搜索书籍、影视、小组、帖子	迭代1	Ruan_Yixuan	1	已关闭	2019-08-22 10…
3850408	查看书籍和影视详细信息	迭代1	jongjyh	1	已关闭	2019-08-22 10…
3850309	添加书籍、影音	迭代1	Ruan_Yixuan	1	进行中	2019-08-22 10…
3850146	管理用户	迭代1	joinville	1	已关闭	2019-08-22 10…
3850137	书写评价	迭代1	endinferno	1	已关闭	2019-08-22 10…
3850053	评分	迭代1	endinferno	1	已关闭	2019-08-22 10…
3849970	点赞帖子	迭代2	jongjyh	1	进行中	2019-08-22 10…
3849880	回复帖子	迭代2	Ruan_Yixuan	1	进行中	2019-08-22 10…
3849873	搜索书籍、影视、帖子	迭代2	Alphonse_	1	进行中	2019-08-22 10…

图 4.39　第二次迭代—Day2

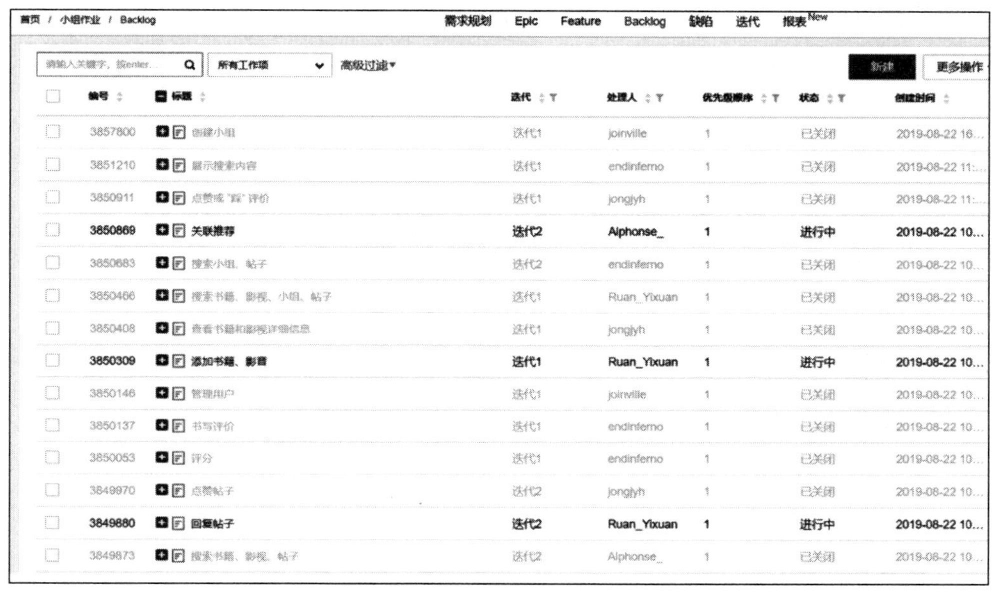

首页 / 小组作业 / Backlog　　需求规划　Epic　Feature　Backlog　缺陷　迭代　报表New

请输入关键字，按enter…　所有工作项　高级过滤▾　　新建　更多操作

编号	标题	迭代	处理人	优先级顺序	状态	创建时间
3857800	创建小组	迭代1	joinville	1	已关闭	2019-08-22 16…
3851210	展示搜索内容	迭代1	endinferno	1	已关闭	2019-08-22 11:…
3850911	点赞或"踩"评价	迭代1	jongjyh	1	已关闭	2019-08-22 11:…
3850869	关联推荐	迭代2	Alphonse_	1	进行中	2019-08-22 10…
3850683	搜索小组、帖子	迭代2	endinferno	1	已关闭	2019-08-22 10…
3850466	搜索书籍、影视、小组、帖子	迭代1	Ruan_Yixuan	1	已关闭	2019-08-22 10…
3850408	查看书籍和影视详细信息	迭代1	jongjyh	1	已关闭	2019-08-22 10…
3850309	添加书籍、影音	迭代1	Ruan_Yixuan	1	进行中	2019-08-22 10…
3850146	管理用户	迭代1	joinville	1	已关闭	2019-08-22 10…
3850137	书写评价	迭代1	endinferno	1	已关闭	2019-08-22 10…
3850053	评分	迭代1	endinferno	1	已关闭	2019-08-22 10…
3849970	点赞帖子	迭代2	jongjyh	1	已关闭	2019-08-22 10…
3849880	回复帖子	迭代2	Ruan_Yixuan	1	进行中	2019-08-22 10…
3849873	搜索书籍、影视、帖子	迭代2	Alphonse_	1	已关闭	2019-08-22 10…

图 4.40　第二次迭代—Day3

4.4.2　按用户故事创建代码

在第二轮迭代周期，Git 版本控制工具的使用显得更加重要，在团队成员各自完成相应内容后，需要在此阶段将代码进行整合。该项目的 Git 主页如图 4.43 所示。

首页 / 小组作业 / Backlog　　需求规划　Epic　Feature　Backlog　缺陷　迭代　报表New

请输入关键字，按enter...　所有工作项　高级过滤▾　新建　更多操作▾

编号	标题	迭代	处理人	优先级顺序	状态	创建时间
3857800	创建小组	迭代1	joinville	1	已关闭	2019-08-22 16...
3851210	展示搜索内容	迭代1	endinferno	1	已关闭	2019-08-22 11:...
3850911	点赞或"踩"评价	迭代1	jongjyh	1	已关闭	2019-08-22 11:...
3850869	关联推荐	迭代2	Alphonse_	1	进行中	2019-08-22 10...
3850683	搜索小组、帖子	迭代2	endinferno	1	已关闭	2019-08-22 10...
3850466	搜索书籍、影视、小组、帖子	迭代1	Ruan_Yixuan	1	已关闭	2019-08-22 10...
3850408	查看书籍和影视详细信息	迭代1	jongjyh	1	已关闭	2019-08-22 10...
3850309	添加书籍、影音	迭代1	Ruan_Yixuan	1	测试中	2019-08-22 10...
3850146	管理用户	迭代1	joinville	1	已关闭	2019-08-22 10...
3850137	书写评价	迭代1	endinferno	1	已关闭	2019-08-22 10...
3850053	评分	迭代1	endinferno	1	已关闭	2019-08-22 10...
3849970	点赞帖子	迭代2	jongjyh	1	已关闭	2019-08-22 10...
3849880	回复帖子	迭代2	Ruan_Yixuan	1	测试中	2019-08-22 10...
3849873	搜索书籍、影视、帖子	迭代2	Alphonse_	1	已关闭	2019-08-22 10...

图 4.41　第二次迭代—Day4

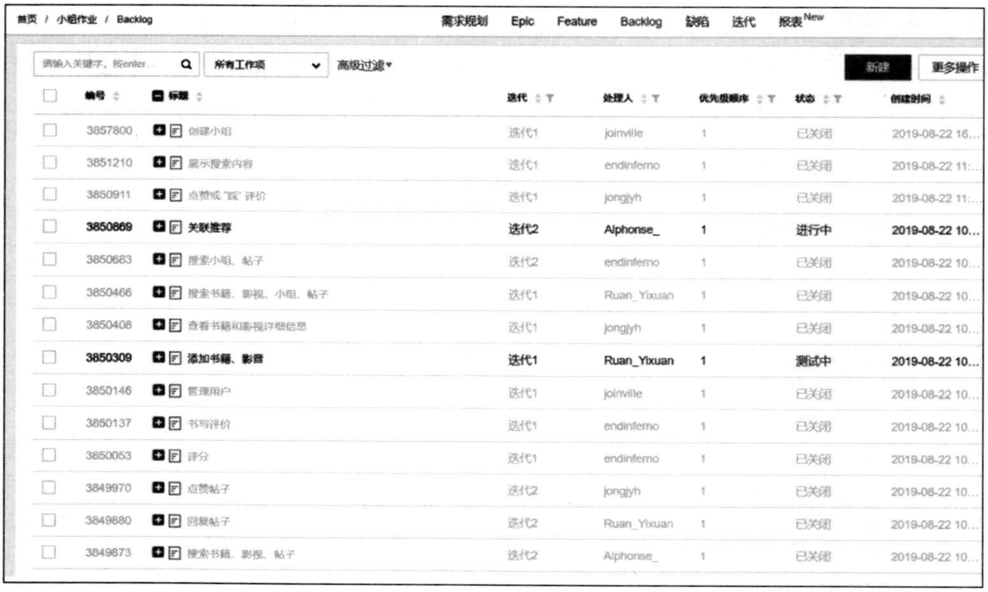

首页 / 小组作业 / Backlog　　需求规划　Epic　Feature　Backlog　缺陷　迭代　报表New

请输入关键字，按enter...　所有工作项　高级过滤▾　新建　更多操作

编号	标题	迭代	处理人	优先级顺序	状态	创建时间
3857800	创建小组	迭代1	joinville	1	已关闭	2019-08-22 16...
3851210	展示搜索内容	迭代1	endinferno	1	已关闭	2019-08-22 11:...
3850911	点赞或"踩"评价	迭代1	jongjyh	1	已关闭	2019-08-22 11:...
3850869	关联推荐	迭代2	Alphonse_	1	进行中	2019-08-22 10...
3850683	搜索小组、帖子	迭代2	endinferno	1	已关闭	2019-08-22 10...
3850466	搜索书籍、影视、小组、帖子	迭代1	Ruan_Yixuan	1	已关闭	2019-08-22 10...
3850408	查看书籍和影视详细信息	迭代1	jongjyh	1	已关闭	2019-08-22 10...
3850309	添加书籍、影音	迭代1	Ruan_Yixuan	1	测试中	2019-08-22 10...
3850146	管理用户	迭代1	joinville	1	已关闭	2019-08-22 10...
3850137	书写评价	迭代1	endinferno	1	已关闭	2019-08-22 10...
3850053	评分	迭代1	endinferno	1	已关闭	2019-08-22 10...
3849970	点赞帖子	迭代2	jongjyh	1	已关闭	2019-08-22 10...
3849880	回复帖子	迭代2	Ruan_Yixuan	1	已关闭	2019-08-22 10...
3849873	搜索书籍、影视、帖子	迭代2	Alphonse_	1	已关闭	2019-08-22 10...

图 4.42　第二次迭代—Day5

Git 上可以查看到该团队的提交历史记录，可以看出在项目后期，团队成员的提交频率相对较高，如图 4.44 所示。

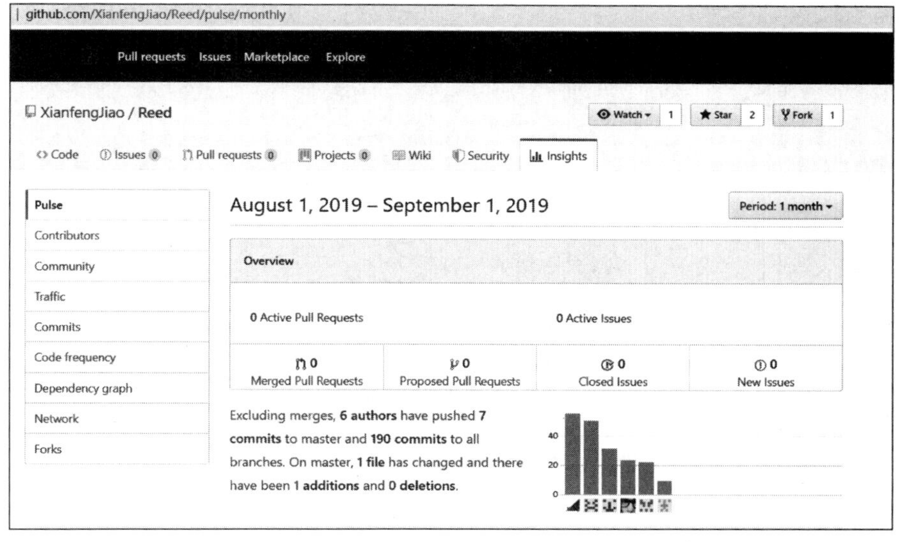

图 4.43　Git 主页

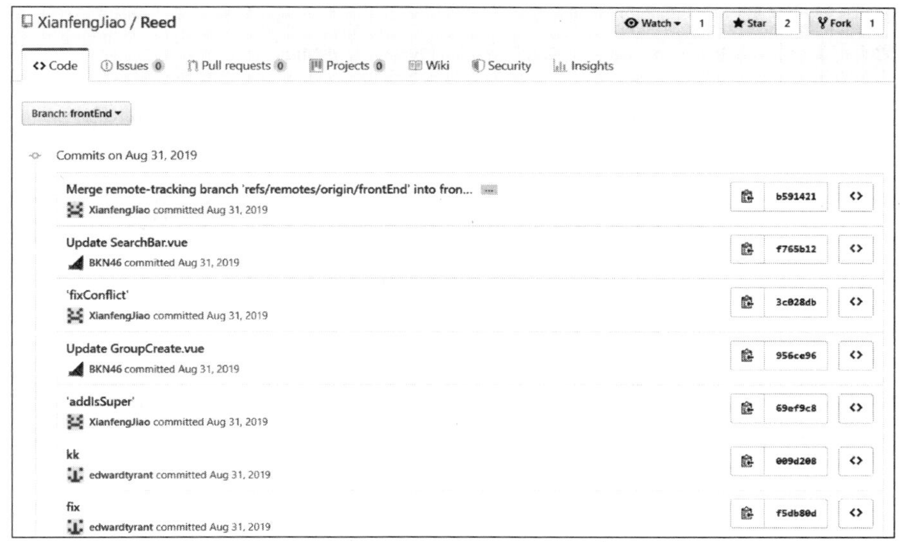

图 4.44　Git 提交历史记录

4.4.3　编译部署

该部分内容可参考第一次迭代部署过程。

4.4.4　迭代回顾

1. 查看详情

在第二轮迭代中，团队完成了剩余的功能，细化了系统的功能逻辑，展示如下所述。

单击电影(书籍)选项卡可以进入特定电影(书籍)的详情页,如图 4.45 所示。

图 4.45 电影(书籍)详情页

2. 评论电影(书籍)

在电影(书籍)详情页下方发表一级评论,如图 4.46 所示。

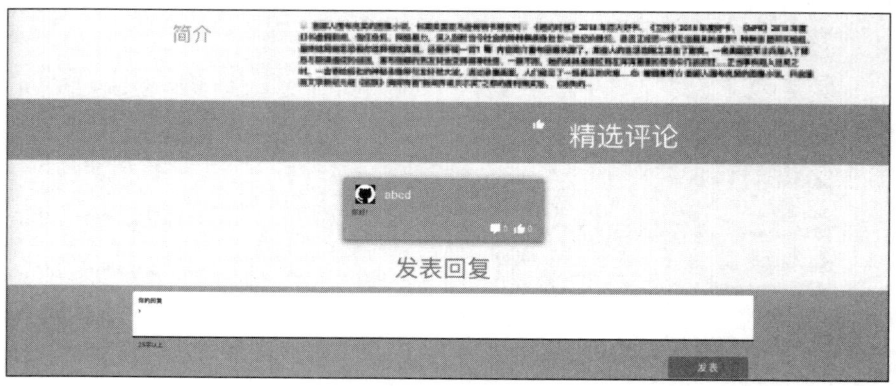

图 4.46 评论书籍

3. 收藏电影(书籍)

用户登录成功后,可在导航栏看到自己的收藏夹按钮(♥),单击收藏夹可以看到自己已经收藏的电影或者书籍,如图 4.47 所示。

同时用户也可以单击收藏夹中右侧的“删除”按钮,取消对该电影(书籍)的收藏。

4. 创建、加入小组

未加入小组用户单击小组页面首先选择小组进行加入,加入小组的示意图如图 4.48 所示。

加入了小组的用户通过单击小组页面可以进入相应小组的消息页面。在该页面上可以看到加入的所有小组的帖子,如图 4.49 所示。

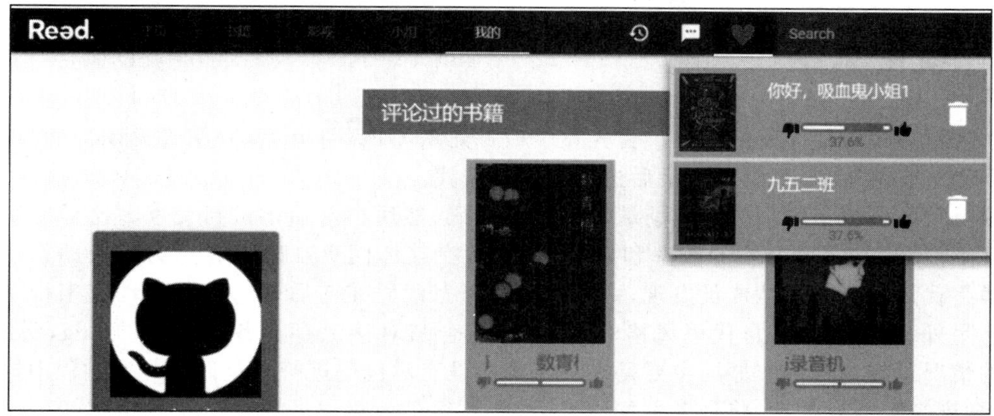

图 4.47　收藏书籍

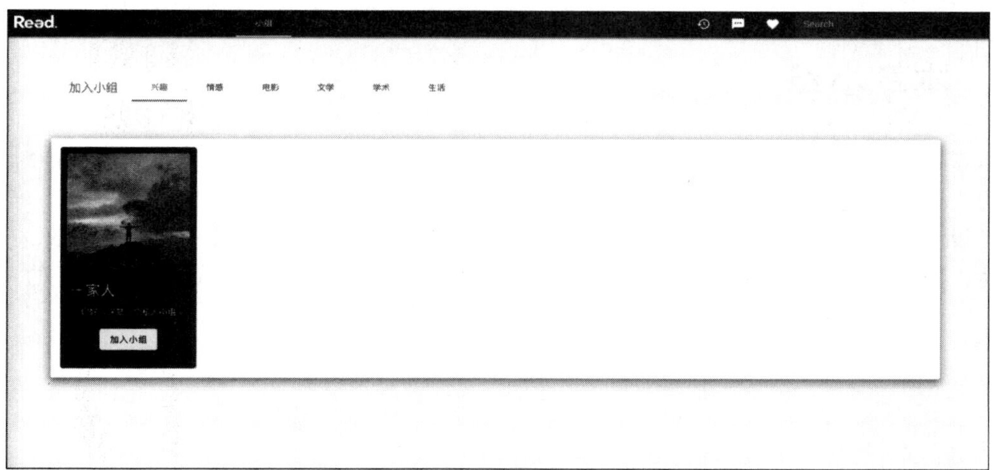

图 4.48　加入小组的示意图

图 4.49　所有小组的帖子

4.5 项目总结

本项目使用敏捷开发的方法。首先整个项目先从 UI 设计开始,并明确具体功能与接口,随后同时进行前端与后端开发,最后进行合并与迭代。

项目首先创建了原型并创建前端静态网页代码,然后再与后端进行交互。这样的工作流程保证了前期 UI 界面开发的效率和风格的统一,在整体网页观感上有较为积极的作用。但是在最终代码整合时团队成员发现,一开始写的静态代码在与后端对接时改动起来稍微有些麻烦。另外,由于前端各自代码风格的不同,在整合与对接上存在各种各样的 bug,最终 Git 仓库的情况也较为混乱。原因主要是在项目前期没有对代码进行规范以及开发过程中缺乏沟通,如拿到需求并处理后,将任务分配给组员,此时组员就可以开始编码了。组员间不同的代码风格以及关联页面的不同逻辑,导致了整个系统严重的代码冗余,给最终的调试与修改带来了很大的难度。

4.6 本章小结

本章以书籍影视交流平台为例,完整地展现了使用 DevCloud 进行敏捷开发和项目管理的过程。通过阐述需求分析、迭代计划分析以及各次迭代工作进度等,向读者展现了一个完整的项目设计和实现过程,为想要使用 DevCloud 的读者提供了较为有效的参考。DevCloud 的综合性以及简洁的逻辑,极大地提高了开发者的工作效率,同时为团队管理提供了新的一体化思路。

视频讲解

第5章 青年租房管理系统

青年租房管理系统为方便广大青年住房需求而设计,用户可以使用该系统浏览房屋信息并与租主取得联系,最终完成租房流程。系统至少包括如下功能。

(1) 租客注册:绑定手机(或邮箱)并设置个人资料。

(2) 顾客租房:租房包括短租与长租,房间类型有单人间、双人间与四人间。

(3) 租房流程为:租客选择长租或短租(短租按天租,长租按月租),查询并选择可租房间,提交租房申请后,客服人员对顾客资料进行审核并决定是否通过,通过后,短租需租客立刻提交租金,长租则系统自动生成合同,租客导出打印后双方线下签订,顾客每月最后一星期提交租金,系统自动以邮件的方式提醒。

(4) 租客可查询与管理订单,并可进行长租续约。

(5) 租客报修与投诉:租客通过上传图片和文字描述的形式进行报修与投诉。

(6) 客服管理租客:客服可查询租客并修改租客资料。

(7) 客服管理合同:客服可查询与管理合同。

(8) 客服房间管理:除了线上预约租房外,租客还可当面与前台租房,客服查询可用房间并帮助租房,若顾客未注册须先在平台注册,客服还可添置新房源与暂停出租问题房。

(9) 客服管理工单:客服对报修建立工单并安排师傅,再对投诉进行回复。

(10) 师傅处理工单:师傅由客服人员线下审核并导入,师傅接到工单后进行线下处理,处理完成后回复工单,租客可对师傅进行评价。

5.1 需求分析

系统的用户包括租客、客服、师傅,其中租客需求优先级最高,客服需求优先级次之,师傅需求优先级最低。在租客需求中,租房与订单查询优先级最高,而注册、报修等优先级次之。两次迭代中,可在第一次迭代中优先实现租客需求,在第二次迭代实现客服和师傅的需求。由于租客租房和订单查询涉及客服管理合同以及房间管理,而租客报修又涉及客服管理工单和师傅处理工单,实际上可在两次迭代先后实现租房相关需求和报修等其他需求。以上为笔者个人分析,实际开发应由团队讨论并根据客观条件共同决定。

5.2 编写用户故事和制订迭代计划

5.2.1 编写用户故事

下面分析一个团队的实际开发记录。首先,团队划分了如下用户故事划分、内容及优先级如表 5.1 所示。其中，斜体加粗为该小组自增额外需求，加删除线并加粗为最后未实现需求。

表 5.1　用户故事划分、内容及优先级

用　　户	用 户 故 事	优　先　级
租客	注册 登录 租房 查询房源 ***地图选房***	高
	评价师傅 VR 看房 查询订单 ***管理订单***	中
	报修投诉 评价师傅 ~~**用户论坛**~~	低
客服	审核租房申请 管理租客 管理合同	高
	查询可用房源 修改房源 ~~**辞退师傅**~~	中
	审核并导入师傅 回复投诉 管理工单	低
师傅	查看工单 回复工单	低

具体的部分用户故事内容，如下所述。

（1）登录，如表 5.2 所示。

（2）注册，如表 5.3 所示。

表 5.2　登录

用户故事标题	登　　录
描述信息	作为已经注册的用户 我想要使用账号进入系统 以便正常使用租客系统功能
优先级	高
重要程度	关键
预计工时	2 人时|0.25 人天

表 5.3　注册

用户故事标题	注　　册
描述信息	作为未注册的租客 我想要使用邮箱注册账号 以便使用租客客户端完整功能
优先级	高
重要程度	关键
预计工时	9 人时|1.13 人天

（3）租房，如表5.4所示。

（4）查询房源，如表5.5所示。

表5.4　租房

用户故事标题	租　房
描述信息	作为已经登录的租客 我想要选择租用的房间 以便租客租房
优先级	高
重要程度	重要
预计工时	4人时|0.5人天

表5.5　查询房源

用户故事标题	查询房源
描述信息	作为已经注册的租客 我想要通过相关的地理位置和价格筛选 以便租客找到合适租房
优先级	高
重要程度	关键
预计工时	4人时|0.5人天

（5）查询订单，如表5.6所示。

（6）管理订单，如表5.7所示。

表5.6　查询订单

用户故事标题	查询订单
描述信息	作为已经登录的租户 我想要检索自己租房订单 以便于查询订单
优先级	中
重要程度	重要
预计工时	2人时|0.25人天

表5.7　管理订单

用户故事标题	管理订单
描述信息	作为已经登录的租客 我想要删除租房订单 以便对个人隐私进行保护
优先级	中
重要程度	重要
预计工时	2人时|0.25人天

（7）报修投诉，如表5.8所示。

（8）评价师傅，如表5.9所示。

表5.8　报修投诉

用户故事标题	报修投诉
描述信息	作为已经登录的租客 我想要申请房间报修以及投诉 以便及时处理问题并反映问题
优先级	低
重要程度	重要
预计工时	4人时|0.5人天

表5.9　评价师傅

用户故事标题	评价师傅
描述信息	作为已经登录的租客 我想要评价师傅 以便让其他租客了解师傅的工作质量
优先级	低
重要程度	重要
预计工时	2人时|0.25人天

(9) 审核租房申请,如表 5.10 所示。

(10) 管理租客,如表 5.11 所示。

表 5.10 审核租房申请

用户故事标题	审核租房申请
描述信息	作为客服 我想要审核所有的租房申请 以便具有复核资格的租客可以成功申请
优先级	高
重要程度	关键
预计工时	4 人时|0.5 人天

表 5.11 管理租客

用户故事标题	管理租客
描述信息	作为客服 我想要查询并修改所有租客信息 以便管理租客
优先级	高
重要程度	关键
预计工时	4 人时|0.5 人天

(11) 管理合同,如表 5.12 所示。

(12) 查询可用房源,如表 5.13 所示。

表 5.12 管理合同

用户故事标题	管理合同
描述信息	作为客服 我想要按关键词查询合同 以便获取相关合同的信息
优先级	高
重要程度	关键
预计工时	3 人时|0.38 人天

表 5.13 查询可用房源

用户故事标题	查询可用房源
描述信息	作为客服 我想要查询所有可用房源 以便帮助租客租房
优先级	中
重要程度	关键
预计工时	5 人时|0.63 人天

(13) 修改房源,如表 5.14 所示。

(14) 审核并导入师傅,如表 5.15 所示。

表 5.14 修改房源

用户故事标题	修改房源
描述信息	作为客服 我想要能够增加或暂停房源 以便实时更新房源信息
优先级	中
重要程度	关键
预计工时	2 人时|0.25 人天

表 5.15 审核并导入师傅

用户故事标题	审核并导入师傅
描述信息	作为客服 我想要审核并导入相关维修师傅信息 以便更好地管理相关维修状态,提供更好的维修服务
优先级	低
重要程度	关键
预计工时	4 人时|0.5 人天

(15) 回复投诉,如表 5.16 所示。

(16) 管理工单,如表 5.17 所示。

表 5.16 回复投诉

用户故事标题	回 复 投 诉
描述信息	作为客服 我想要回复相关投诉 以便解决用户对相关问题的不满
优先级	低
重要程度	关键
预计工时	4 人时|0.5 人天

表 5.17 管理工单

用户故事标题	管 理 工 单
描述信息	作为客服 我想要根据用户报修信息安排师傅上门服务 以便合理地解决用户问题
优先级	低
重要程度	重要
预计工时	2 人时|0.25 人天

(17) 查看工单,如表 5.18 所示。

(18) 回复工单,如表 5.19 所示。

表 5.18 查看工单

用户故事标题	查 看 工 单
描述信息	作为师傅 我想要查看自己的所有工单 以便知道哪些用户需要服务
优先级	低
重要程度	重要
预计工时	2 人时|0.25 人天

表 5.19 回复工单

用户故事标题	回 复 工 单
描述信息	作为师傅 我想要回复相关工单 以便让租客了解报修的进行情况
优先级	低
重要程度	一般
预计工时	4 人时|0.5 人天

5.2.2 制订迭代计划

在进行迭代前,首先需要制订迭代计划,在规划好用户故事后,需要进一步细化,从而明确所有细节。团队经过讨论分析,计划进行两轮迭代完成项目开发。在一轮迭代中,团队计划优先实现租房相关需求。首先实现登录、注册、查询房源的基础功能,然后实现了租房的整个基本流程,接着实现对合同和租客的管理功能,最后实现合同的审核功能以及订单的查询和管理功能。在第二轮迭代中,团队计划完成报修相关需求,先实现工单的查看和管理功能,然后是对师傅的评价和导入功能,接着是工单和投诉的回复功能,最后是特色功能 VR 看房等的开发。

5.3 第一次迭代

5.3.1 估算用户故事和拆分确认

每一轮迭代都需要对用户故事进行估算和拆分确认。团队选择新建华为云的看板项目，根据用户故事划分表，填写了华为云上的用户故事进行相应估算。其中，需要划分好用户故事内容、处理人、优先级、迭代数、预期开始结束时间，保证项目快速稳定地推进。登录和注册的用户故事如图 5.1 和图 5.2 所示。两个用户故事都在第一次迭代完成，优先级都最高，由同一名成员进行开发，父工作项都是租客客户端，预计工时分别为 2 人时和 9 人时。

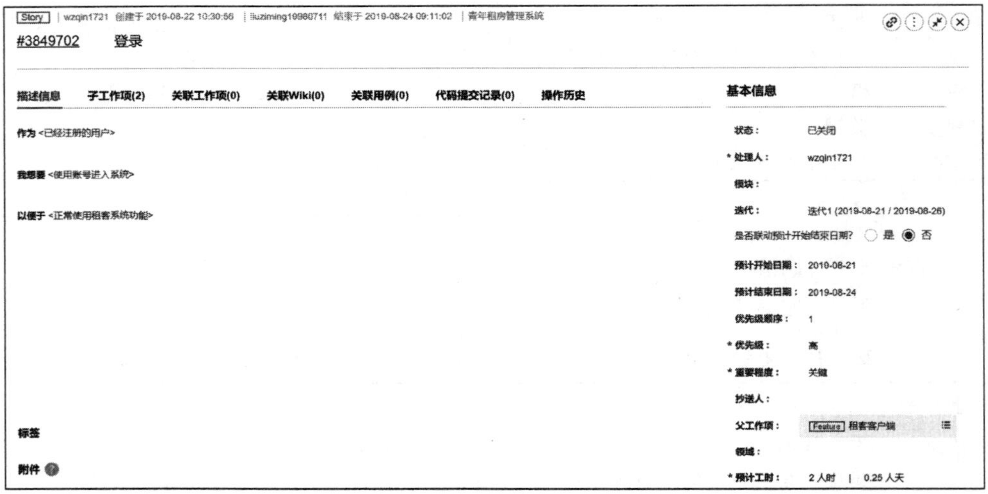

图 5.1　用户故事—登录

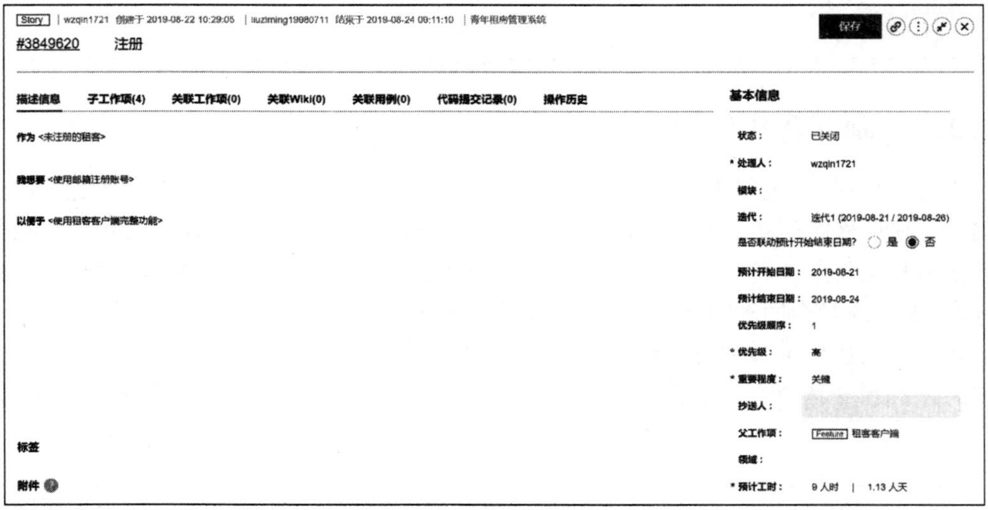

图 5.2　用户故事—注册

在这一阶段还需要根据前面的迭代计划和实际情况进行用户故事拆分确认，如团队经讨论决定进行前后端分离开发，对“注册”的用户故事进一步拆分确认得到，“编写注册前端组件与按钮事件”“编写注册邮箱的相应正则表达式，检验绑定邮箱的合法性”“编写相应邮箱注册验证程序，验证邮箱是本人所有”以及“编写注册相应后台接口，在请求此接口时接收相应的参数并插入数据库”。对拆分后的用户故事同样需要进行估算，然后再分配给相应成员进行开发以及跟踪。

5.3.2　按用户故事创建代码

在用户故事估算完成之后，便进入实际的迭代代码开发阶段，团队讨论后决定采用的项目框架为Vue＋Spring Boot＋MongoDB。(项目地址详见前言二维码)

项目前端采用Vue，Vue是一套构建用户界面的渐进式框架。单页面引用过可以使页面局部刷新，不用每次跳转页面都要请求所有数据，这样大大加快了访问速度和提升用户体验，第三方的开源UI库也节省了很多开发时间。

项目后端采用Spring Boot开发，其设计目的是用来简化新Spring应用的初始搭建以及开发过程，不仅继承了Spring框架原有的优秀特性，而且还能通过简化配置，进一步简化Spring应用的整个搭建和开发过程。另外Spring Boot通过集成大量的框架使得依赖包的版本冲突以及引用的不稳定性等问题得到了很好的解决。该框架使用了特定的方式来进行配置，从而使开发人员不再需要定义样板化的配置。使用Spring Boot，开发者可以快速地构建项目，并且项目可独立运行，无须外部依赖Servlet容器，还可以提供运行时的应用监控，极大地提高了开发和部署的效率。

项目数据库采用MongoDB，它是一个基于分布式文件存储的数据库，由C++语言编写，旨在为Web应用提供一个可扩展的高性能数据存储解决方案。由于MongoDB无须事先限制字段类型与大小，在敏捷开发中可以快速响应变化，完成开发。

由于具体的代码并非本章重点，读者可自行在GitHub仓库学习相应的代码编写。敏捷项目开发时，团队每天需要通过每日站会沟通开发进度和问题，团队成员协调自行领取任务并编码，及时提交代码并持续跟踪代码质量。在这个阶段，团队使用DevCloud的看板进行进度管理。图5.3和图5.4显示了开发第二天的看板和仪表盘。从看板中可以看到，第二天团队进行登录注册、租房、房源查询、租客管理功能的开发，已经完成租房和查询的前端UI设计，完成了登录注册的前后端设计，仪表盘也显示团队第二天已经完成了两个用户故事的开发。

5.3.3　编译部署

为了提升构建效率，同时方便快捷地在服务器上部署项目，小组成员使用了DevCloud的编译和部署功能，具体步骤如下所述(部分步骤省略)。

1. 导入代码仓库

首先分别新建前端和后端代码仓库，从GitHub仓库(地址详见前言二维码)复制代码至本地后，分别上传前端和后端到华为云代码仓库中，GitHub上代码对应所在位置如图5.5所示。

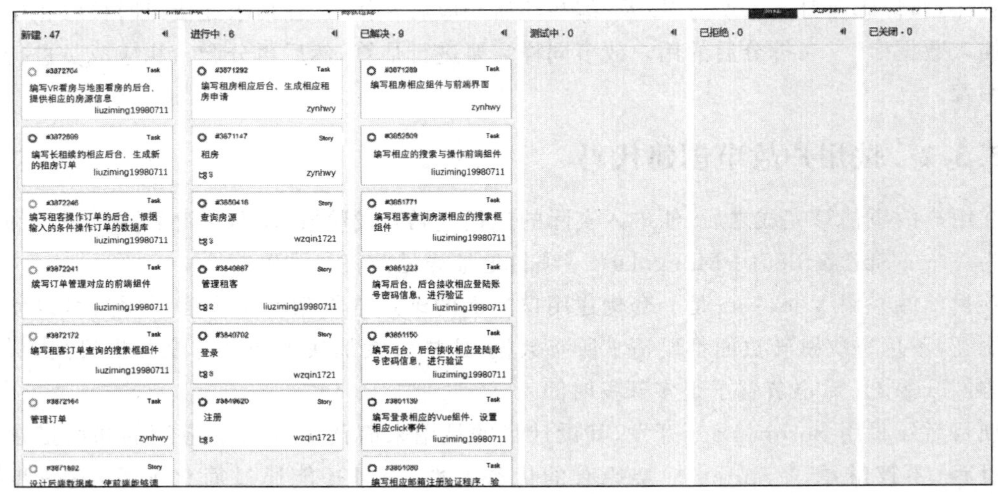

图 5.3　看板—Day 2

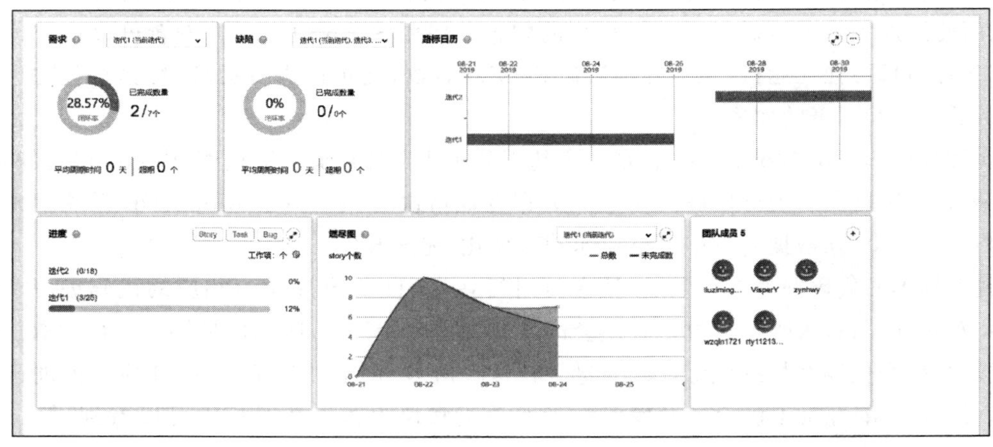

图 5.4　仪表盘—开发 Day 2

2. 前端编译

新建编译任务，如图 5.6 所示。首先执行 shell 命令完成打包压缩，工具版本保持默认。命令如下：

```
zip -r dist.zip ./*
```

接着上传软件压缩包到发布库，注意构建包路径为. /dist. zip，版本号和包名无须填写，如图 5.7 所示。

前端编译成功，软件包成功上传到软件发布库，如图 5.8 所示。

3. 后端编译

后端使用 Java 语言编写，通过 Maven 构建。Maven 是一个项目管理工具，可以对 Java 项目进行构建、依赖管理。Maven 工具版本保持默认，命令填写如下内容，跳过单元测试，每

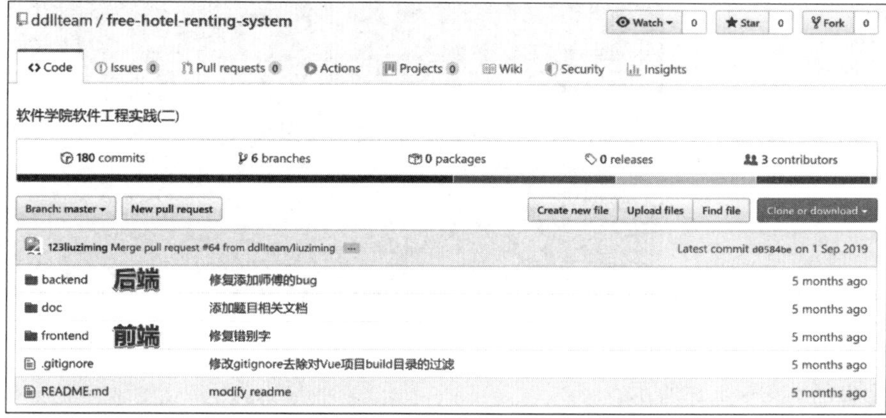

图 5.5　上传 GitHub 前端和后端代码

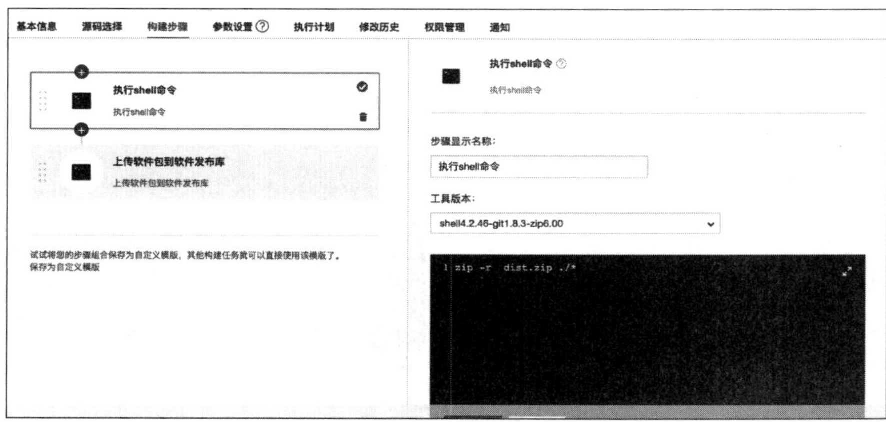

图 5.6　打包压缩

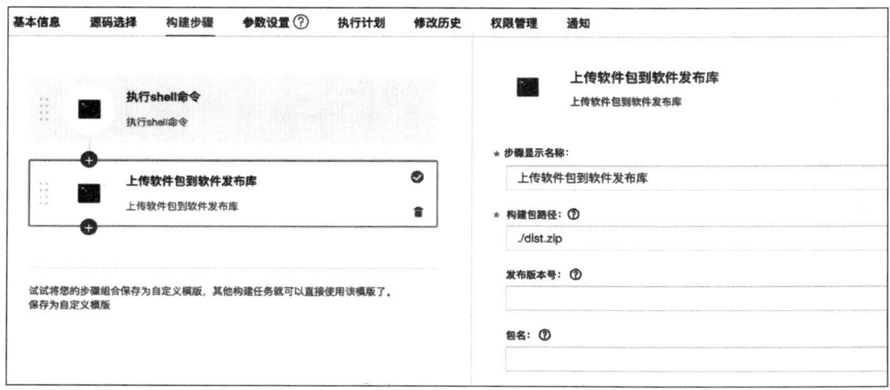

图 5.7　上传软件包

图 5.8　编译成功

次构建检查更新,如图 5.9 所示。

```
mvn package -Dmaven.test.skip=true -U -e -X
```

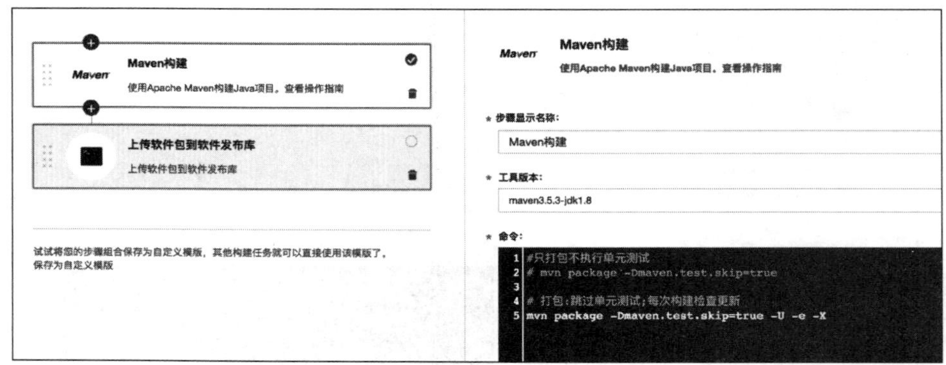

图 5.9　Maven 构建

然后,上传构建好的软件包到软件发布库,构建包路径保持默认即可,如图 5.10 所示。

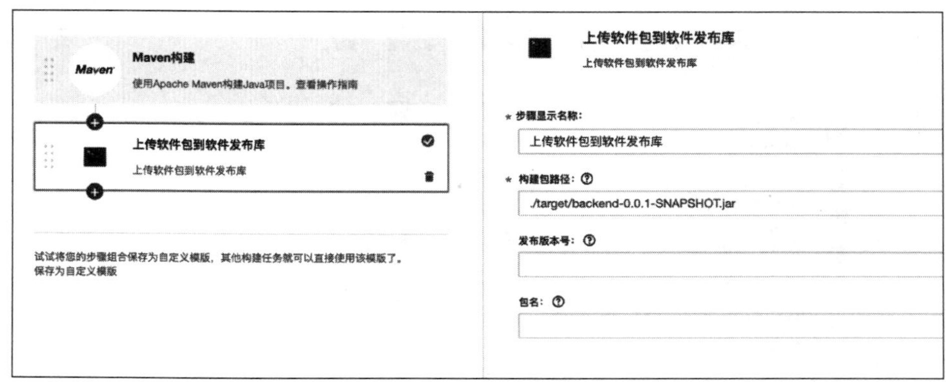

图 5.10　上传软件包

后端编译成功，软件包成功上传到软件发布库，如图 5.11 所示。

```
构建步骤
代码检出 2.851s
Maven构建 326.119s
上传软件包到软件发布库 3.165s

日志　全屏　下载全量日志
407 [2019-08-25 10:09:39.331] [INFO] BUILD SUCCESS 向上查看日志
408 [2019-08-25 10:09:39.331] [INFO] ------------------------------------------------------------------------
409 [2019-08-25 10:09:39.331] [INFO] Total time: 05:22 min
410 [2019-08-25 10:09:39.331] [INFO] Finished at: 2019-08-25T02:09:39Z
411 [2019-08-25 10:09:39.331] [INFO] ------------------------------------------------------------------------
412 [2019-08-25 10:09:39.364] [INFO] [Maven构建] : StagePostExecution started
413 [2019-08-25 10:09:39.365] [INFO] [Maven构建] : StagePostExecution finished
414 [2019-08-25 10:09:41.252] ***.***.***.73-slave1 does not seem to be running inside a container
415 [2019-08-25 10:09:42.420] [INFO] [上传软件包到软件发布库:上传软件包] : step started
416 [2019-08-25 10:09:42.426] [INFO] [上传软件包到软件发布库:上传软件包] : Begin to upload file : target/backend-0.0.1-S
417 [2019-08-25 10:09:45.471] [INFO] [上传软件包到软件发布库:上传软件包] : Versionset status code:1, please config the
418 [2019-08-25 10:09:45.512] [INFO] [上传软件包到软件发布库:上传软件包] : step finished
419 [2019-08-25 10:09:45.543] [INFO] [上传软件包到软件发布库] : StagePostExecution started
420 [2019-08-25 10:09:45.543] [INFO] [上传软件包到软件发布库] : StagePostExecution finished
421 [2019-08-25 10:09:45.468] [INFO] [上传软件包到软件发布库:上传软件包] : Uploading artifact target/backend-0.0.1-SNAPS
422 [2019-08-25 10:09:46.967] [INFO]  : PipelinePostExection started
423 [2019-08-25 10:09:46.967] [INFO]  : PipelinePostExection finished
424 [2019-08-25 10:09:47.074] [INFO]  : onCompleted: job_c9fa5d68-1ebf-44af-ac65-966d4ecbbe91_1566698646517 #1
425 [2019-08-25 10:09:47.079] Finished: SUCCESS
```

图 5.11　编译成功

4. 前端部署

类似第 1 章中的步骤，选择部署来源自构建任务，构建序号为 Latest，如图 5.12 所示。同样需要设置跨域服务器，复制到服务器上的/opt/front-server 目录中。

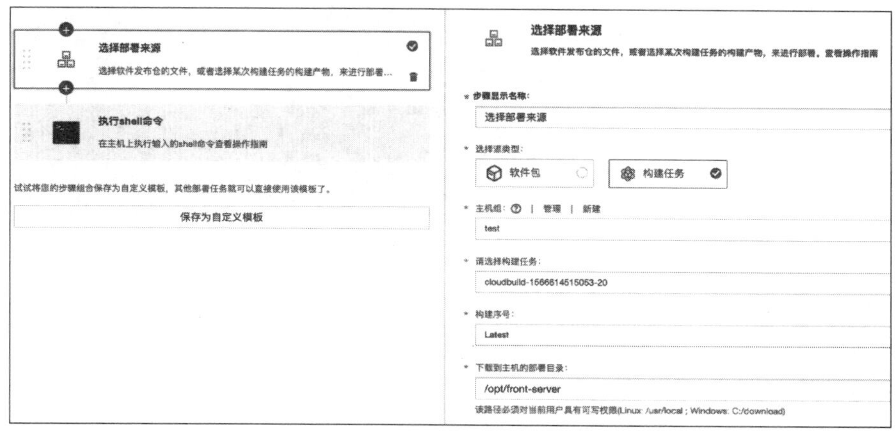

图 5.12　选择部署来源

使用 apache 进行相应部署，apache 是一个开放源码的网页服务器，可以在大多数计算机操作系统中运行，由于其多平台和安全性被广泛使用，是最流行的 Web 服务器端软件之一。通过 shell 命令安装 apache2，代码如下：

```
apt install apache2
cd /opt/front - server
tar - xvf dist.zip
cp - r ./dist/ * /var/www/html/ *
cd
systemctl start apache2
```

解压软件包，启动 apache2 服务，如图 5.13 所示。

前端部署成功如图 5.14 所示。

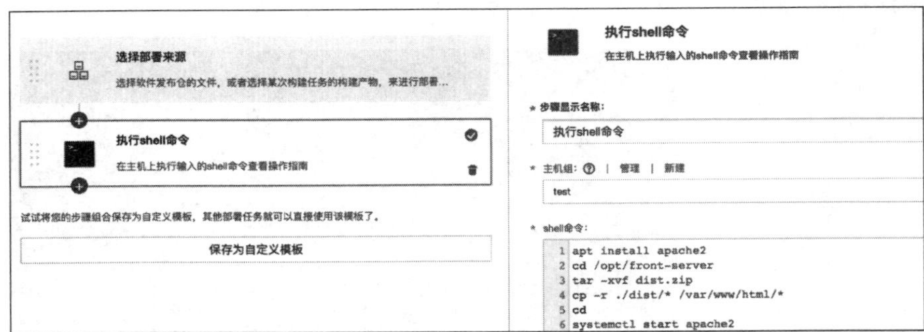

图 5.13　apache 部署

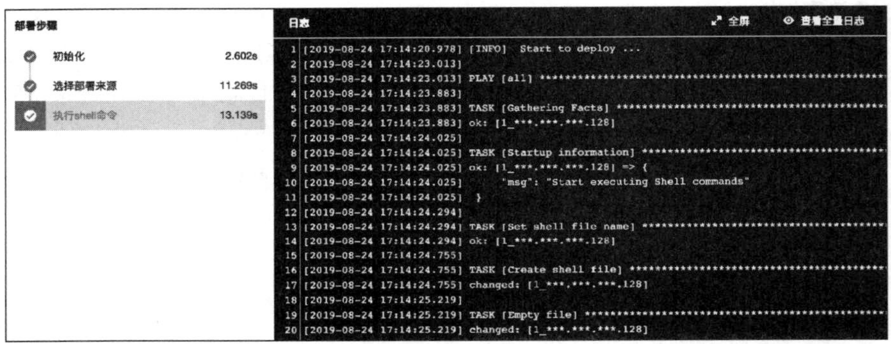

图 5.14　部署成功

5. 后端部署

首先在主机上安装 JDK，如图 5.15 所示。JDK 版本保持默认，填写安装路径，注意 JDK 的安装路径必须有用户的可写权限。

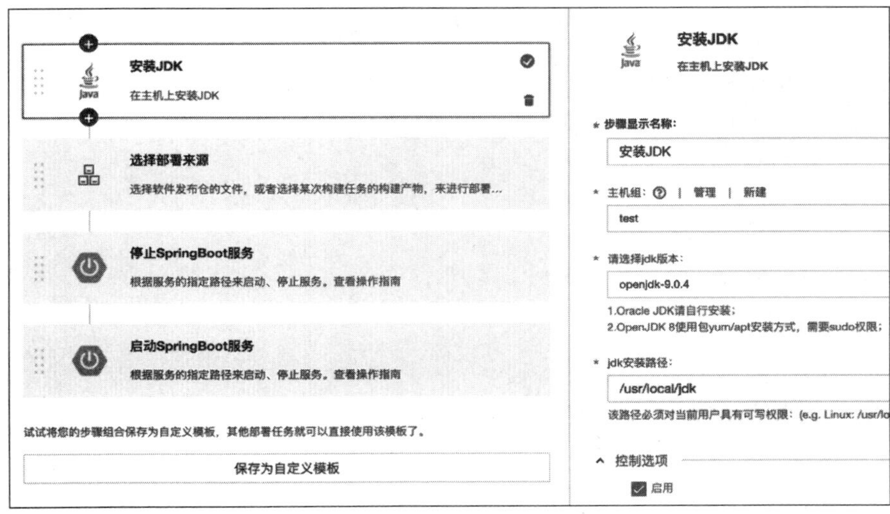

图 5.15　安装 JDK

选择部署来源自构建任务，构建序号为 Latest，如图 5.16 所示。

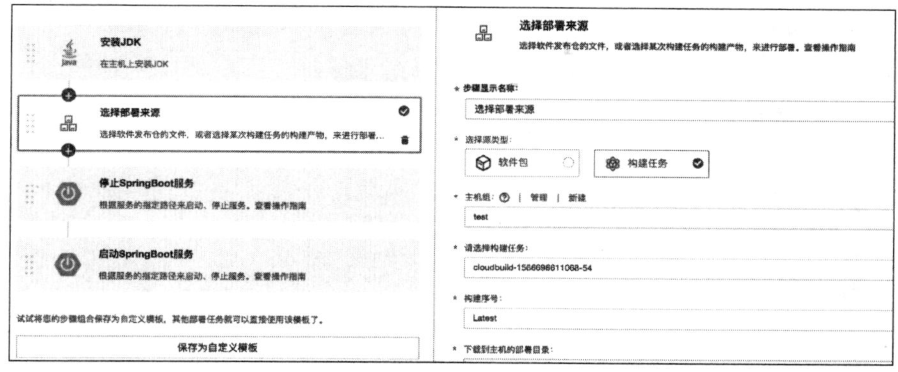

图 5.16　选择部署来源

首次部署直接启动 Spring Boot 服务，如图 5.17 所示。注意，多次部署时，应先停止 Spring Boot 服务再重新启动。

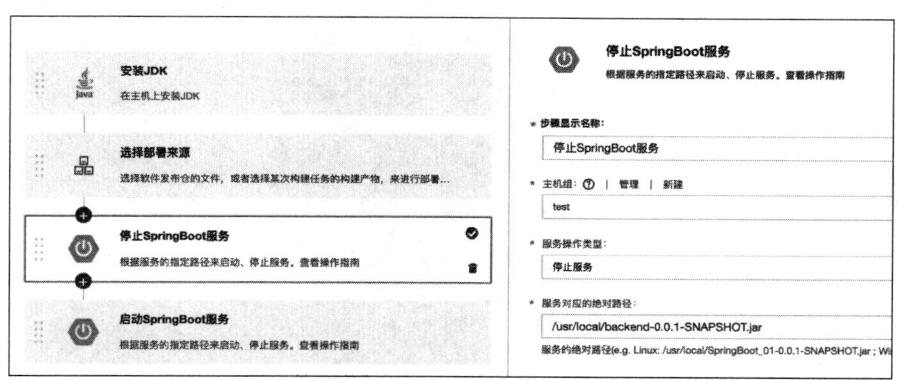

图 5.17　停止 Spring Boot 服务

启动 Spring Boot 服务，需要指定服务端口，加入如下命令行参数可以在 8666 端口启动后端服务，如图 5.18 所示。

```
-- server.port = 8666
```

后端部署成功，如图 5.19 所示。

6. 数据库安装

新建部署任务，在服务器上下载安装 MongoDB。执行如下安装命令：

```
curl -O https://fastdl.mongodb.org/linux/mongodb-linux-x86_64-3.0.6.tgz
tar -zxvf mongodb-linux-x86_64-3.0.6.tgz
mv mongodb-linux-x86_64-3.0.6/ /usr/local/mongodb
export PATH=<mongodb-install-directory>/bin:$PATH
mkdir -p /data/db                       #手动创建数据库目录
```

安装 MongoDB 步骤如图 5.20 所示。

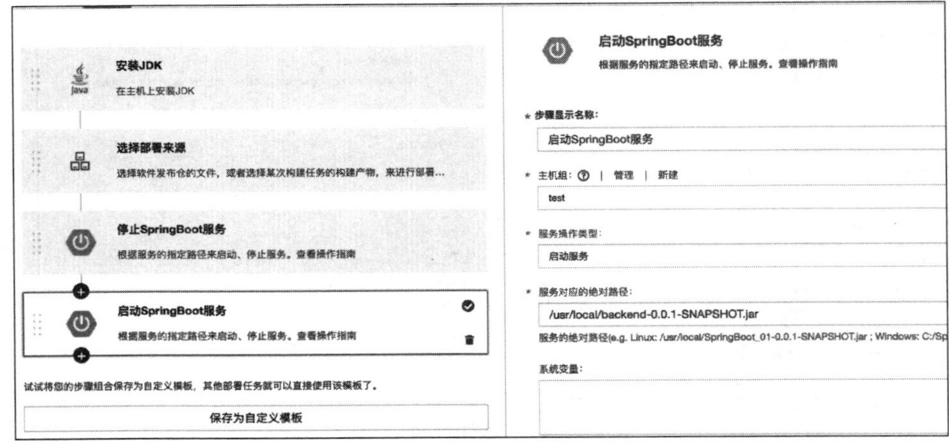

图 5.18　启动 Spring Boot 服务

部署步骤	
初始化	3.683s
安装JDK	11.288s
选择部署来源	8.987s
启动/停止SpringBoot服务	4.808s
启动/停止SpringBoot服务	23.261s

日志　全屏

```
44 [2019/08/25 16:19:18.184] ok: [1_***.***.***.139] => {
45 [2019/08/25 16:19:18.184]         "msg": ""
46 [2019/08/25 16:19:18.184] }
47 [2019/08/25 16:19:19.705]
48 [2019/08/25 16:19:19.705] TASK [Start] ******************************
49 [2019/08/25 16:19:19.705] changed: [1_***.***.***.139]
50 [2019/08/25 16:19:35.244]
51 [2019/08/25 16:19:35.244] TASK [Sleep wait] ******************************
52 [2019/08/25 16:19:35.244] changed: [1_***.***.***.139]
53 [2019/08/25 16:19:35.923]
54 [2019/08/25 16:19:35.923] TASK [Test start progress] ********************
55 [2019/08/25 16:19:35.923] changed: [1_***.***.***.139]
56 [2019/08/25 16:19:35.979]
57 [2019/08/25 16:19:35.979] TASK [Start debugmsg] *************************
58 [2019/08/25 16:19:35.980] ok: [1_***.***.***.139] => {
59 [2019/08/25 16:19:35.980]         "msg": "11627"
60 [2019/08/25 16:19:35.980] }
```

图 5.19　部署成功

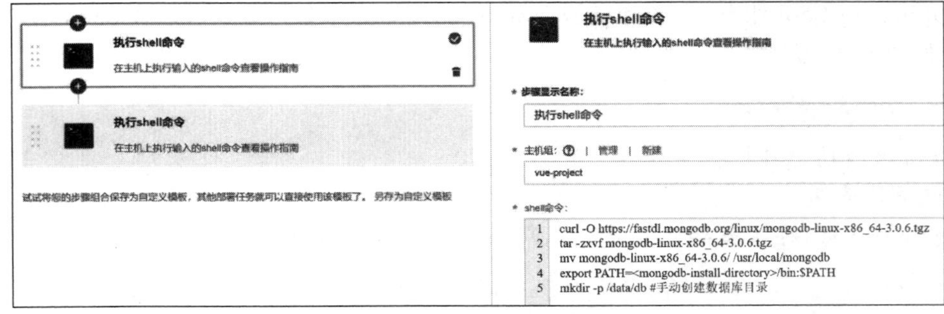

图 5.20　安装 MongoDB

在服务器上以服务运行 MongoDB，如图 5.21 所示。这里没有设置用户名与密码，保存执行则启动 MongoDB。

```
echo '
dbpath = /data/db/
logpath = /data/mongo.log
logappend = true
fork = true
port = 27017' > mongodb.conf
mongod  - f mongodb.conf                        #启动 mongodb 服务
```

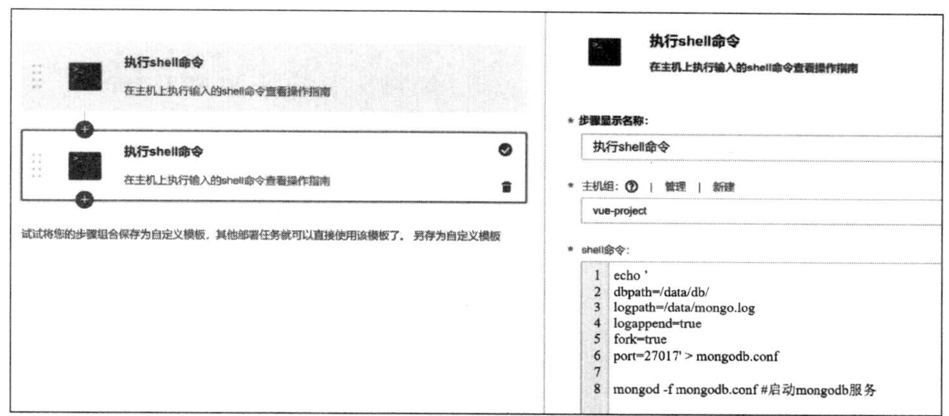

图 5.21　启动 MongoDB

5.3.4　迭代回顾

尽管团队成员是第一次进行敏捷项目开发，但还是很好地进行了协调配合工作，使开发过程井然有序。但由于第一轮迭代对进度与团队开发能力存在估算误差，团队未能及时完成第一轮迭代的全部计划。经过讨论以及与甲方沟通，团队决定取消用户论坛特色功能的开发和辞退师傅功能，将特色功能重点放在与租客最相关的 VR 看房和地图选房上。

5.4　第二次迭代

5.4.1　估算用户故事和拆分确认

由于第一轮迭代存在部分工作项未及时完成，在第二轮迭代，团队首先完善了上一轮迭代的剩余工作。然后对用户故事进行估算和拆分确认，用户故事—“评价师傅”如图 5.22 所示，优先级为低，预计工时分别为 2 人时，且确认将用户故事拆分为“编写评价师傅对话框组件”和“编写评价师傅后台接口，将获取的评价信息插入数据库”，由同一名成员处理。

5.4.2　按用户故事创建代码

同 5.3.2 节，具体代码省略，团队成员继续使用 DevCloud 的看板进行进度管理。

开发第六天为第二轮迭代的开始，开发团队加入了新的需求，相应的看板和仪表盘如

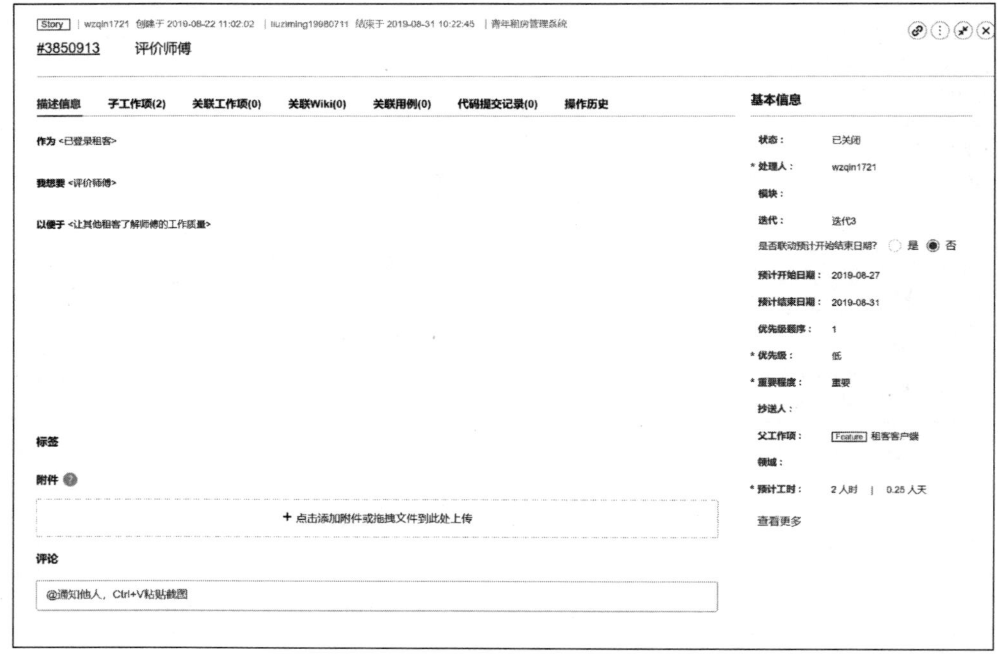

图 5.22 用户故事—评价师傅

图 5.23 和图 5.24 所示。从看板可以看到，开发团队实际开发进度较计划进度慢些，在第二次迭代中优先完成第一次迭代遗留的订单管理和查询功能，然后实现报修和投诉功能。仪表盘显示团队当天完成了第一次迭代的全部内容，并开始了第二次迭代功能的开发。

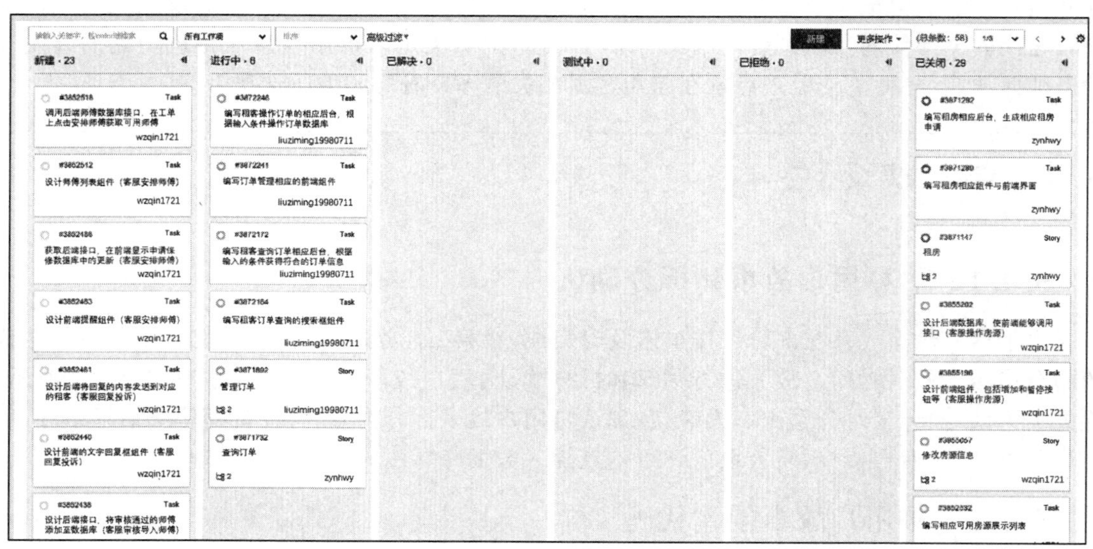

图 5.23 看板—开发 Day6

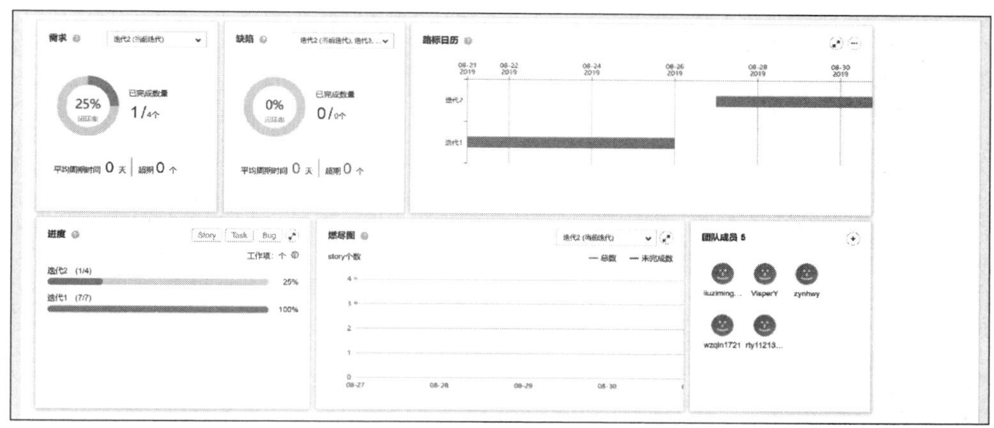

图 5.24　仪表盘—开发 Day6

5.4.3　编译部署

由于项目整体的框架没有变化，团队同样使用 5.3.3 节中说明的编译部署步骤，在这里不再赘述。

5.4.4　迭代回顾

总体来说，团队在第二次迭代中的团队沟通与开发进展都变得更加顺利，尽管在第一轮迭代中存在进度估算误差，导致部分工作项没有按时完成，但团队及时修改开发计划，并在第二轮迭代中优先完成第一轮迭代遗留的工作项，使整个项目的开发得以顺利。

用户可以进行查询房源的操作，可以按条件筛选查询房源，如长租、短租、租金、地域、时间，查询房源界面如图 5.25 所示。用户的长租申请界面如图 5.26 所示。团队对房源的短租和长租设计了不同的计费策略。

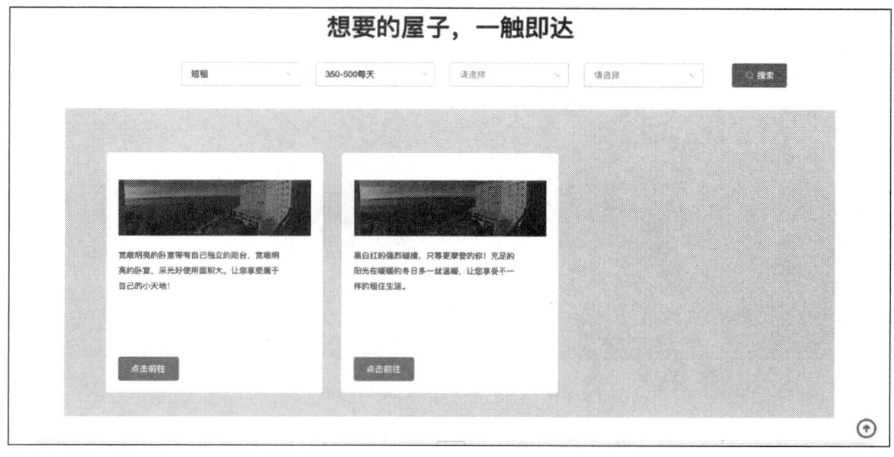

图 5.25　查询房源界面

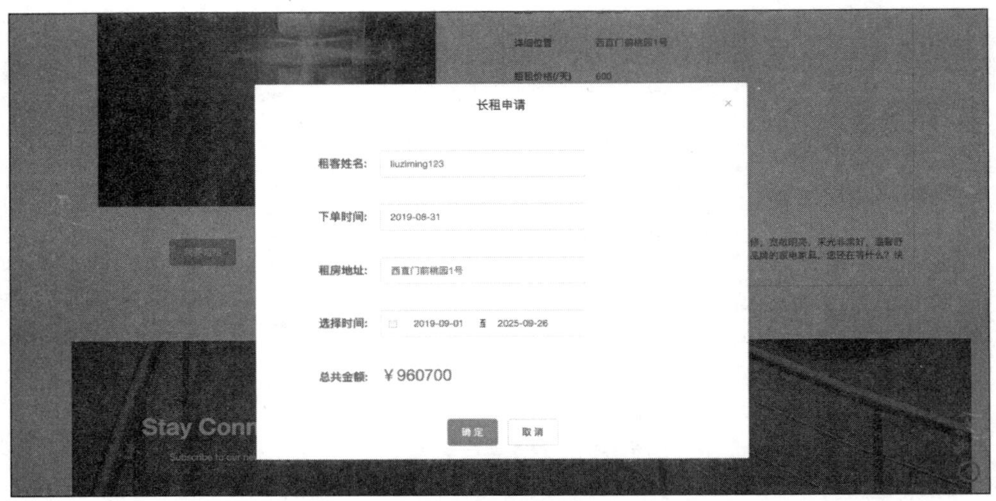

图 5.26　长租申请界面

团队在充分考虑了题目需求和团队开发进度的基础上，与甲方讨论设计了地图 VR 选房和进度显示等功能。由客服导入房源，租户可以不用实地考察，仅通过 VR 查看房源。VR 看房功能如图 5.27 所示。用户还可以可视化查询租房申请的进度变化，如图 5.28 所示。

图 5.27　VR 看房功能

租客与申请

租客管理　申请审核(短租)　房源管理　申请审核(长租)　合同管理　师傅管理

申请id	租客用户名	房子位置	申请开始时间	申请结束时间	结算金额	审核状态	有无缴费	操作
5d6b25c31014ca6d7b2629eb	liuziming	海淀区欢乐农场	2019-09-01	2019-09-10	3420	通过	已缴费	通过 拒绝 删除
5d6b25fd1014ca6d7b2629ed	liuziming	房山区小区	2019-09-09	2019-09-12	1050	通过	已缴费	通过 拒绝 删除

图 5.28　申请进度

5.5　项目总结

本次是团队第一次进行敏捷项目开发，DevCloud 为敏捷开发团队提供了便利的技术支持，工作项的看板管理、进度的仪表盘监控、项目代码托管、流水线的编译部署等都很好地节省了团队沟通与任务分配的时间成本，让团队更专注于持续为客户交付价值上来。

诚然，DevCloud 是一个正在成长的平台，团队在使用 DevCloud 进行编译构建以及部署时发现一些命令在 DevCloud 上不支持，比如开启 Apache 服务器的命令，使用 ssh 连接 DevCloud 服务器使用命令让其启动时发现没问题，但是在华为开发云上的 shell 命令中却不能执行。但 DevCloud 最大的优势还是在于它对于一个项目流程的控制和管理，比如一个项目中每个人的权限设置以及相应需求迭代的变更，团队成员也期待 DevCloud 能继续发展成熟，方便更多的开发者。

5.6　本章小结

本章以青年租房管理系统为例，描述了从需求分析，到第一次迭代，再到第二次迭代，最终实现整个项目的发布的过程。在需求分析结束后，需要编写用户故事，并划分优先级，与用户沟通后制订迭代计划。在每一次迭代中，需要对待完成的用户故事进一步拆分成可分配、可追溯的工作项，团队成员使用看板和仪表盘监控开发进度。每一轮迭代结束后，需要对这一轮的迭代进行回顾，总结经验与教训，在下一轮迭代中弥补不足，发扬优点。

第6章

学习生活交流论坛

为了鼓励大学生进行学习与生活的交流，现要为此开发一个计算机专业学习生活交流论坛。论坛分为若干个板块，主要有资源共享、讨论区、课程推荐、刷题板块、校园周边等。通过浏览论坛上的信息，学生可以更方便地获取各种信息。

论坛基本的运行和管理机制包括以下7个方面。

(1) 游客可以访问网站，但是不能查看每个帖子的详细信息。如果想要进一步查看信息，必须注册成为用户并登录。

(2) 在讨论区，用户可以发布帖子，也可以对论坛发布的帖子和评论进行点赞，还可以对全论坛的内容进行搜索。对于网站上内容不当的帖子或评论，用户可以通过站内信的形式与管理员进行沟通。

(3) 在资源共享板块，用户可以上传一些学习资源以供下载。

(4) 论坛有课程推荐板块，主要包括各种公开课以及付费课程的介绍和推荐。用户可以对想要推荐的课程发布帖子，帖子中包括推荐理由等。

(5) 论坛有刷题板块，在这个板块用户可以具体讨论某道题的解法，标题如针对×××的一种解法等。

(6) 论坛有校园周边板块，主要由用户提供某些校园周围的环境或对其周边及校内环境进行介绍。

(7) 论坛设有管理员，负责管理整个论坛的正常运行，主要体现在：发布新手上路(每位初次登录的用户都必须先阅读新手上路的内容才能继续使用论坛)，对论坛所有资源以及用户进行管理。

本案例需要基于DevCloud提供的各项功能，使用指定或自定的框架，完成对上述论坛的设计与实现。采用敏捷开发的方法，最终交付一个功能完善、用户界面友好的学习生活论坛。

6.1 需求分析

本案例需要完成一个学习生活交流的论坛，对本案例的具体分析如下所述。

游客可以注册成为用户并使用账号进行登录。因此本案例需要实现相关注册、登录功能。论坛须包含资源共享、讨论区、课程推荐、刷题板块、校园周边等栏目，对于这些栏目需要设计出相应的页面。

本案例是一个用于交流的论坛，因此最重要的功能为用户的发布帖子功能、查看帖子功能以及对帖子进行搜索的功能。用户可以对自己发布过的帖子进行管理，因此需要有删除帖子、查看已发布帖子等功能。对于已发布的帖子，用户可以进行评论以及点赞，因此需要有评论功能和点赞功能。除此之外，对于资源共享板块还应该提供上传和下载资源的接口。

对于用户而言，还应该有自己的“个人信息”页面。在该页面上，用户能够修改个人信息，查看已发布的帖子、查看自己点赞的帖子、查看自己的评论等。本页面的具体设置，在项目背景中并未详细指明，实现时应该尽可能考虑用户的体验以及功能的完善。

对于管理员而言，需要对网站发布的帖子进行管理，具体体现在对新帖子进行审核，对内容不恰当的帖子进行删除等。而对于发布不当评论的用户进行禁言处理，在一段时间后予以解除禁言。除此之外，管理员和用户之间可以通过站内信等方式进行沟通和交流。

以上为笔者个人分析，实际开发应由团队讨论和客观条件共同决定。

使用 DevCloud，按照工作项类型层级关系（从大到小依次为“Epic→Feature→Story→Task/Bug”类型）进行项目规划。

单击“新建项目”按钮，如图 6.1 所示。

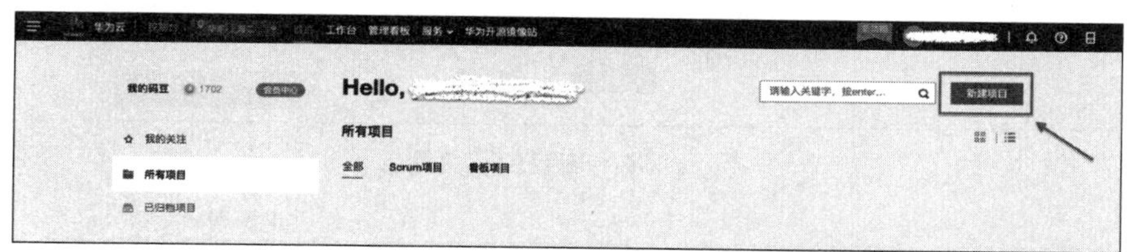

图 6.1　新建项目

在“新建项目”选项卡中，选择“空白项目”→Scrum 选项，如图 6.2 所示。

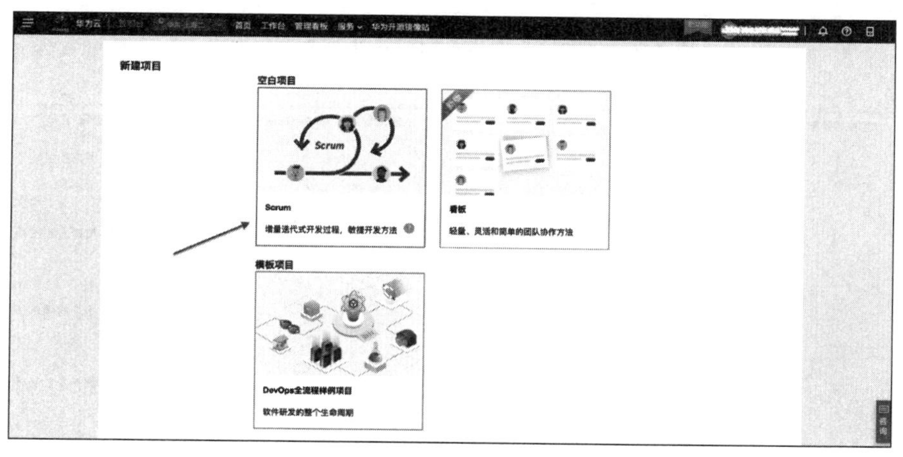

图 6.2　选择“空白项目”→Scrum 选项

在弹出的页面中，填写项目的相关信息，如图 6.3 所示。必要时可对项目类型进行修改。填写好项目相关信息后，单击“确定”按钮，一个使用 Scrum 的项目就创建好了。

创建好项目之后，打开项目面板，选择“需求规划”选项卡，如图 6.4 所示。

在“需求规划”选项卡中，按照工作项类型层级关系进行项目规划，如图 6.5 所示。

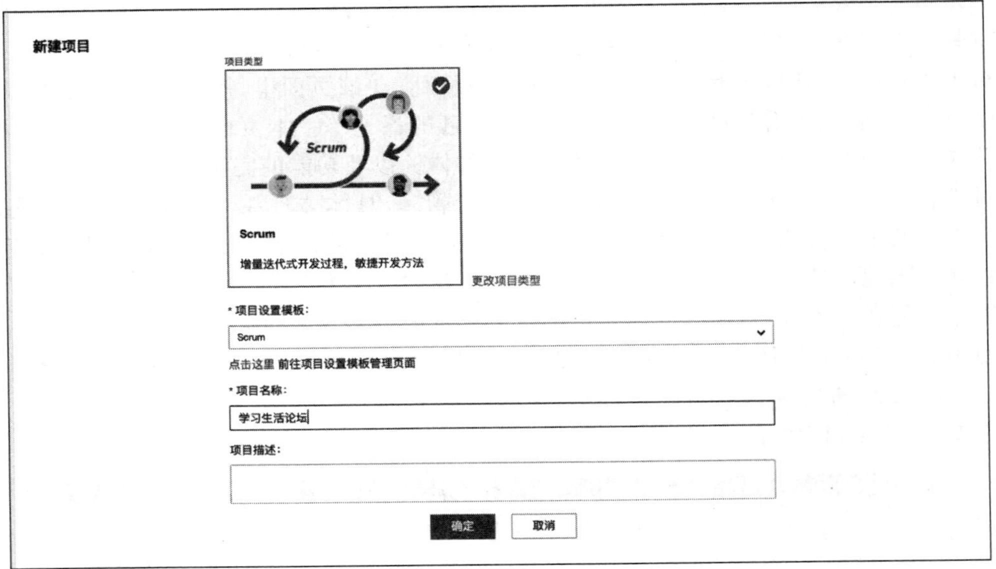

图 6.3 填写项目的相关信息

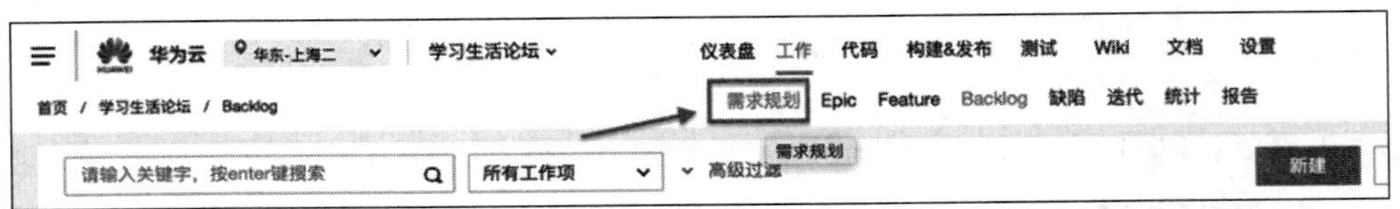

图 6.4 打开项目面板，选择“需求规划”选项卡

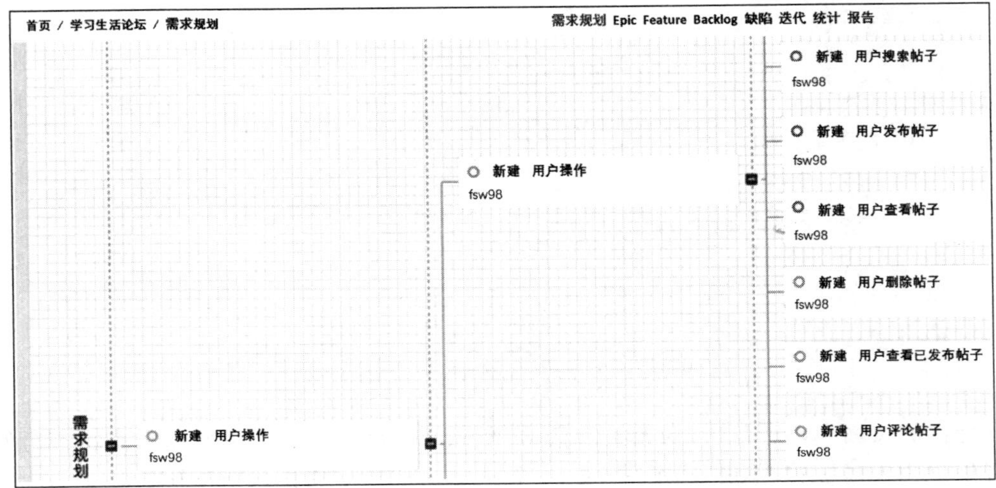

图 6.5 按照工作项类型层级关系进行项目规划

6.2　编写用户故事和制订迭代计划

6.2.1　编写用户故事

用户故事是站在用户角度描述需求的一种方式，它站在用户视角，便于和用户交流，准确描述用户需求；可独立交付单元、规模小，适于迭代开发，以获得用户快速反馈；强调编写验收测试用例作为验收标准，能促使需求分析人员准确地把握需求。

使用 DevCloud 制订好项目需求规划后，按照以下步骤对用户故事进行编写。

在页面上方菜单栏，单击 Feature 按钮，如图 6.6 所示。

华为云　华东-上海二　学习生活论坛　仪表盘　工作　代码　构建&发布　测试　Wiki　文档　设置

首页 / 学习生活论坛 / Feature　需求规划　Epic　Feature　Backlog　缺陷　迭代　统计　报告

请输入关键字，按enter键搜索　所有工作项　高级过滤　Feature

编号	标题	结束时间	预计开始日期	预计结束日期
501412809	Feature 用户管理	--	--	--
501412813	Story 管理员解除禁言	--	--	--
501412944	Story 修改个人信息	--	--	--
501412952	Story 管理员禁言用户	--	--	--
501412808	Feature 帖子管理	--	--	--

图 6.6　在页面上方菜单栏，单击 Feature 按钮

以“管理员解除禁言”这个用户故事为例，单击“用户管理”前面的 Feature 按钮，选中“管理员解除禁言”复选框，在弹出的用户故事页面中，对“管理员解除禁言”这个用户故事的细节进行描述，如图 6.7 所示。

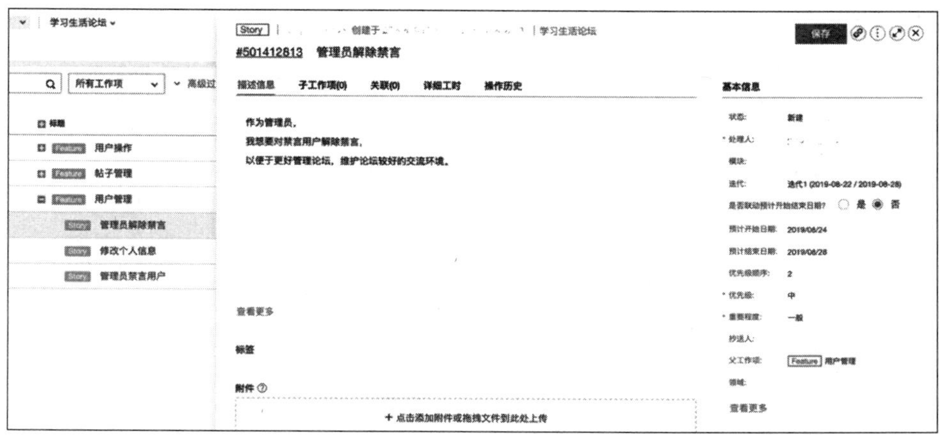

图 6.7　对“管理员解除禁言”这个用户故事的细节进行描述

对于项目的用户故事，均使用以上步骤进行填写和设置，在此以表格的形式进行展示。

(1) 游客登录，如表 6.1 所示。

(2) 游客注册，如表 6.2 所示。

表 6.1　游客登录

用户故事标题	游 客 登 录
描述信息	作为游客 我想要登录 以便查看论坛上帖子的详细内容
优先级	高
重要程度	重要
预计工时	10 人时|1.25 人天

表 6.2　游客注册

用户故事标题	游 客 注 册
描述信息	作为游客 我想要注册 以便成为正式用户
优先级	高
重要程度	重要
预计工时	4 人时|0.5 人天

(3) 用户发布帖子，如表 6.3 所示。

(4) 用户查看帖子，如表 6.4 所示。

表 6.3　用户发布帖子

用户故事标题	用户发布帖子
描述信息	作为用户 我想要发布帖子 以便分享我获得的信息
优先级	高
重要程度	关键
预计工时	10 人时|1.25 人天

表 6.4　用户查看帖子

用户故事标题	用户查看帖子
描述信息	作为用户 我想要查看论坛的帖子 以便获得论坛上帖子的信息
优先级	高
重要程度	重要
预计工时	4 人时|0.5 人天

(5) 用户删除帖子，如表 6.5 所示。

(6) 用户查看已发布帖子，如表 6.6 所示。

表 6.5　用户删除帖子

用户故事标题	用户删除帖子
描述信息	作为用户 我想要删除自己发布过的帖子 以便对自己的帖子进行更好的管理，删除信息过期或内容不恰当的帖子
优先级	低
重要程度	一般
预计工时	4 人时|0.5 人天

表 6.6　用户查看已发布帖子

用户故事标题	用户查看已发布帖子
描述信息	作为用户 我想要查看自己已经发布过的帖子 以便管理自己的帖子，查看自己发布过的信息
优先级	中
重要程度	重要
预计工时	4 人时|0.5 人天

(7) 用户评论,如表6.7所示。

(8) 用户点赞,如表6.8所示。

表6.7 用户评论

用户故事标题	用户评论
描述信息	作为用户 我想要评论 以便对帖子的内容发表自己的观点,共享自己所了解到的信息
优先级	低
重要程度	一般
预计工时	4人时|0.5人天

表6.8 用户点赞

用户故事标题	用户点赞
描述信息	作为用户 我想要点赞 以便对于帖子的内容表示赞同
优先级	低
重要程度	一般
预计工时	4人时|0.5人天

(9) 用户上传资源,如表6.9所示。

(10) 用户下载资源,如表6.10所示。

表6.9 用户上传资源

用户故事标题	用户上传资源
描述信息	作为用户 我想要上传资源 以便分享自己拥有或整理的资源,方便其他人获取资源
优先级	高
重要程度	关键
预计工时	10人时|1.25人天

表6.10 用户下载资源

用户故事标题	用户下载资源
描述信息	作为用户 我想要下载资源 以便获得他人上传的资源
优先级	高
重要程度	关键
预计工时	10人时|1.25人天

(11) 用户修改个人信息,如表6.11所示。

(12) 用户查看被点赞的帖子,如表6.12所示。

表6.11 用户修改个人信息

用户故事标题	用户修改个人信息
描述信息	作为用户 我想要修改个人信息 以便更新个人信息,包括用户名、密码等
优先级	中
重要程度	重要
预计工时	4人时|0.5人天

表6.12 用户查看被点赞的帖子

用户故事标题	用户查看被点赞的帖子
描述信息	作为用户 我想要查看自己被点赞的帖子 以便知道自己的哪些帖子得到了他人的赞同
优先级	低
重要程度	一般
预计工时	4人时|0.5人天

(13) 用户查看自己的评论,如表 6.13 所示。

(14) 管理员审核新帖子,如表 6.14 所示。

表 6.13 用户查看自己的评论

用户故事标题	用户查看自己的评论
描述信息	作为用户 我想要查看自己发表过的评论 以便了解自己对于其他帖子的看法和评价
优先级	低
重要程度	一般
预计工时	4 人时|0.5 人天

表 6.14 管理员审核新帖子

用户故事标题	管理员审核新帖子
描述信息	作为管理员 我想要审核用户发布的新帖子 以便确保帖子不涉及违法违规或侵权内容
优先级	高
重要程度	重要
预计工时	4 人时|0.5 人天

(15) 删除用户的帖子,如表 6.15 所示。

(16) 管理员禁言用户,如表 6.16 所示。

表 6.15 删除用户的帖子

用户故事标题	删除用户的帖子
描述信息	作为管理员 我想要删除一些有不当内容的帖子或评论 以便管理正常的论坛交流环境,规范化、合理化论坛的发言内容
优先级	中
重要程度	一般
预计工时	4 人时|0.5 人天

表 6.16 管理员禁言用户

用户故事标题	管理员禁言用户
描述信息	作为管理员 我想要禁言发表不当内容的用户 以便维护论坛良好的交流环境
优先级	高
重要程度	重要
预计工时	4 人时|0.5 人天

(17) 管理员解除禁言,如表 6.17 所示。

(18) 用户搜索帖子,如表 6.18 所示。

表 6.17 管理员解除禁言

用户故事标题	管理员解除禁言
描述信息	作为管理员 我想要对禁言用户解除禁言 以便更好地管理论坛,维护论坛较好的交流环境
优先级	高
重要程度	重要
预计工时	4 人时|0.5 人天

表 6.18 用户搜索帖子

用户故事标题	用户搜索帖子
描述信息	作为用户 我想要搜索帖子 以便更快地查找用户所需要的信息
优先级	高
重要程度	重要
预计工时	10 人时|1.25 人天

(19) 站内信交流,如表6.19所示。

表6.19　站内信交流

用户故事标题	站内信交流
描述信息	作为用户 我想要有和管理员交流的通道 以便和管理员进行交流,共同维护论坛良好的信息交流环境
优先级	低
重要程度	重要
预计工时	10人时|1.25人天

6.2.2　制订迭代计划

通过将用户故事拆分成可分配和跟踪的任务的故事列表,制订项目的迭代计划(Sprint Backlog)。根据所制订的迭代计划,可以对整个项目的工作量进行估算,并对项目进展进行跟踪。

应当注意,发布计划时应当基于Epic和Feature优先级进行排序并整理,同时借助用户故事地图、SWOT、KANO等辅助梳理。而对于制订好的迭代计划,应在每轮迭代开始前对需求进行重新排序,保证迭代的是最高优先级的用户故事。

以某团队对于用户故事的划分为例,用户故事的内容及优先级,如表6.20所示。在制订迭代计划时,优先级更高的用户故事会优先执行。

表6.20　用户故事的内容及优先级

用　户	用户故事	优先级
租客	登录 注册	高
用户	发布帖子 搜索帖子 查看帖子 上传资源 下载资源	高
	查看自己已发布帖子 修改个人信息	中
	删除帖子 站内信交流 评论 查看自己发表的评论 点赞 查看被点赞的帖子	低

续表

用　户	用户故事	优先级
管理员	审核新帖子 禁言用户 解除禁言	高
	删除用户的帖子	中

接下来对制订迭代计划的步骤进行具体描述。

选择菜单栏的 Backlog 选项卡，对当前项目的工作项进行查看，如图 6.8 所示。

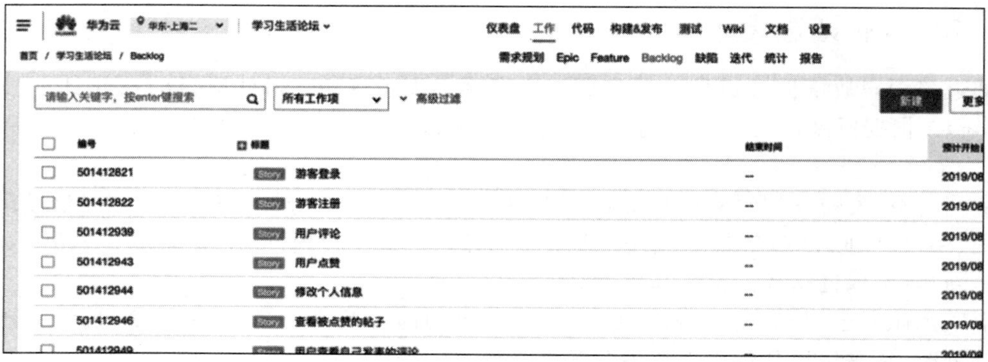

图 6.8　对当前项目的工作项进行查看

选择菜单栏的“迭代”选项卡，在弹出的页面中，制订迭代计划，如图 6.9 所示。默认情况下创建了一个迭代——“迭代 1”，但是当前“迭代 1”中没有工作项，因此需要对工作项进行添加。

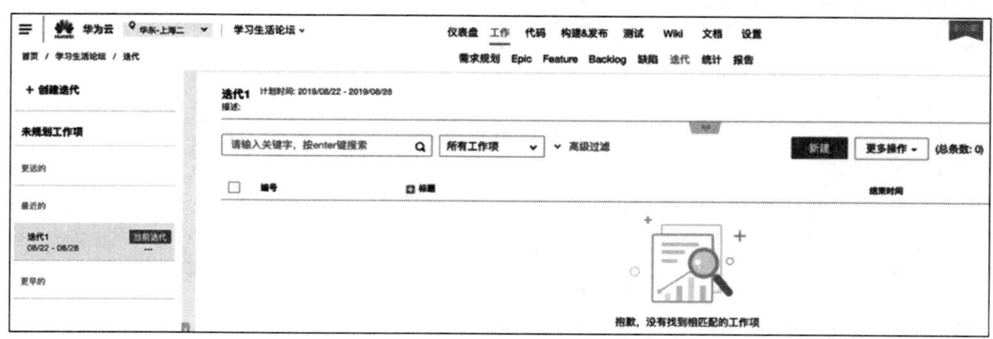

图 6.9　制订迭代计划

在“未规划工作项”栏目中，有当前未规划的工作项。当前未规划的工作项，如图 6.10 所示。借助 Feature 的优先级以及用户故事地图等，制订迭代计划。制订迭代计划的结果，如图 6.11 所示。

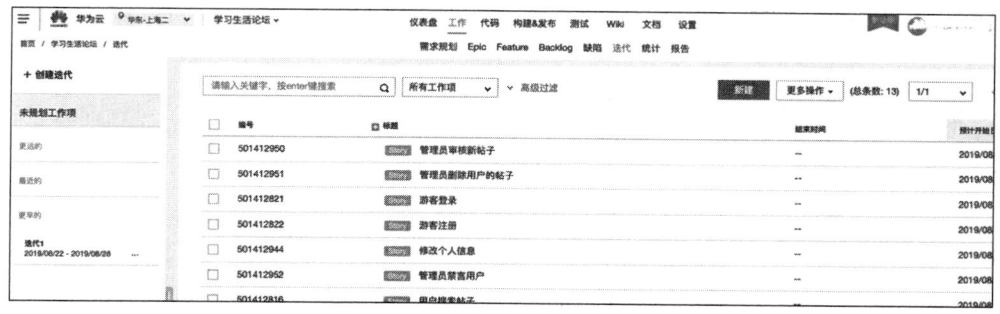

图 6.10　当前未规划的工作项

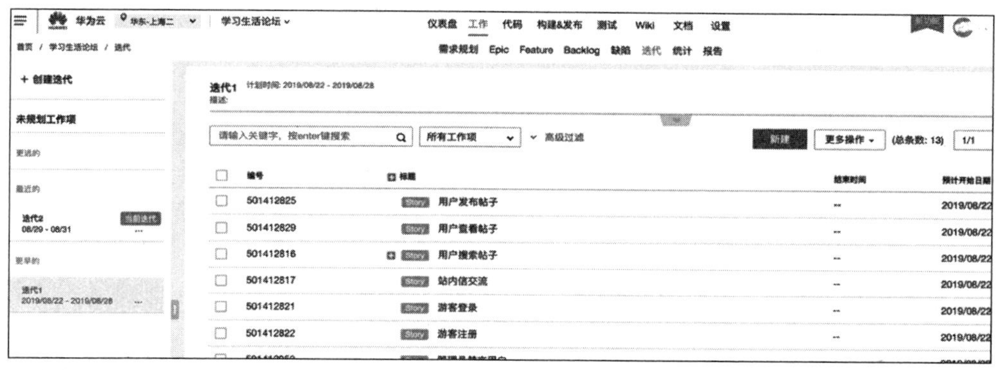

图 6.11　制订迭代计划的结果

6.3　第一次迭代

6.3.1　估算用户故事和拆分确认

对第一次迭代的用户故事进行估算，并进行拆分。以“用户搜索帖子”用户故事为例，对其进行拆分。具体步骤如下所述。

对“用户搜索帖子”这个用户故事进行估算。该故事的优先级为高，重要程度为重要。对于该故事叙述较为笼统，需要进行拆分。根据分析，该故事可以分成两个子故事。第一个子故事：作为用户，我想要在输入框输入关键词，使其能够搜索。第二个子故事：作为用户，我想在输入关键词后看到包含关键词的帖子。而对这两个故事进行再次分解，确定相关用例。第一个子故事的用例：用户在论坛上找到输入框，输入关键字并单击“搜索”按钮，论坛接收关键字之后搜索。第二个子故事的用例：论坛搜索到相关内容并显示页面，用户可以看到搜索结果页面，找到关键词的搜索结果。

根据用户故事估算的结果，在 DevCloud 中进行故事的拆分。选中“用户搜索帖子”这个用户故事，选择“子工作项”选项卡，在弹出页面，选择“新建子工作项”选项并在下拉菜单中选中 Task 选项，如图 6.12 所示。

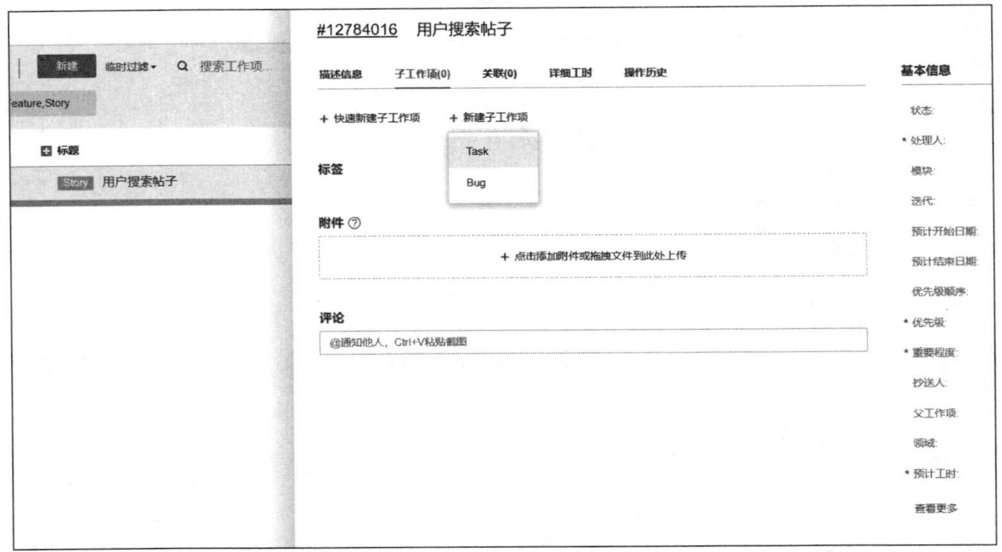

图 6.12　选择“新建子工作项”选项并在下拉菜单中选择 Task 选项

在弹出页面中，填写子工作项的相关信息，如图 6.13 所示。

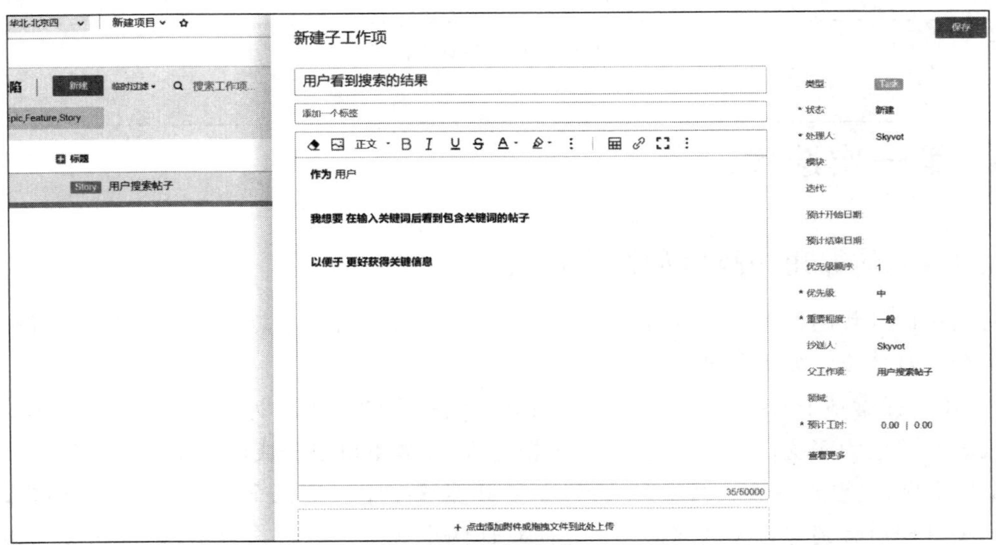

图 6.13　填写用户故事的子工作项的相关信息

在子工作项创建之后，即完成了对用户故事的拆分和工作量估算。单击用户故事前的“+”按钮，即可展示用户故事的子工作项。用户故事子工作项的展示，如图 6.14 所示。

编号	标题	结束时间	状态	预计开始日期	预计结束日期	优先级
12784016	Story 用户搜索帖子	--	新建	--	--	中
12784106	Task 用户看到搜索的结果	--	新建	--	--	中
12784108	Task 用户输入关键词进行搜索	--	新建	--	--	中
12784110	Story 站内信交流	--	新建	--	--	低

图 6.14　用户故事子工作项的展示

6.3.2　按用户故事创建代码

在创建好用户故事、制订好迭代计划、估算好用户故事并对用户故事进行拆分后，即可根据用户故事创建代码。

以某团队的实际开发为例，该团队使用的项目框架为 Ant Design＋Django＋MySQL。(GitHub 项目地址：https://GitHub.com/Zx55/21Duck)

该团队项目前端使用 Ant Design 进行编写，Ant Design 是一个致力于提升用户使用体验的前端框架。它模糊了产品经理、交互设计师、视觉设计师、前端工程师、开发工程师等角色的边界，利用统一的规范进行设计赋能，进而全面提高产品体验和研发效率。

项目后端采用 Django，Django 是一个开源的 Web 应用框架，由 Python 写成。Django 的主要目标是使得开发复杂的数据库驱动的网站变得简单。

项目数据库采用 MySQL，MySQL 是一个关系型数据库管理系统，是最流行的关系型数据库管理系统之一。在 Web 应用方面，MySQL 是最好的 RDBMS（Relational Database Management System，关系型数据库管理系统）应用软件。

具体的实现不是本章的重点，读者可在 GitHub 对应的仓库地址上学习项目的编码实现。团队在开发过程中，使用结对编程的方法，两位程序员在同一台计算机前工作，一位负责敲入代码，另外一位对所敲入的代码进行实时检查。

在实际编码过程中，团队使用 GitHub 建立了代码仓库并进行版本管理，使用 DevCloud 的代码托管功能对代码仓库进行了导入。团队每日在 DevCloud 项目里同步 GitHub 的仓库，用于后续的编译部署构建。使用 DevCloud 对 GitHub 仓库进行导入的步骤如下所述。

打开项目，在项目上方菜单栏中选择“代码”→“代码托管”选项卡。在没有新建仓库之前，页面中没有任何项目，如图 6.15 所示。

图 6.15　在没有新建仓库之前，页面中没有任何项目

在“代码托管”页面中，在“普通新建”下拉列表中选择“导入外部仓库”选项，如图 6.16 所示。

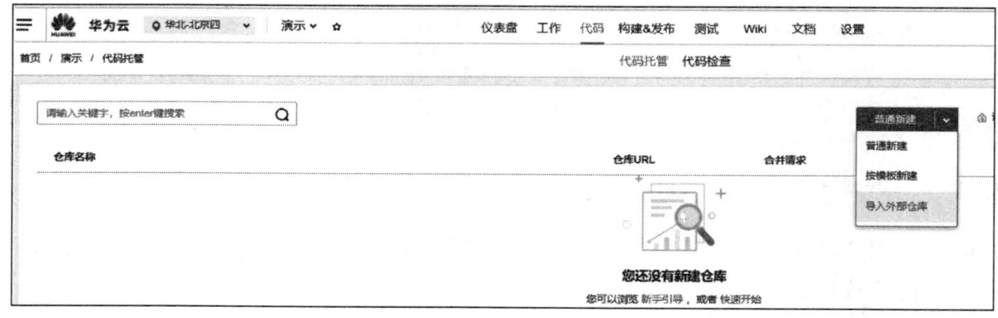

图 6.16　选择“导入外部仓库”选项

在弹出页面中，选择源仓库路径，并进行其他相关信息的选择和填写，如图 6.17 所示。填写好相关信息后，单击“下一步”按钮。

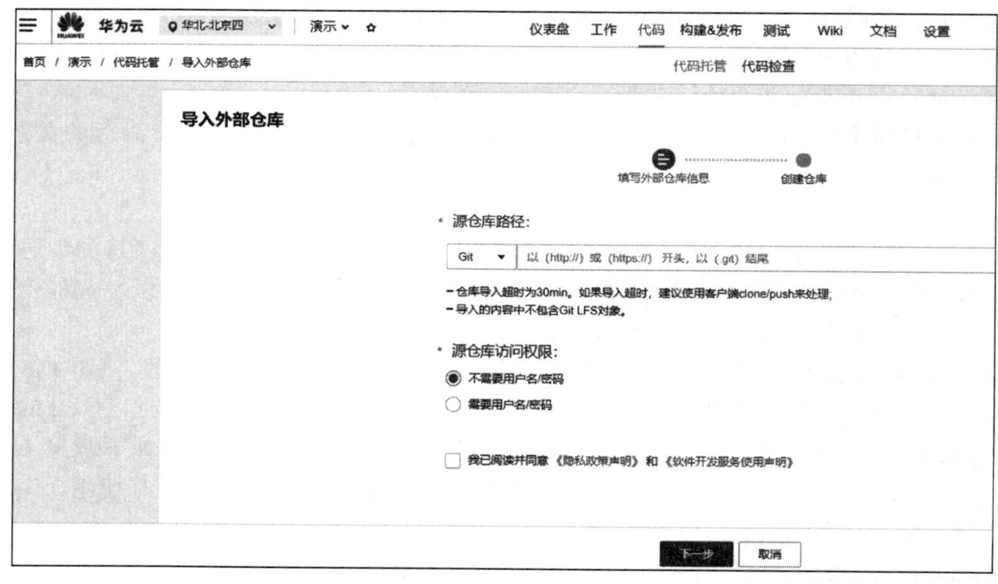

图 6.17　选择源仓库路径，并进行其他相关信息的选择和填写

在弹出页面中，对即将创建的仓库的相关信息进行填写，如图 6.18 所示。填写好的相关信息(如代码仓库名称)，将在 DevCloud 中的仓库相关信息(如仓库名称)中显示。填写相关信息并对仓库和权限进行设置后，单击“确定”按钮。

完成以上步骤之后，可以在“代码托管”页看到，通过导入外部仓库创建的仓库已经创建完成，如图 6.19 所示。

团队在开发过程中，使用 Git 进行版本管理。以某一天某团队当日的版本管理情况为例，

图 6.18　对创建的仓库进行信息填写

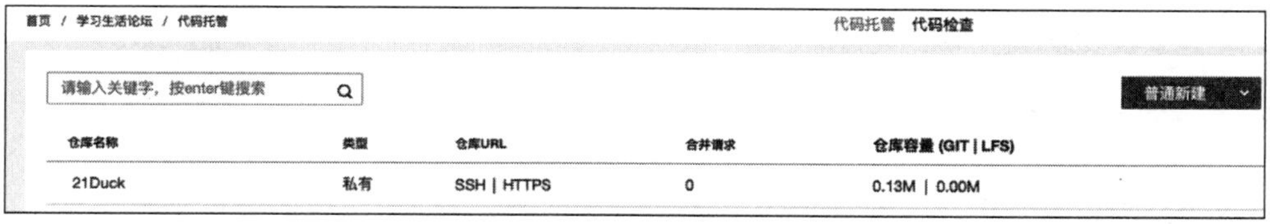

图 6.19　通过导入外部仓库创建的仓库已经创建完成

团队各成员当日使用 Git 进行了若干次提交，如图 6.20 所示。

可以看出，通过使用 Git 进行项目的版本控制与管理，团队各成员实现了并行开发，大大提升了开发效率。

对于每日任务完成情况，团队成员在当日工作结束后，针对当日完成工作项情况，进行填写和统计。以某团队某天的工作情况为例，团队的工作项截图，如图 6.21 所示。

从工作项情况可以看出，该团队已完成迭代 1 的各个功能的代码实现，目前正在进行迭代 2 的各项功能的开发。

6.3.3　编译部署

本项目使用推荐使用 Spring Boot＋Vue.js＋MongoDB 进行开发，当然也可以使用 Django＋Ant Design＋MySQL 进行开发。本节以 Django＋Ant Design＋MySQL 框架为例，其运行环境描述如下所述。

Commits on Aug 25, 2019

frontend: complete register
Zx55 committed 7 days ago — 9e7990b

Signed-off-by: kiaia <898134692@qq.com>
kiaia committed 7 days ago — 51a0a18

Merge branch 'master' of https://github.com/Zx55/21Duck
kiaia committed 7 days ago — afda48d

frontend: modified register and login
limimimir committed 7 days ago — 36a0012

frontend: add register page
limimimir committed 7 days ago — 477a7a4

Signed-off-by: kiaia <898134692@qq.com>
kiaia committed 7 days ago — 00ab16d

frontend: complete login
Zx55 committed 7 days ago — dba0322

fix bugs appeared in backend
Faymine committed 7 days ago — 9bedc0f

Merge branch 'master' of https://github.com/Zx55/21Duck
Faymine committed 7 days ago — 66ac3a8

backend: change engine for connecting mysql to fix a retur...
Faymine committed 7 days ago — 074ac00

frontend: use redux-persist for use state persistence
Zx55 committed 7 days ago — 118dfff

frontend: user state connect to redux store
Zx55 committed 7 days ago — 7b0c01c

backend: something changes in login method
Faymine committed 7 days ago — 08f909d

backend: return some user info after login successfully
Faymine committed 7 days ago — 838e046

Merge branch 'master' of https://github.com/Zx55/21Duck
Faymine committed 7 days ago — 91ac883

backend: provide api for getting repostings with ordered format
Faymine committed 7 days ago — f717c34

frontend: recognize file structure
Zx55 committed 7 days ago — c2744cf

backend: password encrypted and providing register api
Faymine committed 7 days ago — 33bf0ca

frontend: recognize file structure
Zx55 committed 7 days ago — 84398de

Merge branch 'master' of https://github.com/Zx55/21Duck
Faymine committed 7 days ago — 83aa270

图 6.20 团队各成员当日使用 Git 进行了若干次提交

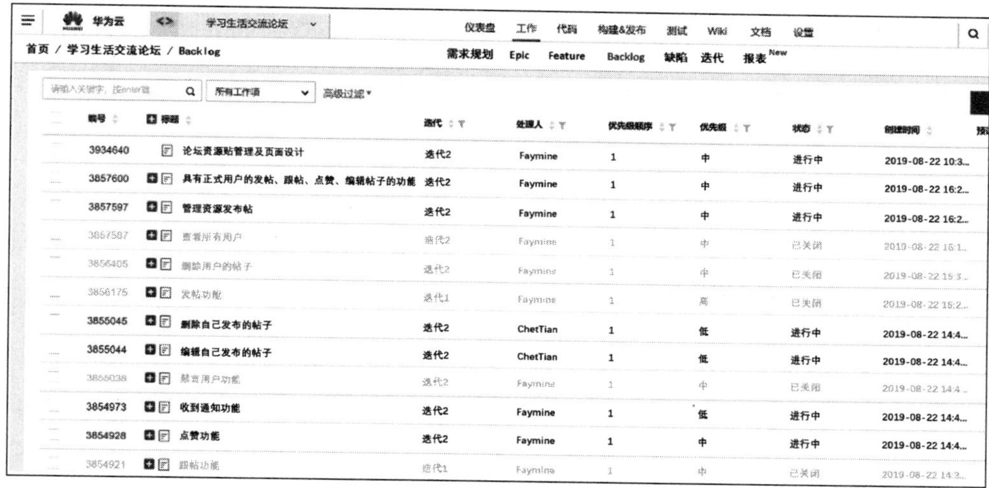

编号	标题	迭代	处理人	优先级顺序	优先级	状态	创建时间
3934640	论坛资源贴管理及页面设计	迭代2	Faymine	1	中	进行中	2019-08-22 10:3...
3857600	具有正式用户的发帖、跟帖、点赞、编辑帖子的功能	迭代2	Faymine	1	中	进行中	2019-08-22 16:2...
3857597	管理资源发布帖	迭代2	Faymine	1	中	进行中	2019-08-22 16:2...
3857587	查看所有用户	迭代2	Faymine	1	中	已关闭	2019-08-22 16:1...
3856405	删除用户的帖子	迭代2	Faymine	1	中	已关闭	2019-08-22 15:3...
3856175	发帖功能	迭代1	Faymine	1	高	已关闭	2019-08-22 15:2...
3855045	删除自己发布的帖子	迭代2	ChetTian	1	低	进行中	2019-08-22 14:4...
3855044	编辑自己发布的帖子	迭代2	ChetTian	1	低	进行中	2019-08-22 14:4...
3855038	禁言用户功能	迭代2	Faymine	1	中	已关闭	2019-08-22 14:4...
3854973	收到通知功能	迭代2	Faymine	1	低	进行中	2019-08-22 14:4...
3854928	点赞功能	迭代2	Faymine	1	中	进行中	2019-08-22 14:4...
3854921	跟帖功能	迭代1	Faymine	1	中	已关闭	2019-08-22 14:3...

图 6.21　团队的工作项截图

（1）硬件运行环境，如表 6.21 所示。

表 6.21　硬件运行环境

服务器	操作系统	Localhost via UNIX socket
	数据库	MySQL 5.7.18-MySQL Community Server (GPL)
	Web 服务器	Ubuntu 18.04
客户机	操作系统	Windows 10、MacOS Catalina
	应用	默认情况下，生成的项目支持所有现代浏览器

（2）支持软件运行环境，如表 6.22 所示。

表 6.22　支持软件运行环境

服务器	操作系统	Localhost via UNIX socket
	数据库	MySQL 5.7.18-MySQL Community Server (GPL)
	Web 服务器	Ubuntu 18.04
客户机	操作系统	Windows 10、MacOS Mojave
	应用	默认情况下，生成的项目支持所有现代浏览器，暂不支持 Internet Explorer 9，10，11

线上编译和部署针对前端和后端分别进行编译和部署。下面分两部分，分别对前端和后端的编译、部署进行介绍。

1. 前端的编译

在项目页面上方菜单栏中，选择“构建 & 发布”→“编译构建”选项，如图 6.22 所示。

在弹出的页面中，单击“新建任务”按钮，如图 6.23 所示。

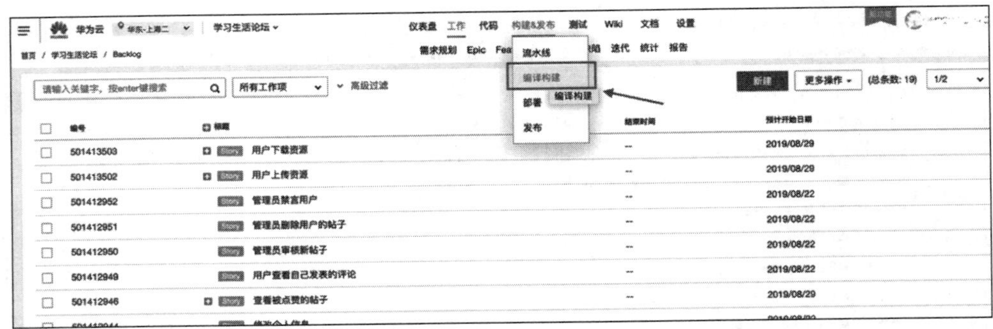

图 6.22 “编译构建”页面

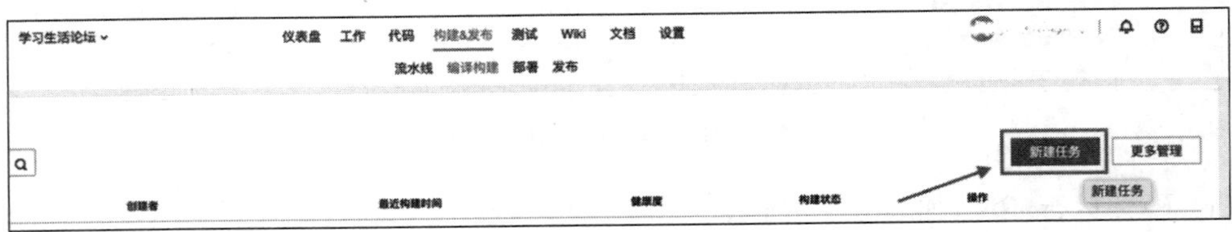

图 6.23 “新建任务”页面

在弹出的页面中，填写新建的编译构建任务的相关信息，如图 6.24 所示。填写好相关信息后，单击“下一步”按钮。

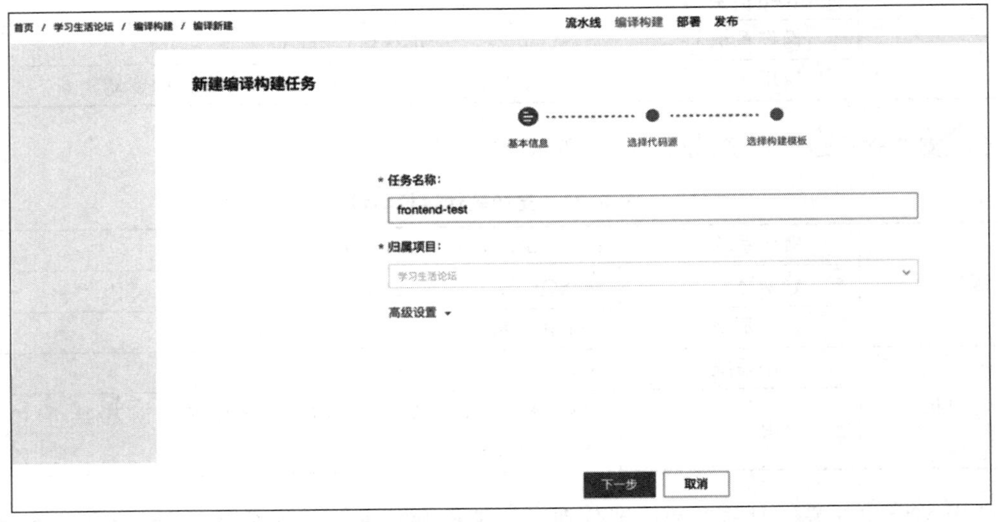

图 6.24 填写新建编译构建任务的相关信息

在接下来的页面中，选择编译构建的源码源、源码仓库以及分支，如图 6.25 所示。设置好之后，单击“下一步”按钮。该团队在此选择的源码源为 DevCloud，源码仓库为“21Duck”，分支为 Master。

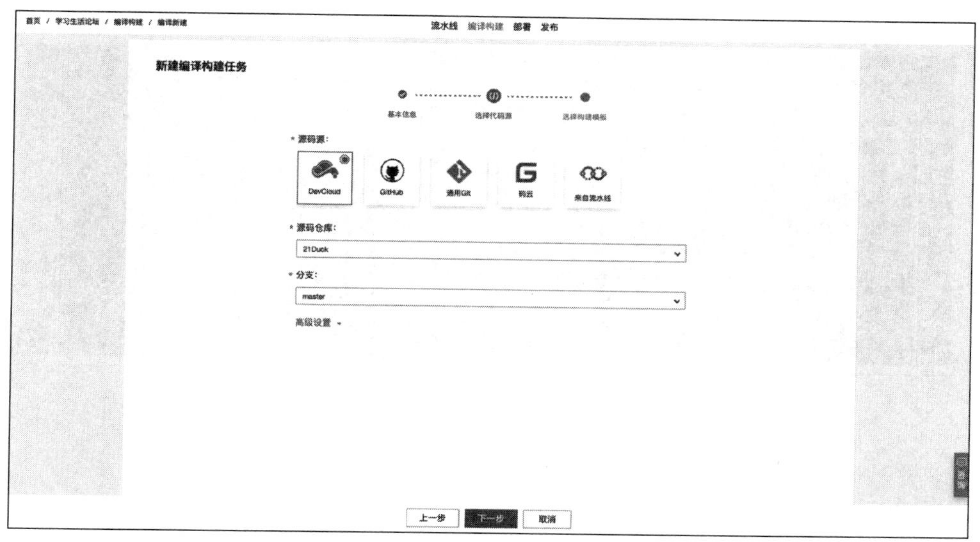

图 6.25　选择编译构建的源码源、源码仓库以及分支

在接下来的页面中，DevCloud 提供了 27 个系统模版。使用其中的 Yarn 模板进行编译构建。选中“Yarn”选项作为构建模板，单击“确定”按钮，如图 6.26 所示。

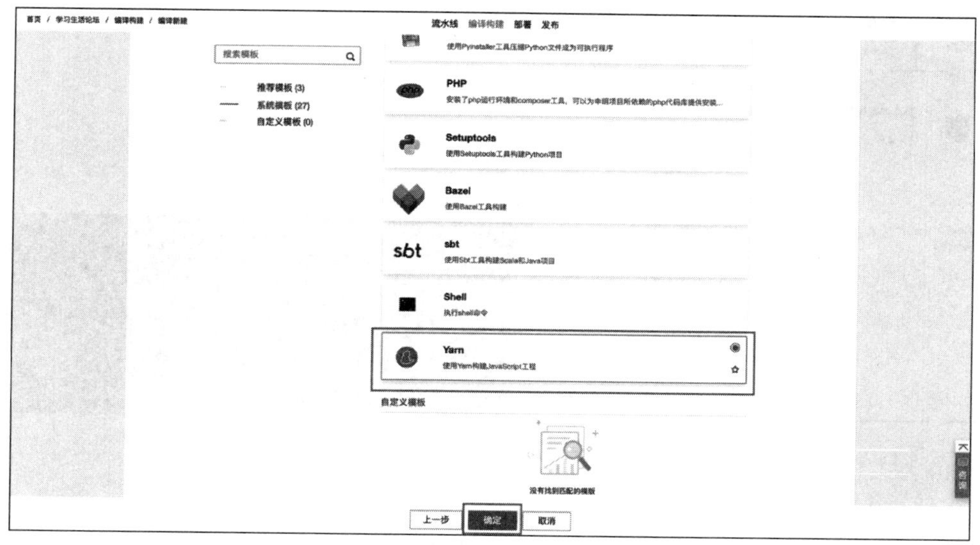

图 6.26　构建流程

对 Yarn 模板进行相关命令行的编写。DevCloud 的编译构建模块提供了编译构建模版，每个模板中包含指引开发者进行编译部署的案例命令行。以 Yarn 模版为例，DevCloud 提供的案例命令行，如图 6.27 所示。

对案例命令行进行分析，根据项目开发的实际情况，对命令行进行修改。在图 6.27 中，可以看出 Yarn 构建的关键命令行主要有 3 个。

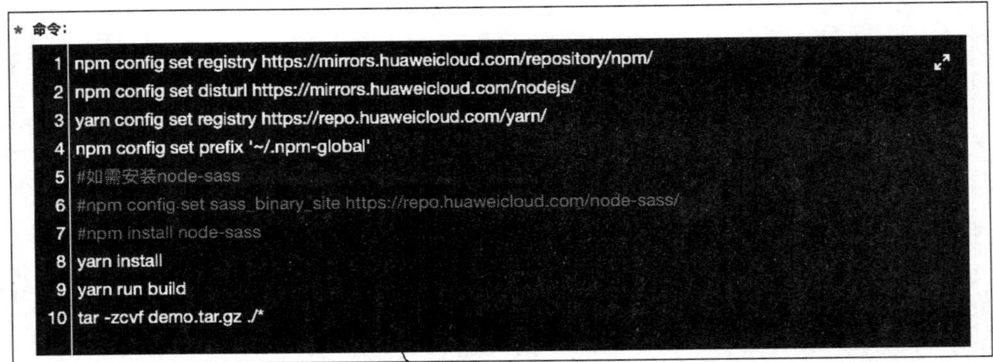

图 6.27　DevCloud 提供的案例命令行

(1) yarn install：该命令行旨在安装项目的全部依赖。

(2) yarn run build：该命令相当于 yarn build，旨在对项目进行打包。

(3) tar -zcvf demo. tar. gz ./*：该命令旨在将项目打包成 demo. tar. gz 并放在./*目录下。

根据项目的实际情况，对命令行进行适当修改，如图 6.28 所示。

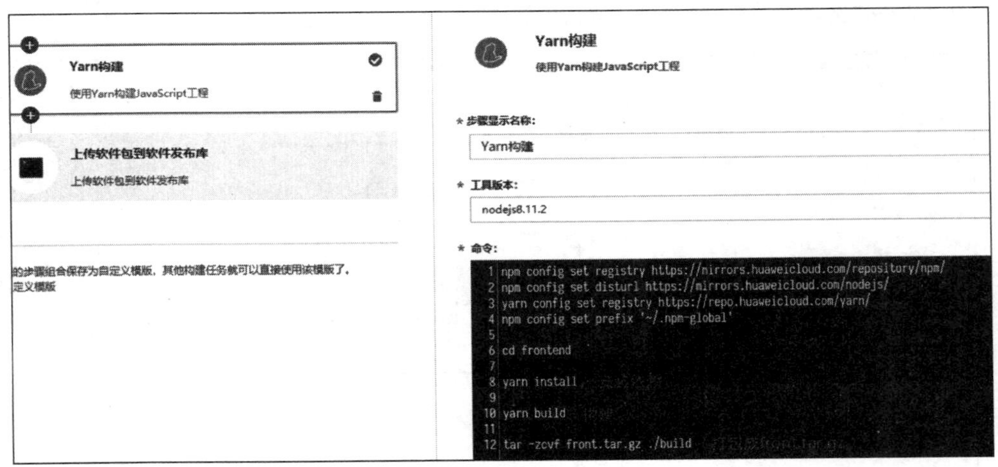

图 6.28　根据项目的实际情况，对命令行进行适当修改

选择“上传软件包到软件发布库”选项，在“上传软件包到软件发布库”模块，对构建包路径等信息进行填写，如图 6.29 所示。图 6.29 中的软件包的路径为./frontend/front. tar. gz。其中，front. tar. gz 为图 6.28 中的包的名字。

等待编译构建结果。编译构建成功的显示，如图 6.30 所示。如果在编译构建过程中出现问题，需要根据错误日志找到错误原因，查找、修改并删除相关命令，直到编译构建成功。

2. 前端的部署

在前端编译构建成功后，选择“部署”选项卡。在打开的页面中，单击“新建任务”按钮，如图 6.31 所示。

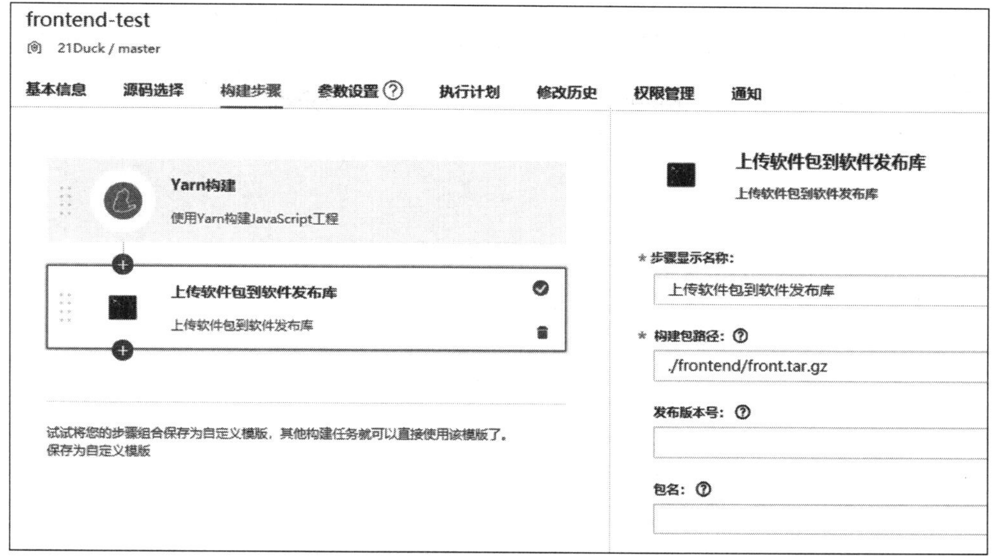

图 6.29　对构建包路径等信息进行填写

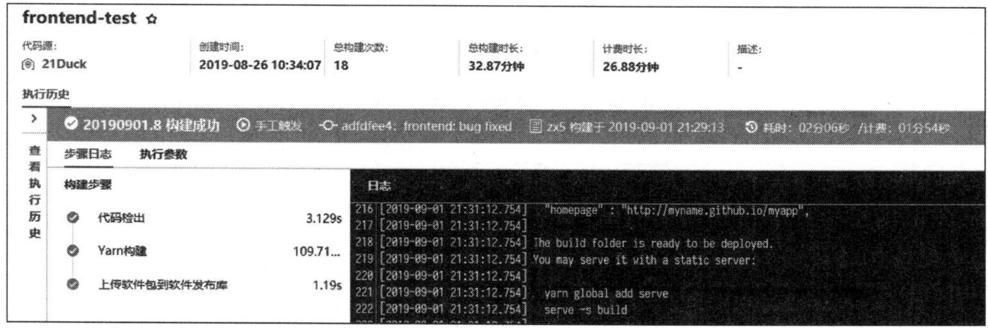

图 6.30　编译构建成功的显示

图 6.31　在打开的页面中,单击“新建任务”按钮

然后，填写部署任务的有关信息，如图 6.32 所示。填写完成后，单击“下一步”按钮。选择相应的系统模板进行构建。对于使用 Ant Design 框架的前端的部署，选择“不使用模版，直接创建”选项，如图 6.33 所示。

图 6.32 填写部署任务的相关信息

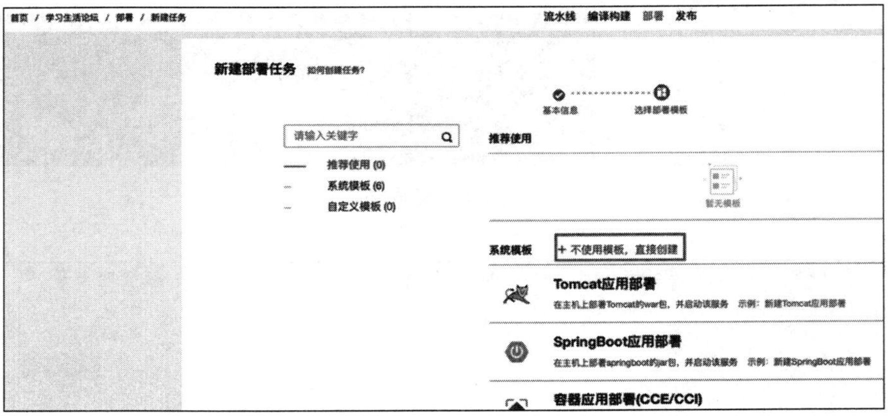

图 6.33 选择“不使用模版，直接创建”选项

在接下来弹出的页面中，选择“部署步骤”选项卡，如图 6.34 所示。DevCloud 提供了部署的常用步骤、文件操作、软件安装、容器类、所有步骤等步骤模版，可根据实际项目对部署步骤进行选择。使用 Ant Design 框架的项目在部署时，选择的部署步骤依次为“选择部署来源”→“解压压缩包”→“使用 pm2 部署前端”。其中，“解压压缩包”→“使用 pm2 部署前端”，通过选择“所有步骤”中的“执行 Shell 命令”步骤实现。

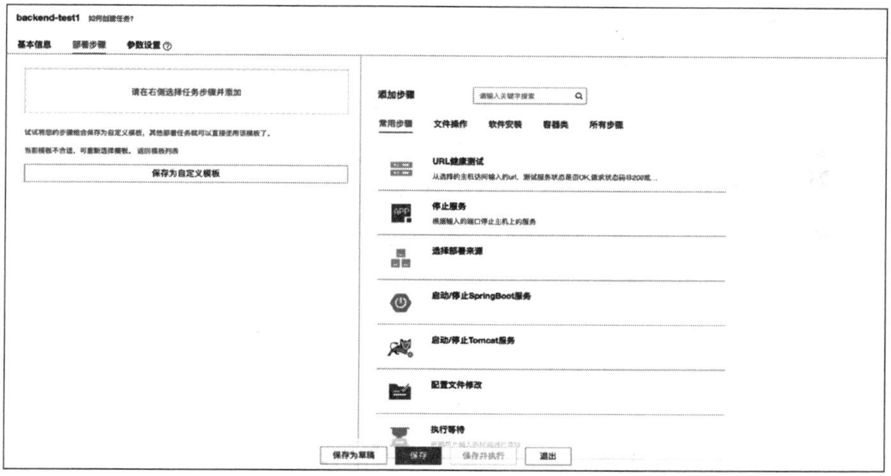

图 6.34　选择“部署步骤”选项卡

选择“选择部署来源”选项，对构建序号、下载到主机的部署目录等进行配置。“选择部署来源”的配置信息，如图 6.35 所示。

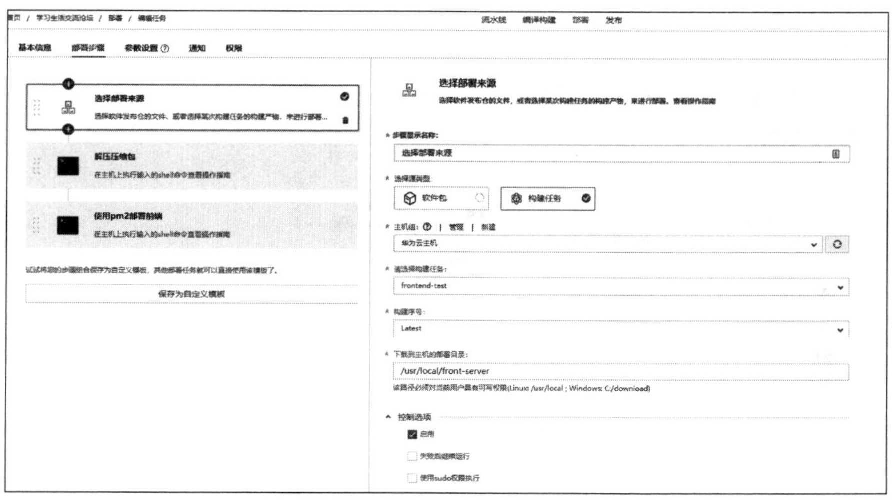

图 6.35　“选择部署来源”的配置信息

选择“执行 shell 命令”步骤，并修改步骤的显示名称。将步骤显示名称改为“解压压缩包”，并使用 shell 命令解压压缩包，如图 6.36 所示。

接着选择“使用 pm2 部署前端”选项，并在步骤的配置页对步骤显示名称进行修改，将步骤显示名称改为“使用 pm2 部署前端”。在“使用 pm2 部署前端”配置页，主要进行以下 3 个操作。

（1）编写 pm2 配置文件，使用命令为：

```
echo -e "var server = require('pushstate-server');
\nserver.start({\tport:80,\n\tdirectory:'./build'\n});" > server.js
```

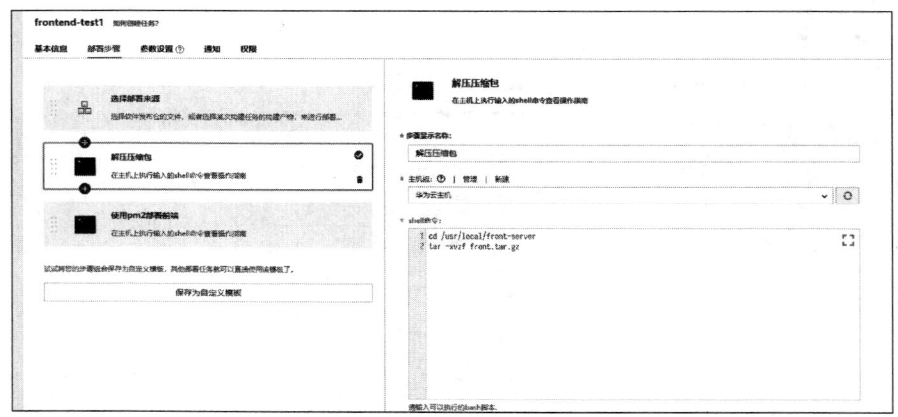

图 6.36　使用 shell 命令解压压缩包

(2) 停止所有已有的 pm2 服务,使用命令为:

```
pm2 stop all
```

(3) 启动 pm2 部署前端,使用命令为:

```
pm2 start server.js - name react01
```

使用 pm2 部署前端的详细命令,如图 6.37 所示。

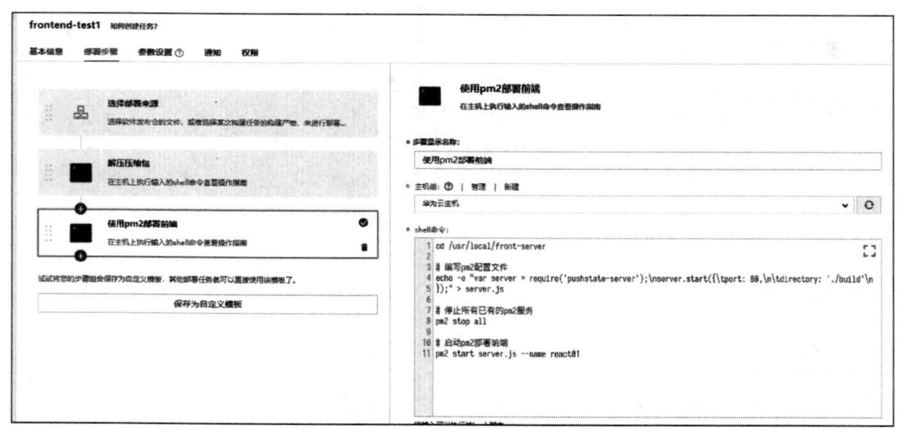

图 6.37　使用 pm2 部署前端的详细命令

完成以上步骤之后,单击“保存并运行”按钮,等待部署结果。部署成功的显示结果,如图 6.38 所示。如果在部署过程中出现部署失败的情况,则要耐心地阅读错误代码,找到出错的位置并进行修改,直至部署成功。

从图 6.38 中可以看到,前端部署的时间总共耗时 43s。使用 DevCloud 进行 Ant Design 框架的部署速度较快。

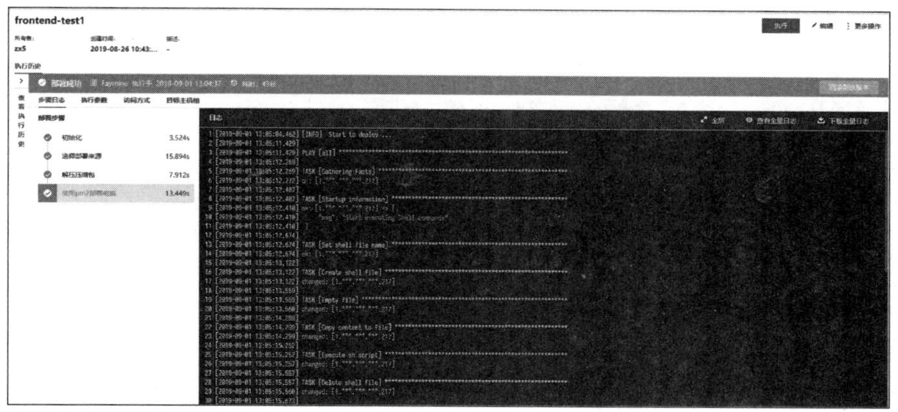

图 6.38　部署成功的显示结果

3. 后端的编译

后端编译步骤的前半部分步骤与前端的编译相似，在此不再赘述。

对后端代码进行打包，将后端代码打包并命名包为 back.tar.gz，如图 6.39 所示。

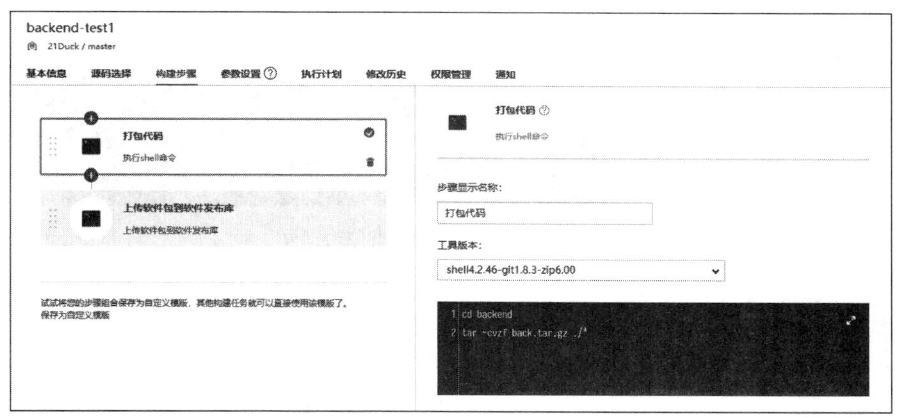

图 6.39　对后端代码进行打包

上传软件包到软件发布库，如图 6.40 所示。

单击构建下方“新建并执行”按钮，等待编译构建结果。后端编译构建成功的显示，如图 6.41 所示。

4. 后端的部署

后端部署前半段步骤的与前端部署相似，在此不再赘述。

创建好后端部署任务，并选择“不使用模版，直接创建”选项，按照“选择部署来源”→“解压压缩包”→“生成 static 文件”→“生成部署文件”→“使用 nginx 和 uwsgi 进行部署”的步骤，对后端进行部署。其中，“解压压缩包”→“生成 static 文件”→“生成部署文件”→“使用 nginx 和 uwsgi 进行部署”的步骤均使用 DevCloud 提供的“执行 shell 命令”步骤进行。

选择“选择部署来源”选项，并进行相关信息的填写，如图 6.42 所示。

图 6.40　上传软件包到软件发布库

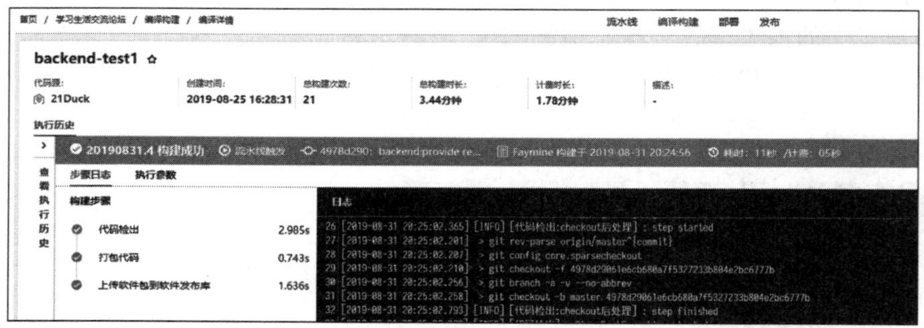

图 6.41　后端编译构建成功的显示

图 6.42　选择“选择部署来源”选项，并进行相关信息的填写

选择"执行 shell 命令",并将步骤显示名称改为解压压缩包。编写命令行,实现解压压缩包的功能,如图 6.43 所示。

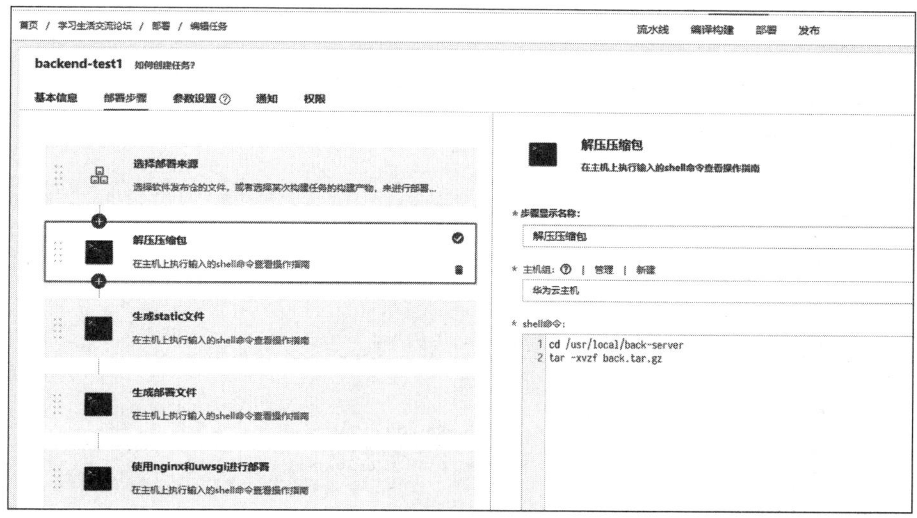

图 6.43 实现解压压缩包的功能

使用 Django 框架进行部署时,开发者需要生成后端所需要的静态文件。选择"执行 shell 命令"步骤,并将步骤显示名称改为生成 static 文件。在"生成 static 文件"步骤中,对命令行进行编写。生成 static 文件主要有两个步骤。

(1) 安装 Django 运行所需要的模块。

(2) 生成 Django 后端所需要的静态文件。

具体命令行如图 6.44 所示。

图 6.44 具体命令行

在使用 nginx 和 uwsgi 进行部署之前，需要对 nginx 和 uwsgi 的配置文件进行编写。对配置文件的编写，使用“执行 shell 命令”步骤实现。为了方便区分步骤实现的主要内容，将步骤显示名称改为生成部署文件。接着在 shell 命令下，输入相关配置命令。编写配置文件的命令，如图 6.45 所示。

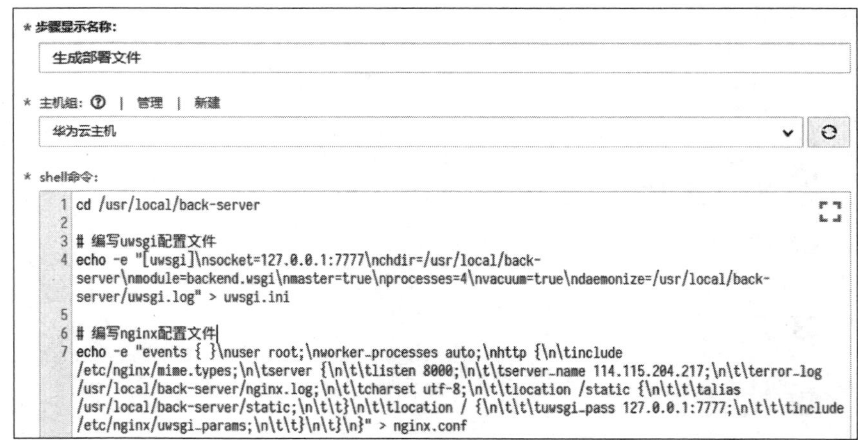

图 6.45　编写配置文件的命令

前面步骤完成了对 nginx 和 uwsgi 的配置。接下来需要启动 nginx 和 uwsgi。在启动之前，首先需要杀掉已经运行的 nginx 和 uwsgi 进程。接着需要将步骤显示名称改为生成部署文件。在 shell 命令中启动 nginx 和 uwsgi，如图 6.46 所示。

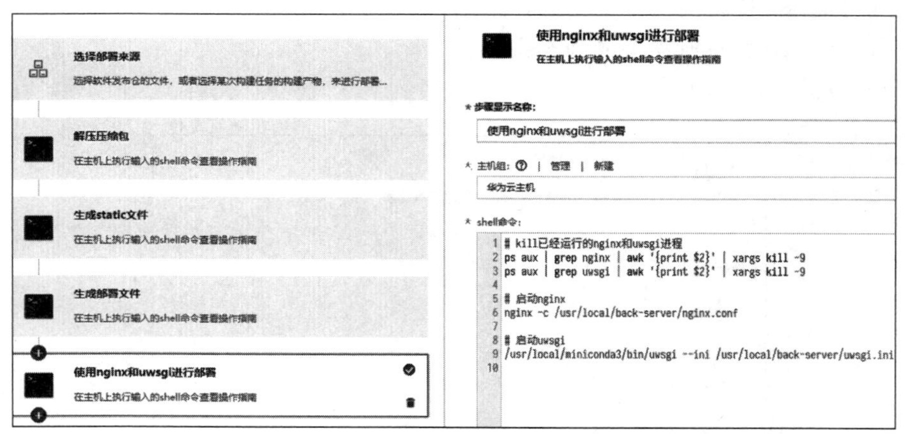

图 6.46　在 shell 命令中启动 nginx 和 uwsgi

单击“保存并执行”按钮，执行后端的部署。后端成功部署的结果，如图 6.47 所示。如果后端部署未成功，则需要仔细查看错误日志并进行修改，直至后端部署成功为止。

从图 6.47 中可以看出，使用 DevCloud 进行 Django 框架后端的部署，耗时 53s，部署速度较快。

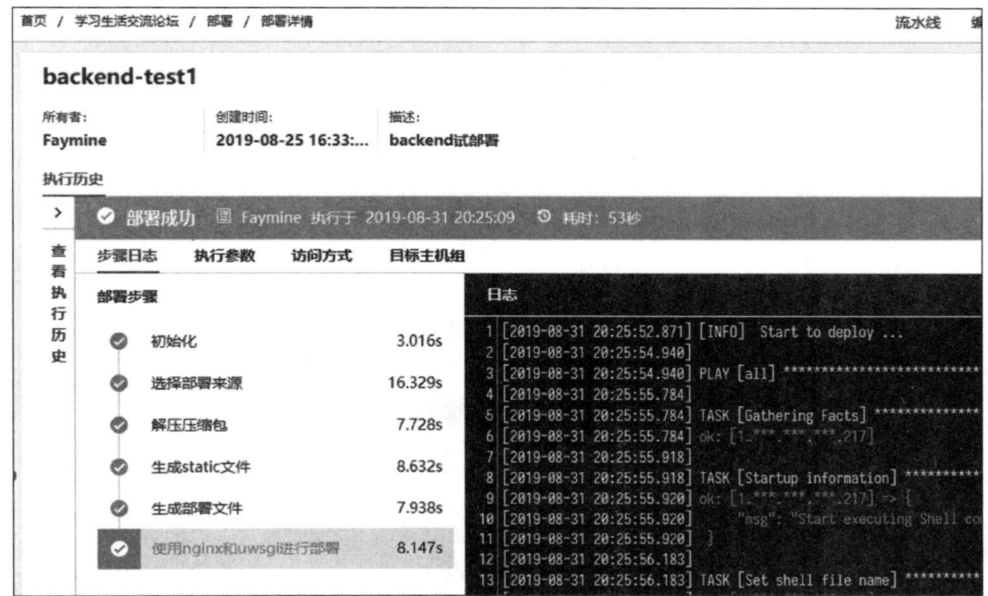

图 6.47　后端成功部署的结果

6.3.4　迭代回顾

经过第一次迭代后，大部分团队的项目已初具雏形。以某一团队的项目为例，该团队在迭代 1 内完成了用户注册、用户登录、查看帖子等功能。用户注册页面，如图 6.48 所示。用户登录页面，如图 6.49 所示。查看帖子页面，如图 6.50 所示。

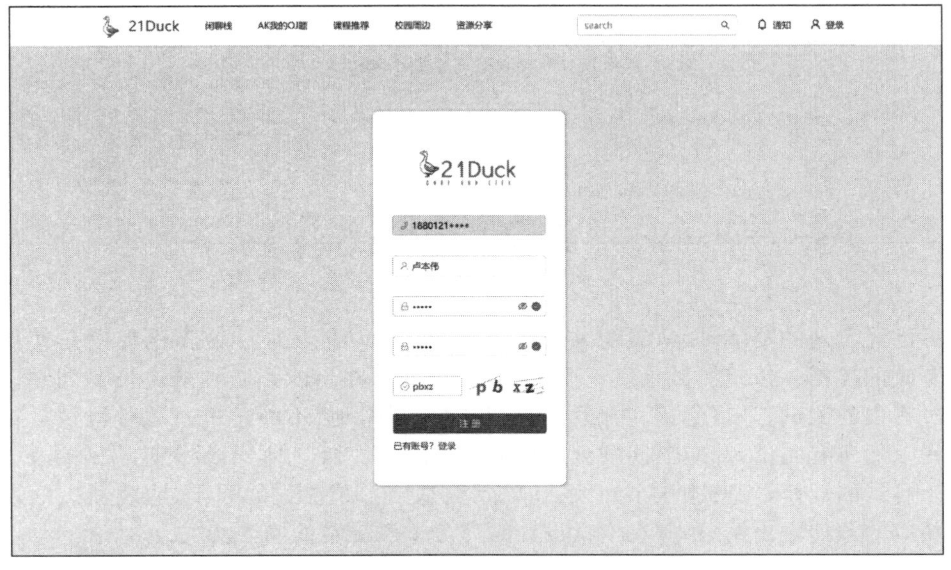

图 6.48　用户注册页面

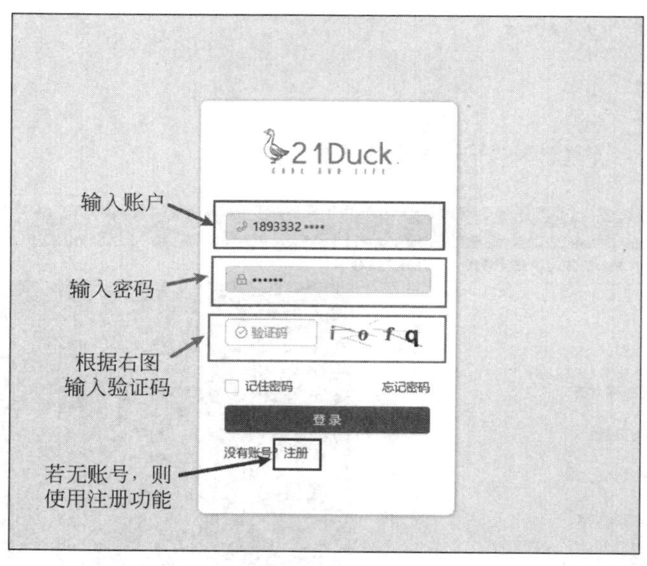

图 6.49 用户登录页面

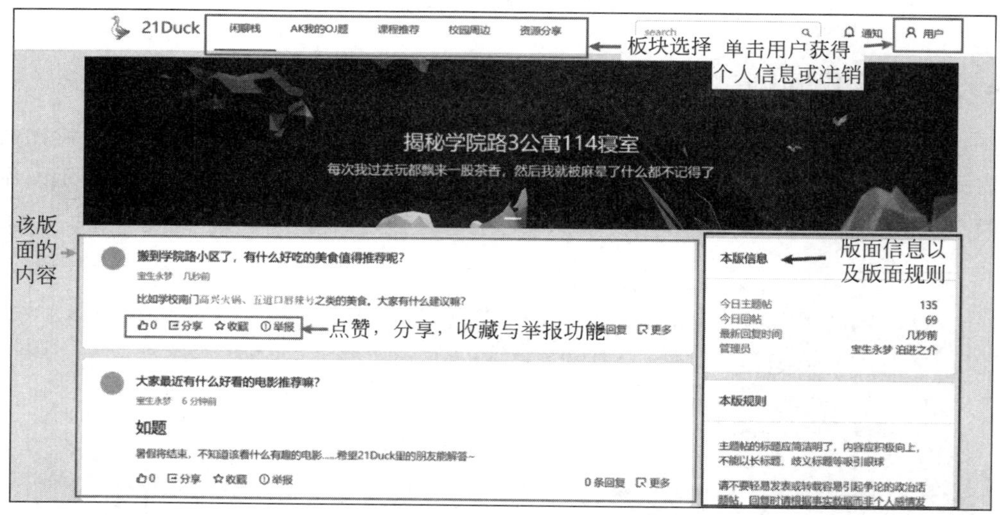

图 6.50 查看帖子页面

对于已经实现的功能，团队组织须进行功能测试和功能展示。测试的原则是使功能的质量得到有效的控制。传统测试是发现质量问题的手段，并不能预防和解决质量问题。而在敏捷开发过程中的测试，是将测试和开发过程相结合，尽早地、不断地进行软件测试。对于敏捷开发过程中的所有测试，都应该回溯到用户需求，在测试过程中应不断衡量测试的投入和产出比。对于测试的规模，应遵循从小到大、从单元测试到系统测试的原则，明确测试的输入预制条件和相应的预期输出结果，并在测试设计时充分考虑异常的输入情况。

6.4　第二次迭代

6.4.1　估算用户故事和拆分确认

第二次迭代主要针对项目尚未完成的功能进行设计和实现。

以某团队为例，第二次迭代的用户故事，如图 6.51 所示。

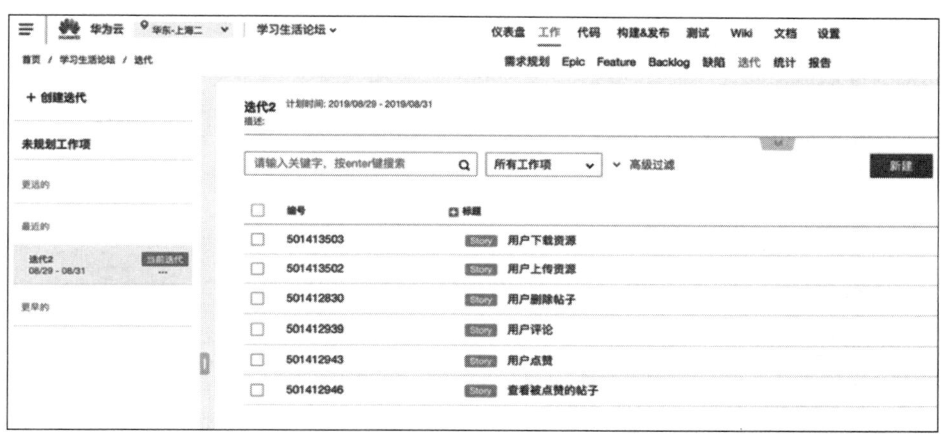

图 6.51　第二次迭代的用户故事

从图 6.51 中可以看出，该团队还有用户下载资源、用户上传资源、用户删除帖子、用户评论、用户点赞、查看被点赞的帖子等用户故事尚待实现。结合项目交付日期和 SWOT 原则，对于以上用户故事进行估算和划分，估算和划分用户故事，如图 6.52 所示。

图 6.52　估算和划分用户故事

6.4.2 按用户故事创建代码

在迭代 2 周期，同样使用结对编程的方法进行开发，以达到工作项的高效实现。同时，使用 Git 进行项目的版本控制，以某日某团队的版本控制为例，该团队当日对项目的提交记录（部分），如图 6.53 所示。可以看出，当日团队对分支进行了合并，并对个人信息页进行了部分修改。

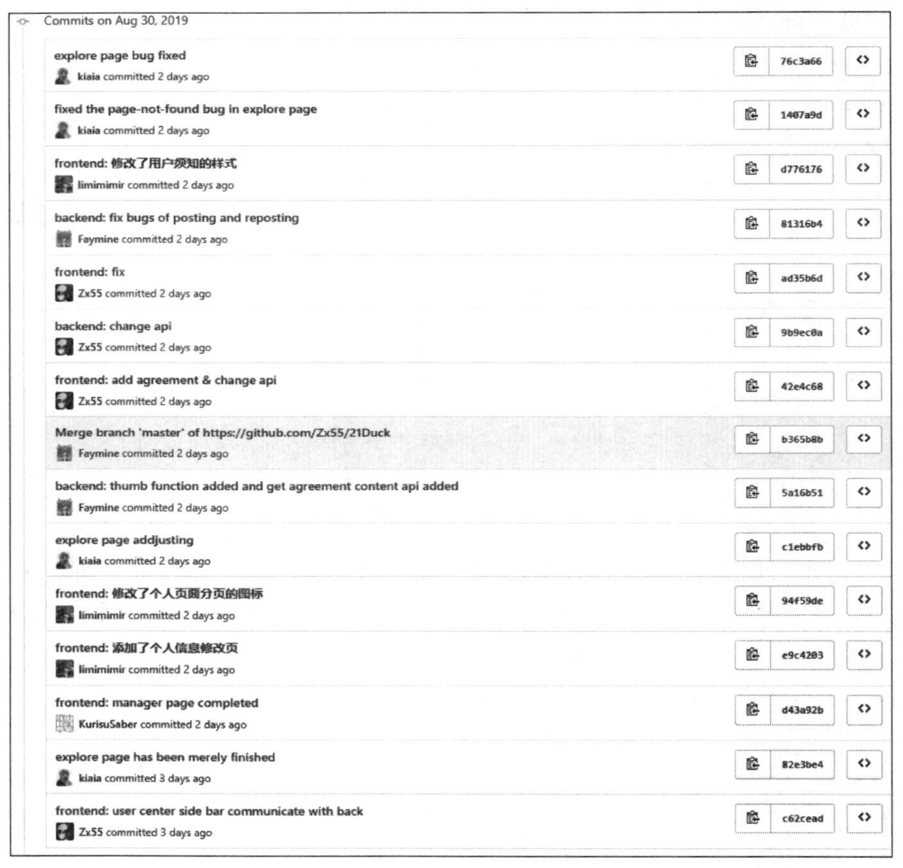

图 6.53 该团队当日对项目的提交记录（部分）

通过每日的工作项的完成情况以及所进行的代码托管与编译等操作，DevCloud 的仪表盘上会有相应的记录。以实践中的某一团队为例，该团队某一天的仪表盘截图，如图 6.54 所示。

对于第二次迭代进行每日的工作量追踪，以某团队为例，该日的工作项截图，如图 6.55 所示。

可以看出，截至当日，该团队在迭代 2 周期内的工作项优先级全部为“中等”，并且已经完成迭代 2 周期内总工作项数量的一半，但仍然有一部分功能没有完成。与理想剩余工作项相比，当日剩余工作项数量较多，因此该团队需要加快项目进度。

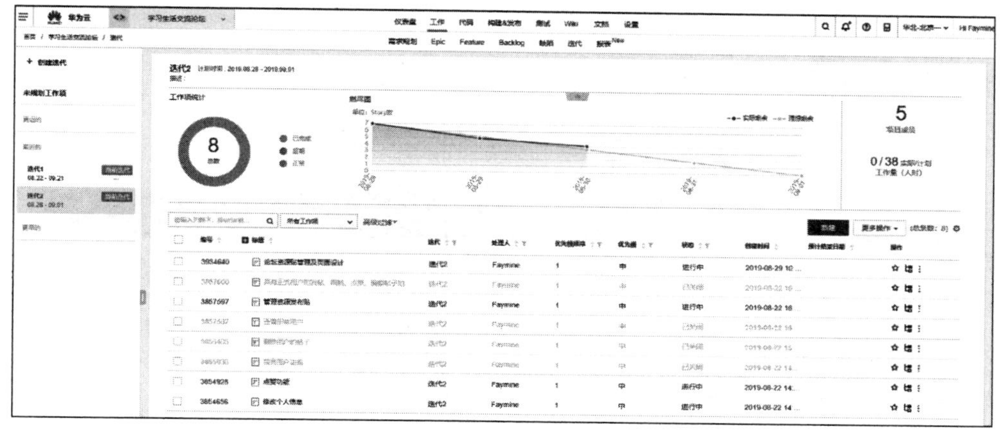

图 6.54　该团队某一天的仪表盘截图

请输入关键字，按enter键…　所有工作项　高级过滤　新建　更多

编号	标题	迭代	处理人	优先级顺序	优先级	状态	创建时间	预计结束日期
3934640	论坛资源贴管理及页面设计	迭代2	Faymine	1	中	进行中	2019-08-22 10:3...	
3857600	具有正式用户的发帖、跟帖、点赞、编辑帖...	迭代2	Faymine	1	中	进行中	2019-08-22 16:2...	
3857597	管理资源发布帖	迭代2	Faymine	1	中	进行中	2019-08-22 16:2...	
3857587	查看所有用户	迭代2	Faymine	1	中	已关闭	2019-08-22 16:1...	
3856405	删除用户的帖子	迭代2	Faymine	1	中	已关闭	2019-08-22 15:3...	
3855038	禁言用户功能	迭代2	Faymine	1	中	已关闭	2019-08-22 14:4...	
3854928	点赞功能	迭代2	Faymine	1	中	进行中	2019-08-22 14:4...	
3854656	修改个人信息	迭代2	Faymine	1	中	进行中	2019-08-22 14:4...	

图 6.55　该日的工作项截图

6.4.3　编译部署

对于项目编译和部署的具体步骤，请参考 6.3.3 节的内容。在第二次迭代时，使用 DevCloud 提供的流水线功能，对整个项目进行编译和部署。项目前端编译部署构建的流水线，如图 6.56 所示。项目后端编译部署构建的流水线，如图 6.57 所示。

6.4.4　迭代回顾

经过第二次迭代，各团队基本完成项目的开发和测试，可以投入使用。

以某团队为例，该团队在第二次迭代后，完成了发布帖子、发表评论、资源分享等功能的开发，同时根据第一次迭代的回顾会议总结的问题和经验，对整个项目的页面设计、排版布局等进行了修改，并且修复了项目的几个缺陷。以发表评论页为例，发表评论页的展示效果，如图 6.58 所示。

在第 2 次迭代过程中，通过每日站立会议，该团队对整个团队的状态进行实时更新，及时发现团队在开发等方面遇到的困难，实现了高效、定点、定时，提高了开发效率。该项目在 GitHub 上开放，项目总览如图 6.59 所示。

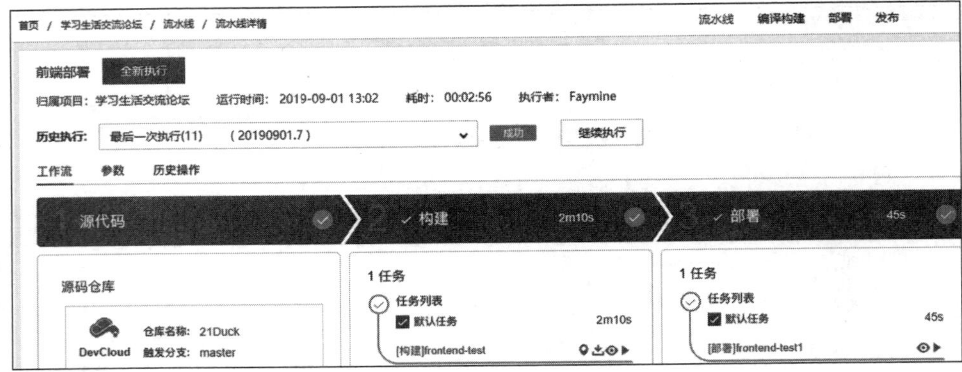

图 6.56　项目前端编译部署构建的流水线

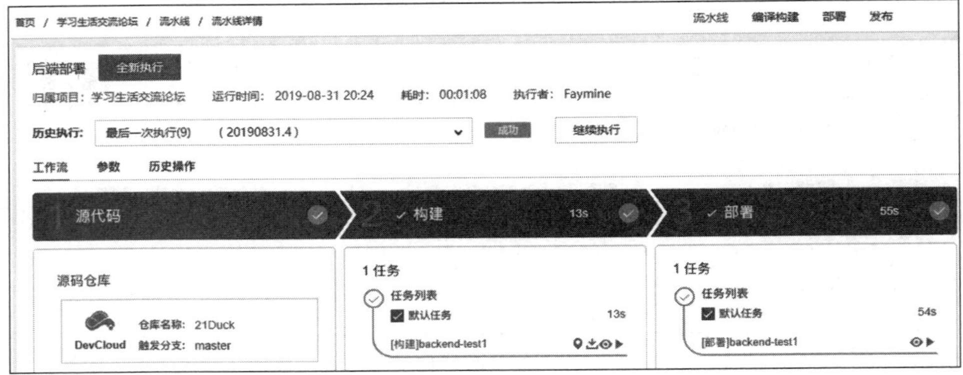

图 6.57　项目后端编译部署构建的流水线

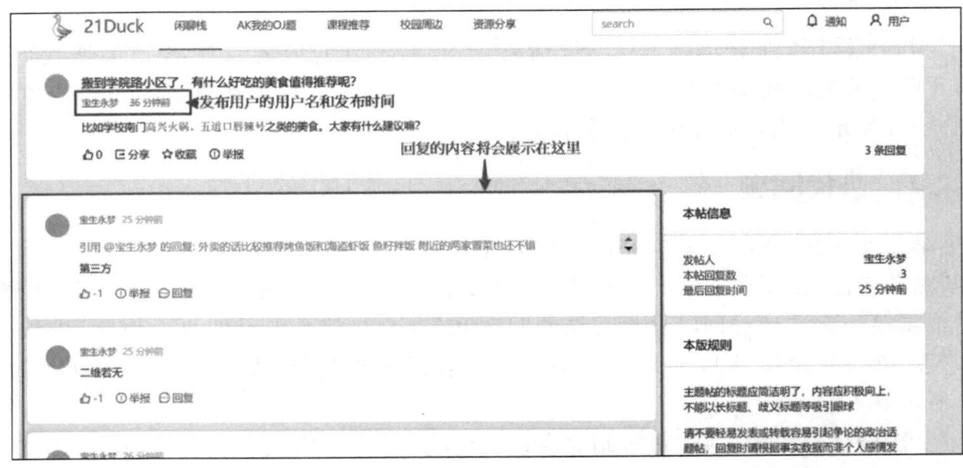

图 6.58　发表评论页的展示效果

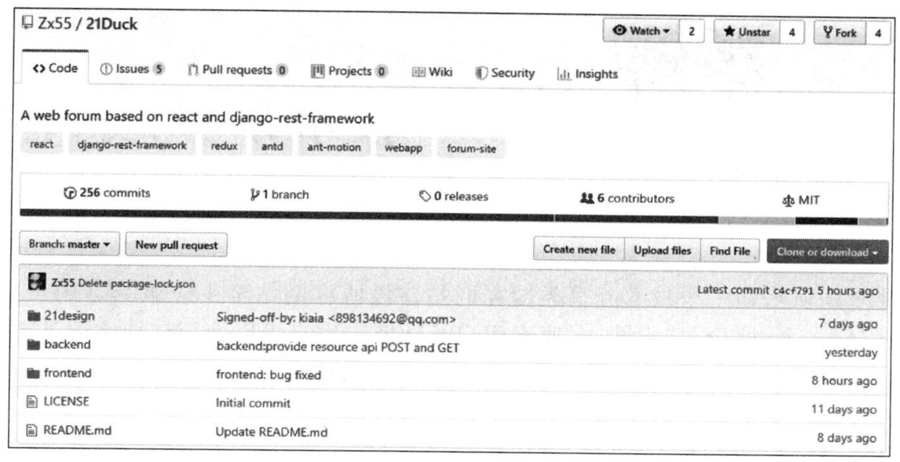

图 6.59　项目总览

6.5　项目总结

在项目完成编译和部署，实现发布之后，对整个项目进行总结。

整个项目从最初提出需求，到最终交付，总共经历了规划和设计、计划和跟踪、迭代开发、持续交付这 4 个过程。每个过程又包含若干个小环节。

团队在开发过程中，首先使用规划和设计中的需求讨论确定影像地图和故事地图，然后，根据故事地图创建产品故事列表(Product Backlog)和迭代故事列表(Sprint Backlog)，并在创建迭代故事列表后对用户故事和工作量进行了估算和拆分，为接下来的迭代开发打下基础。

在迭代开发过程中，团队使用迭代计划会议→每日站立会议→领取任务进行编码→迭代评审会议→回顾会议的循环过程，实现整个项目的迭代开发。通过定期总结项目问题和经验，提交代码并持续跟踪代码质量等方式，极大地提高了项目的开发效率。

在持续交付过程中，使用 DevCloud 提供的代码托管、代码检查、自动化构建、自动化部署、流水线管理等功能，实现了整个项目的测试、缺陷追踪，直到最终项目交付。整个项目开发的过程体现了端到端的一站式开发方法论和工具链，取得较好结果。

6.6　本章小结

本章以学习生活交流论坛这一项目为例，介绍了整个项目的华为云实践过程。各团队通过敏捷开发过程，使用 Scrum 模版，不断进行迭代增量开发，最终能够交付符合客户价值的产品。团队成员在开发过程中，共同参与计划制订和任务安排，以面对面交流为主要沟通渠道，快速确定需求和设定用户故事，是全方位的积极参与者。而 DevCloud 提供的项目管理功能使得各团队能够快速、高效地创建用户故事，查看当日工作项，追踪项目进展。DevCloud 提供的代码检查功能也为团队开发提供了方便、快捷、科学的代码质量检查。本案例是对敏捷开发和 DevCloud 的一次较好实践。

视频讲解

第7章

技术分享类博客网站

本章要求团队搭建一个技术分享类博客网站。该博客网站至少应该具有用户登录注册、博文撰写、用户主页、评论、搜索博文、搜索用户等功能。用户可以使用该博客网站进行技术分享与交流。整个开发过程分为两次迭代完成。第一次迭代将提出一些网站基础需求,第二次迭代将进一步提出新的需求,增加新的功能。

各团队需要完成的基本工作应包括如下9个方面。

(1) 基本页面至少应包括:主页、用户空间、博文浏览页面、博文编辑页面、搜索结果页面。

(2) 主页为用户访问网站最先看到的页面,需要展示推荐博文条目(如没有推荐算法可考虑展示分类板块等信息)。

(3) 用户空间应包含展示个人博文列表的对应板块,修改个人信息的板块等。

(4) 博文浏览页面应展示博文内容、题目、作者信息、博文类别以及提供评论入口。博文最好支持图片。

(5) 博文编辑页面需包含博文题目,内容的输入区域。作者可以为博文添加类别标签。

(6) 搜索结果页面按条目展示搜索结果,搜索可以选用全文匹配或者关键字(类别标签)匹配。

(7) 可采用邮箱或手机号码注册,做好登录注册信息传输安全方面的准备。

(8) 搜索结果页面需要展示搜索的结果条目,搜索应尽量精准快速。

(9) 页面美观,各页面之间风格统一。

本章为了尽量贴近实际敏捷开发流程,模拟实际开发中甲方需求变动的情况,提出了第二次迭代的新增需求。需求信息如下所述。

(1) 新增博文中插入图片功能(本地图片和网络图片都可以考虑)。

(2) 设计合理的推荐算法(可选做,完成此需求最好有大量数据支持,对服务器压力也较大,请酌情选择)。

(3) 新增资源下载功能(可以设计单独资源页,也可嵌入在博文页面)。

(4) 增加用户关注、文章点赞功能。

(5) 增加其他任何你可以想到的特色功能。

7.1 需求分析

本章针对上文提出的项目需求,首先进行需求分析,并与甲方展开讨论。随着开发过程的推进,进行修改所需要的时间和人力代价就越高,因此在开发设计开始之前与甲方充分沟通确定需求是非常必要的。因此实践第一天就要求各组同学讨论并确定需求内容，完成需求规划。

在需求分析时，可以首先确定系统的参与者，主要有游客、注册用户、管理员。

首先考虑游客，游客在博客网站的权限较少，其所需的基本功能是浏览博文、搜索博文、搜索用户和注册账号。而对于注册用户可以是网站内容的创作者，除了基础的博文浏览等功能，应该还需登录、编辑博文、发布博文、评论、收藏、关注、举报等功能。网站的管理员作为网站使用者中权限最高的用户群体除了普通用户所需的所有功能外，还需要进行博文审核、举报信息的处理等工作。

根据需求分析的结果可以大致将整个系统拆分成几个功能模块再进行之后的开发工作。本章的需求具有一定开放性，各小组可以在基本需求的基础上添加各自的特色功能，因此需求分析的各组结果不尽相同。

7.2 编写用户故事和制订迭代计划

完成需求分析后应将需求分析的结果记录下来以便开发工作的展开。下面以一团队的项目为例介绍后续的开发工作流程。该组同学敏捷开发流程全部在 DevCloud 进行。

7.2.1 编写用户故事

团队拿到需求之后首先需要进行需求规划与需求分解。在华为云上，通过对需求进行规划和分解，可以创建工作项并对其进行分类和整理。

该团队创建的工作项如下所述。

Epic 级别工作项共 1 个，如表 7.1 所示。

Feature 级别工作项共两个，如表 7.2 所示。

表 7.1　Epic 工作项

工 作 项 名	用户	优先级
完成一个技术分享类博客网站	用户	高

表 7.2　Feature 工作项

工 作 项 名	用户	优先级
游客的需求	游客	中
正式用户的需求	正式用户	高

用户故事级别工作项共 7 个，如表 7.3 所示。

表 7.3　用户故事工作项

工作项名	用户	优先级	工作项名	用户	优先级
注册	游客	高	用户动态	正式用户	中
登录	已注册但未登录的游客	高	搜索博文	正式用户	中
修改用户信息	正式用户	中	评论博文	正式用户	中
写博文	正式用户	中			

任务级别工作项共 19 个，如表 7.4 所示。

表 7.4　任务工作项

工作项名	优先级	工作项名	优先级
使用邮箱登录	高	查看其他用户信息和博客	中
邮箱注册	高	访问自己的主页	中
为登录功能增加安全性	高	时光轴	低
为注册功能增加安全性	中	用搜索引擎搜索	高
用户编辑博文文字	中	类别(关键字)匹配检索	高
用户为博文增加类别标签	中	根据用户名检索用户	低
用户发表博文	中	根据用户 ID 检索用户	低
修改个人信息	中	关注其他用户	低
修改密码	中	点赞其他用户博文	低
修改头像	低		

该团队按照 Scrum 框架的标准流程很好地完成了需求规划和需求分解。该团队在 DevCloud 项目管理中创建了对应的工作项和需求规划图。工作项描述详细，优先级评级合理。

需求分层的目的主要是确定用户故事，该团队在需求分层过程中采用了将需求逐级分解的方式，得到了 Epic、Feature、用户故事、任务逐层细化的需求工作项。在实际需求分析的过程中，根据情况决定是否允许独立的用户故事存在，并不是非要分解出三级需求。任务允许以用户故事直接分发，也不是一定要拆分出任务。

Epic 的粒度比较大，需要分解为 Feature，并通过 Feature 继续分解细化为用户故事来完成最终的开发和交付。该组创建的 Epic 工作项如图 7.1 所示。完成一个技术分享类博客网站是本章的最终目标，可以视为是一个 Epic 级别的工作项。在工作项描述部分也指明了该工作项的意义。

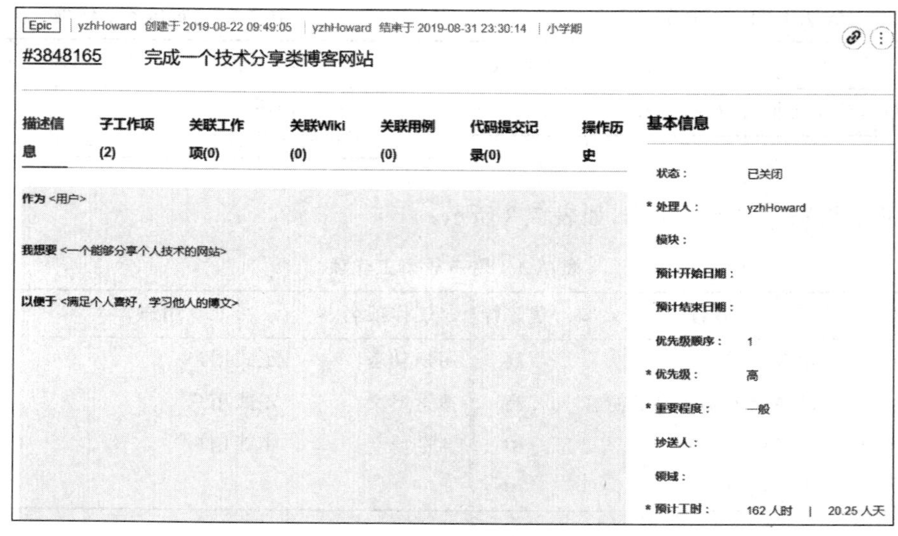

图 7.1　Epic 工作项截图

Feature 的重要性介于 Epic 和用户故事之间，起到承上启下的作用。该组创建的 Feature 工作项示例如图 7.2 所示。“正式用户的需求”相对于“完成一个技术分享类博客网站”是一个更为细分的需求，但又不至于很细致，因此作为一个 Feature 级别的工作项是恰当的。

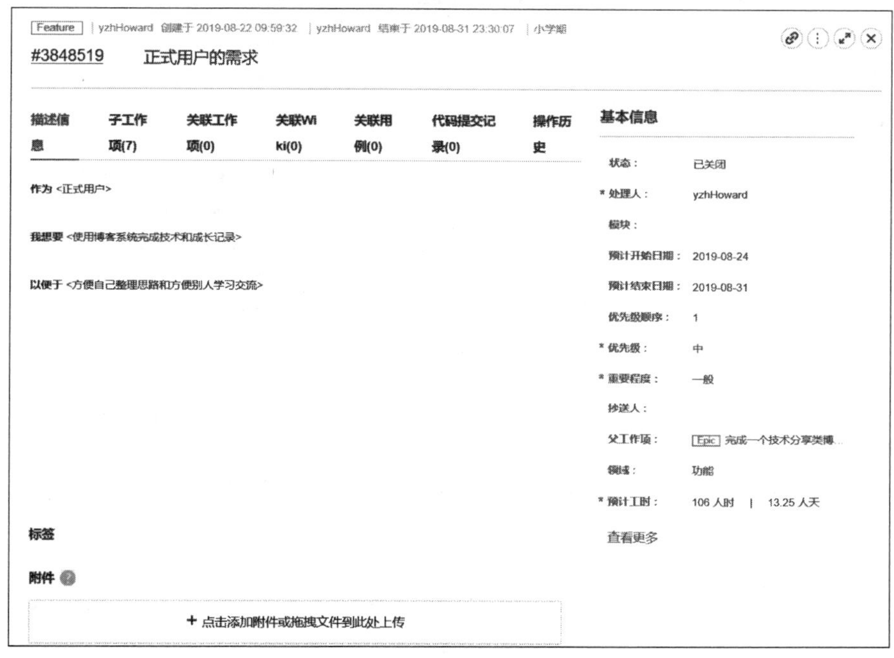

图 7.2　Feature 工作项截图

用户故事是从用户角度对产品需求的详细描述，更小粒度的功能。该组创建的用户故事示例如图 7.3 所示。评论博文是一个粒度比较小的细分需求，可以作为一个用户故事。通过该用户故事的描述信息可以知道，该需求面向的对象是博客平台的“正式用户”，用户使用该功能的目的是评论自己和他人的博文，使用该功能可以达到和其他用户互动、相互交流学习的效果。

任务由用户故事分解而来，并会被分配给具体的团队成员。该组创建的任务示例如图 7.4 所示。每个任务一般之后会由一个开发者实现。

该团队创建的各工作项都完整地包含了描述信息、处理人、起止日期、优先级、预计工时等重要的工作项信息。这些工作项在后续的开发工作中可以起到很好的指导作用。同时，该组也通过子工作项的形式可以很好地完成需求分解，该团队得到的需求规划图如图 7.5 所示。

7.2.2　制订迭代计划

在需求分析完成后，在进行迭代开发之前需要先讨论制订每轮迭代的迭代计划。在制订迭代计划时应结合工作项的重要程度和优先级信息，确定哪些工作应该优先完成并划分迭代轮次，同时要将任务工作项分配给开发者。

在 DevCloud 平台中，迭代计划可以随时在 Backlog 页面查看。某团队在本次实践中

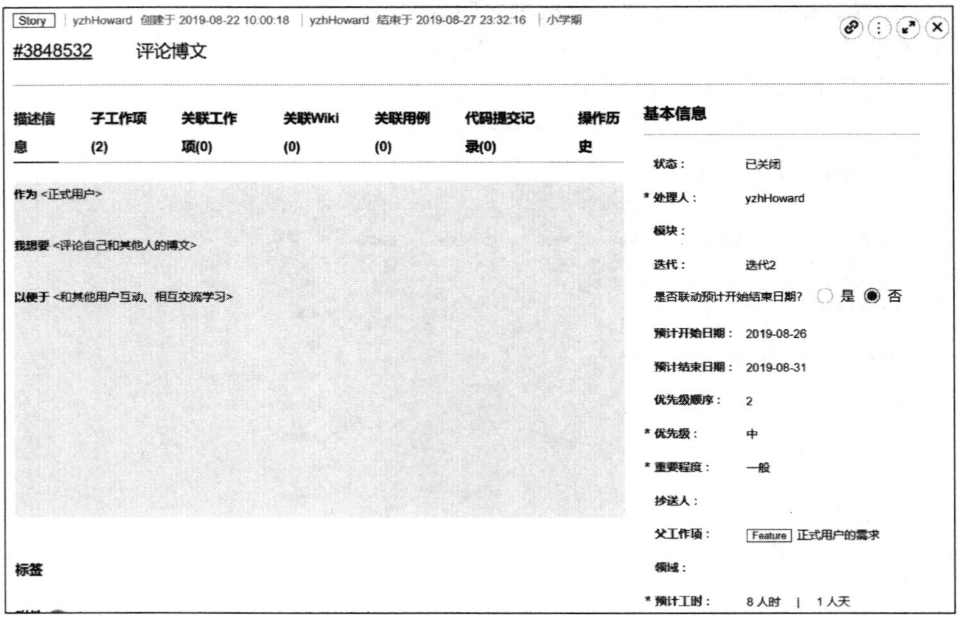

图 7.3 用户故事工作项截图

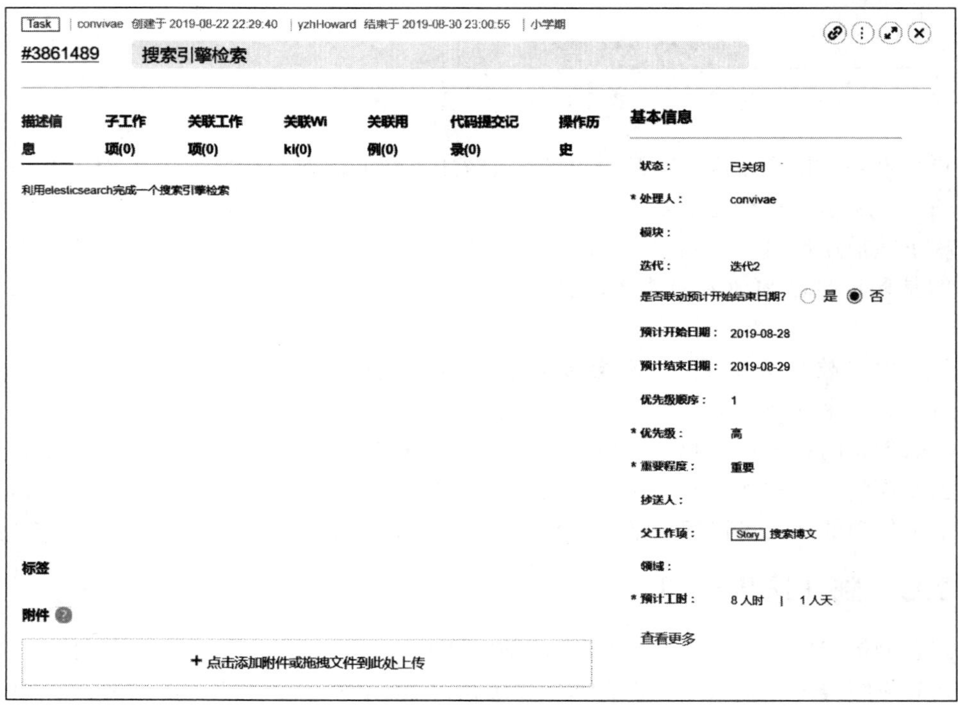

图 7.4 任务工作项截图

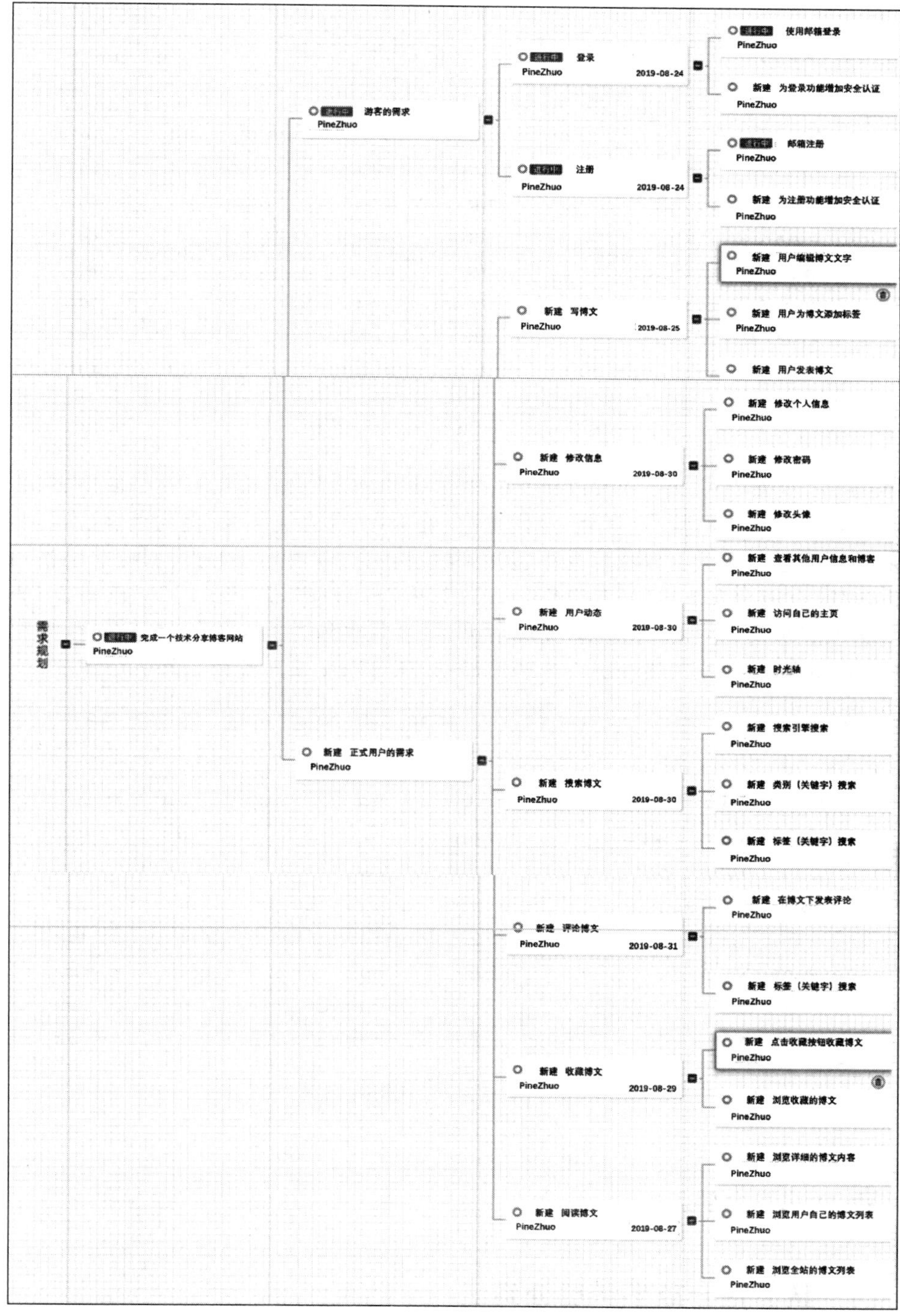
需求规划
进行中 完成一个技术分享博客网站
PineZhuo
进行中 游客的需求
PineZhuo
进行中 登录
PineZhuo 2019-08-24
进行中 使用邮箱登录
PineZhuo
新建 为登录功能增加安全认证
PineZhuo
进行中 注册
PineZhuo 2019-08-24
进行中 邮箱注册
PineZhuo
新建 为注册功能增加安全认证
PineZhuo
新建 写博文
PineZhuo 2019-08-25
新建 用户编辑博文文字
PineZhuo
新建 用户为博文添加标签
PineZhuo
新建 用户发表博文
新建 正式用户的需求
PineZhuo
新建 修改信息
PineZhuo 2019-08-30
新建 修改个人信息
PineZhuo
新建 修改密码
PineZhuo
新建 修改头像
PineZhuo
新建 用户动态
PineZhuo 2019-08-30
新建 查看其他用户信息和博客
PineZhuo
新建 访问自己的主页
PineZhuo
新建 时光轴
PineZhuo
新建 搜索博文
PineZhuo 2019-08-30
新建 搜索引擎搜索
PineZhuo
新建 类别（关键字）搜索
PineZhuo
新建 标签（关键字）搜索
PineZhuo
新建 评论博文
PineZhuo 2019-08-31
新建 在博文下发表评论
PineZhuo
新建 标签（关键字）搜索
PineZhuo
新建 收藏博文
PineZhuo 2019-08-29
新建 点击收藏按钮收藏博文
PineZhuo
新建 浏览收藏的博文
PineZhuo
新建 阅读博文
PineZhuo 2019-08-27
新建 浏览详细的博文内容
PineZhuo
新建 浏览用户自己的博文列表
PineZhuo
新建 浏览全站的博文列表
PineZhuo

图 7.5　需求规划图

Backlog 页面如图 7.6 所示。

首页 / blog / Backlog　　需求规划　Epic　Feature　Backlog　缺陷　迭代　报表New

请输入关键字，按enter...　所有工作项　高级过滤▾

编号	标题	迭代	处理人	优先级顺序	优先级	状态
3853807	关注的用户和用户动态	迭代1	khunkin	1	低	新建
3853790	修改个人信息	迭代1	khunkin	1	中	新建
3853786	个人博文列表	迭代1	wo_jiao_bu_zh...	1	中	新建
3853714	个人信息简介	迭代1	khunkin	1	中	新建
3853712	登录注册入口	迭代1	khunkin	1	中	新建
3853704	登录	迭代1	wo_jiao_bu_zh...	1	高	新建
3853703	注册	迭代1	wo_jiao_bu_zh...	1	高	新建

图 7.6　DevCloud Backlog 页面

在 Backlog 页面中可以看到改组所有的工作项，页面展示的信息可以由使用者自定义，该小组展示了每个工作项的编号、标题、迭代轮次、处理人、优先级顺序、优先级、状态、创建时间、预计结束时间信息。由于工作项信息中包括了状态信息，随着项目开发的推进，工作项的状态也会发生改变，可能会发生由“新建”转换为“进行中”再到“测试中”最后到“已解决”的状态转变过程。从该团队几天后的 Backlog 页面情况，可以观察到各工作项的状态变化，如图 7.7 所示。因此 Backlog 不仅可以展示制订的迭代计划，还可以反映出开发工作进度情况。

首页 / blog / Backlog　　需求规划　Epic　Feature　Backlog　缺陷　迭代　报表New

请输入关键字，按enter...　所有工作项　高级过滤▾

编号	标题	迭代	处理人	优先级顺序	优先级	状态
3853807	关注的用户和用户动态	迭代1	khunkin	1	低	测试中
3853790	修改个人信息	迭代1	khunkin	1	中	测试中
3853786	个人博文列表	迭代1	wo_jiao_bu_zh...	1	中	已解决
3853714	个人信息简介	迭代1	khunkin	1	中	已解决
3853712	登录注册入口	迭代1	khunkin	1	中	已解决
3853704	登录	迭代1	wo_jiao_bu_zh...	1	高	已解决
3853703	注册	迭代1	wo_jiao_bu_zh...	1	高	已解决

图 7.7　DevCloud Backlog 页面

7.3　第一次迭代

7.3.1　估算用户故事和拆分确认

在开始代码编写之前要做好用户故事开发用时的估算，对于一些实现难度较高或工作量较大的用户故事，可以采用拆分的方法，将其拆分为更细的工作项，再交由开发者完成。具体可以采用在一个工作项下新建子工作项的拆分方法。

在开始的需求分析阶段，当前分析的团队就做了较为细致的需求拆分，因此这里举例分析一下该组的工作项拆分结果。

该团队使用 DevCloud 进行工作项的创建，并通过工作项－子工作项的关系构成了树状分支结构，以游客的需求为例进行分析。游客需求部分工作项分支如图 7.8 所示。游客的需求作为一个 Feature 级工作项是一定要进行细分的，该团队将这个工作项拆分为了登录与注册两个用户故事。针对登录这个用户故事，可以看到该组选择了使用邮箱进行登录。考虑到登录涉及账号信息等一系列用户隐私问题，该团队想加强登录模块的安全性。由于登录模块的前后端开发与登录过程中涉及的网络安全问题属于不同的技术领域，由有不同专长的开发者分别进行开发更合适，出于这样的考虑，该团队将登录模块的开发拆分为使用邮箱登录和为登录功能增加安全性两个子工作项进行开发。同样的思路也运用到了注册模块的拆分中。

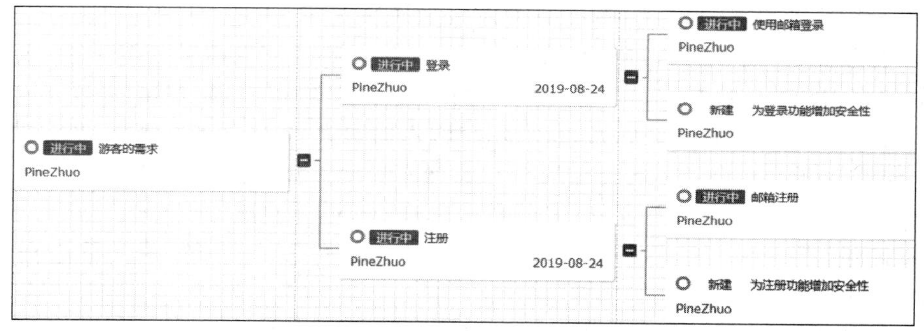

图 7.8　游客需求工作项

该团队对于搜索博文用户故事也进行了拆分，但拆分的原因与之前有所不同。搜索博文工作项分支如图 7.9 所示。搜索系统的构建是一项工作量较大的工程，主要涉及搜索系统的前后端交互与搜索系统的算法构建。该团队也考虑到其工作量大、难度高的特点，将搜索博文用户故事进行了拆分。拆分出的工作项有搜索引擎搜索、类别（关键字）搜索、标签（关键字）搜索。这三个工作项对应了该组设计的三种搜索场景，搜索引擎搜索需要开发者构建搜索引擎。类别关键字搜索和标签关键字搜索是该组的两种搜索方式，每种搜索方式都有较大的工作量，因此将搜索博文系统进行了拆分。

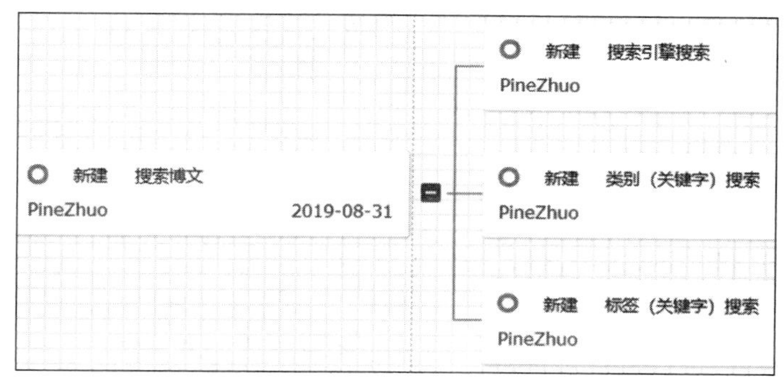

图 7.9　搜索博文工作项

7.3.2 按用户故事创建代码

该团队在开发中做了非常细致的技术选型并创建了 Git 仓库进行代码管理。DevCloud 支持直接拉取 GitHub 仓库代码，所以该团队选择了在 GitHub 创建项目。

在前端，该团队使用 Vue 作为基本框架，结合了 Element UI、BootStrap 和 iView 的优点，对不同的部分使用更合适的 UI 框架，使界面更加美观，并使用 axios 作为前后端交互框架，Vue Router 作为前端路由、nginx 作为前端服务器。

在后端，该团队选择 Java 作为开发语言，使用 Spring Boot 作为开发框架，并使用 Apache Shiro 作为鉴权层，Redis 作为缓存层，Alibaba Druid 作为数据库连接池，MyBatis＋MyBatis-Plus 作为持久层框架，日志管理使用 SLF4J，消息队列使用 RabbitMQ，搜索层使用 Elastic Search，后端服务器使用 Tomcat。

为了保障用户的隐私，该组对用户的个人信息使用了 RSA 和 SHA256 混合的方式进行加密处理。在登录、注册、重置密码、修改密码时，前端向后端发送请求获取 RSA 公钥和对应的 uuid，后端将 RSA 私钥和 uuid 存入 Redis，前端将用户输入的信息加密后与 uuid 一起送入后端，后端使用 uuid 取出私钥并解密，获取用户输入的明文，再将密码用 SHA256 处理后存入数据库，这样便保证了用户隐私的传输安全和数据库安全。对于需要用户权限的操作，该团队使用 Shiro 对用户的权限进行限定，前端需要发送 token 进行验证，避免越权操作。

在数据库设计上，该团队尽可能地通过使用外键避免冗余存储，并尽量避免动态拼接 SQL 和添加关键词匹配规则防止 SQL 注入。

该团队的技术选型非常出色，采用了一些常用的框架，尤其是在系统安全性方面做了大量的工作，考虑问题比较周全。

该团队同学的代码管理通过 Git 实现，采用前后端分离、前后端同时开发的开发模式，前后端各有一个代码仓库。所有前端(后端)开发人员共用同一个代码仓库，通过创建新的分支提交再合并的方式完成代码仓库中代码的更新迭代。

该团队进行 commit 操作时的部分代码提交记录如图 7.10 所示。

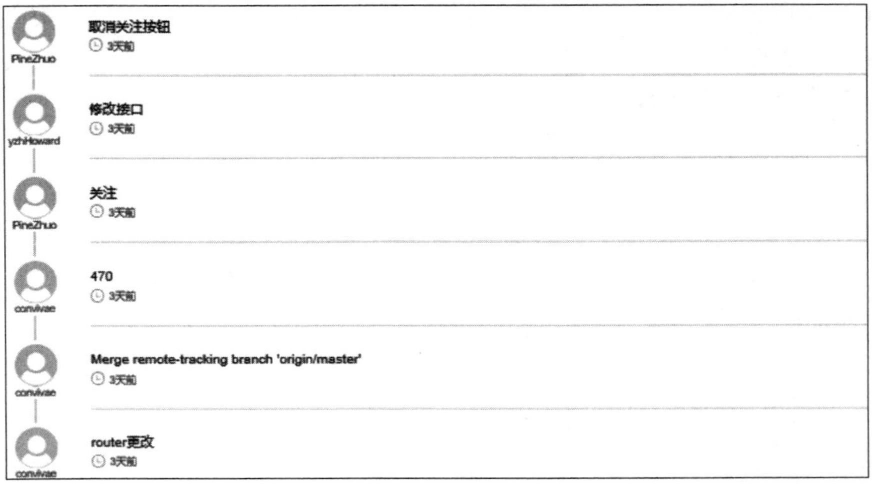

PineZhuo 取消关注按钮 3天前

yzhHoward 修改接口 3天前

PineZhuo 关注 3天前

convivae 470 3天前

convivae Merge remote-tracking branch 'origin/master' 3天前

convivae router更改 3天前

图 7.10　部分代码提交记录截图

从图7.10中可以看出，该团队提交代码更新时都附上了简单易懂的附加描述信息，代码更新迭代控制合理可靠。

7.3.3　编译部署

本次开发借助DevCloud完成，因此编译部署通过DevCloud的编译构建、部署功能在线上完成。由于项目采用前后端分离的开发模式，前后端分别进行线上的编译部署。

1. 前端编译构建

新建编译构建任务，命名为New-Frontend，前端代码位于代码仓库：New-Frontend中，选择此代码仓库。源代码选择界面如图7.11所示。

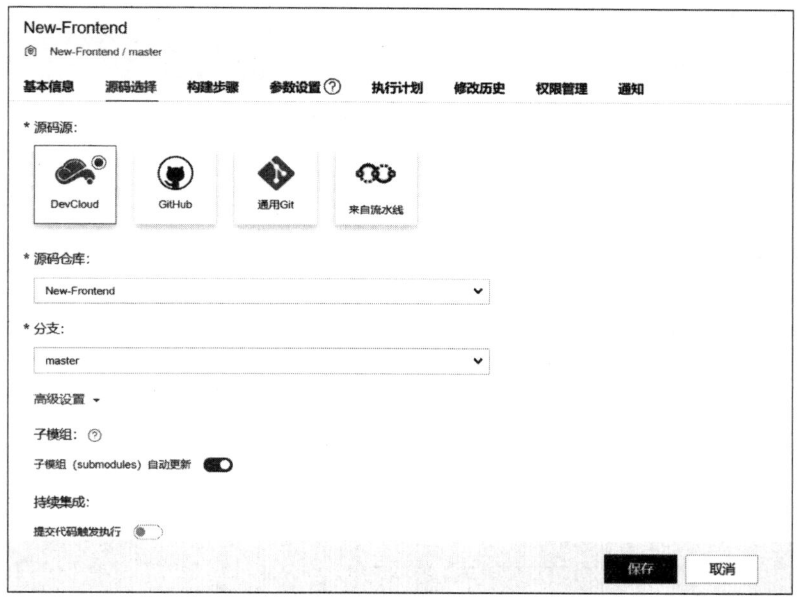

图7.11　源代码选择界面

选择"Npm构建"选项，进行软件构建并打包并上传软件包到软件发布库，过程如图7.12和图7.13所示。

执行编译构建步骤如图7.14所示。

2. 前端部署

编译完成后进行前端部署，选择源类型为构建任务，构建任务选择刚刚创建的New-Frontend，自定义一个主机部署目录，如图7.15所示。

进入静态服务器目录，解压前端打包软件，命令如图7.16所示。

使用shell命令配置nginx，命令如图7.17和图7.18所示。

设置完成后执行部署操作，如图7.19所示。

3. 后端编译构建

新建编译构建任务，"源码源"选择为DevCloud，后端代码位于DevCloud的代码仓库blog中，因此"源码仓库"选项选择此代码仓库，如图7.20所示。

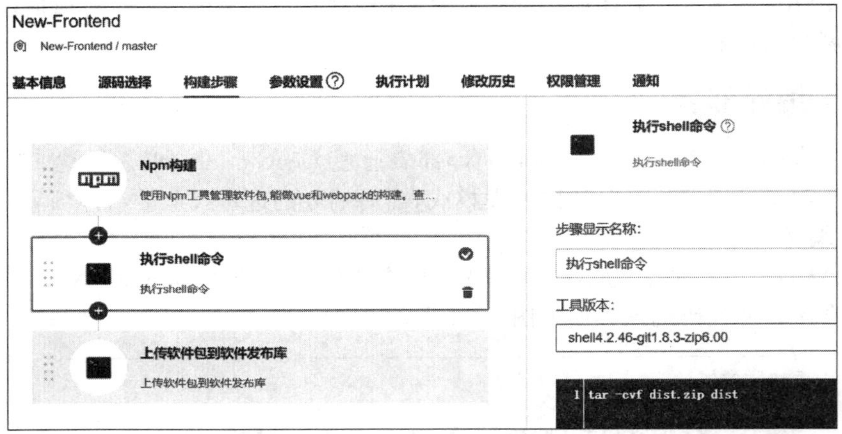

图 7.12　构建步骤设置

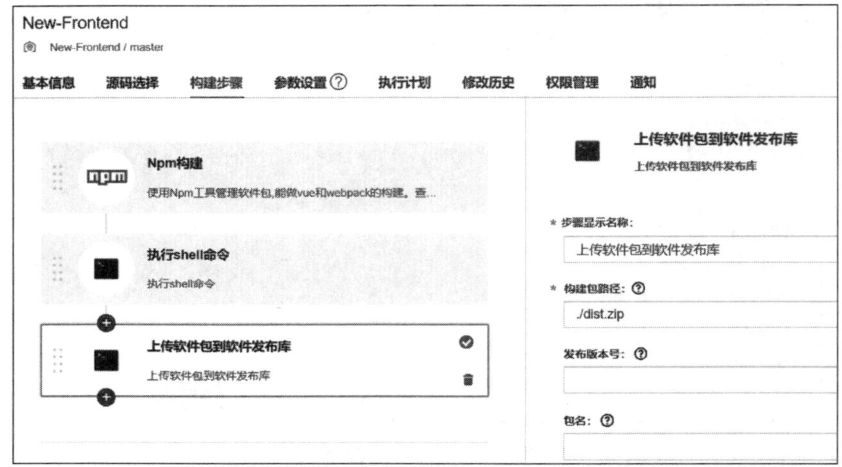

图 7.13　构建步骤设置

图 7.14　执行编译构建步骤

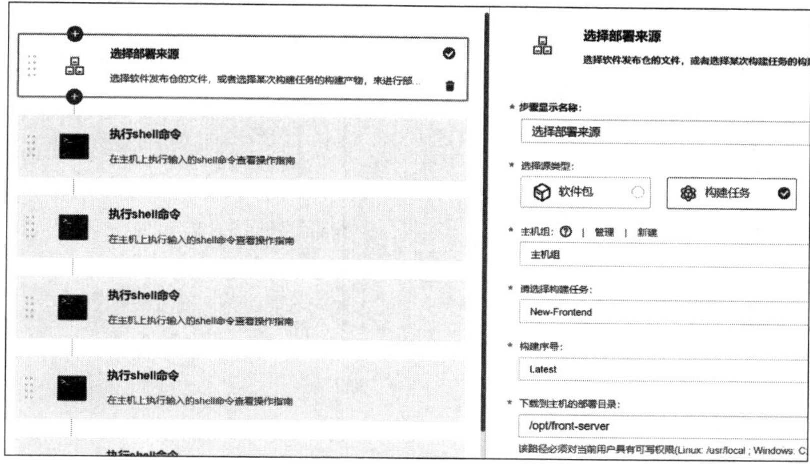

图 7.15　选择部署来源

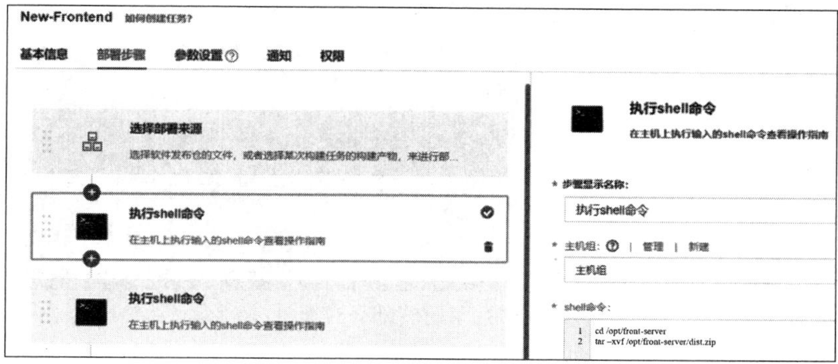

图 7.16　解压前端软件

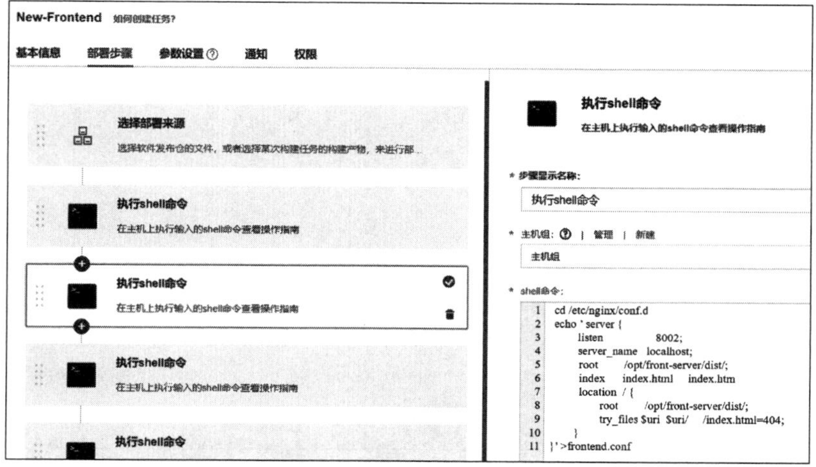

图 7.17　配置 nginx(1)

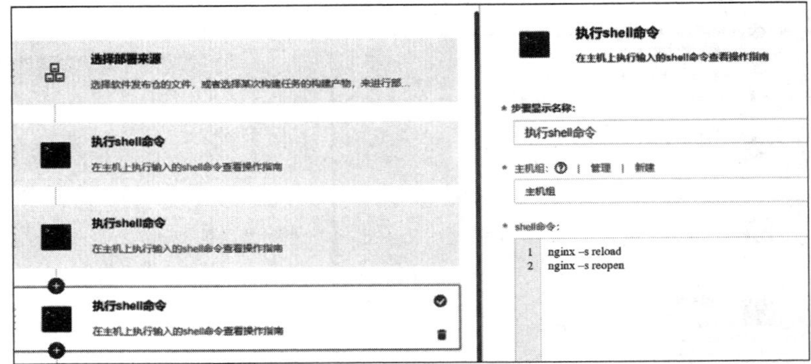

图 7.18　配置 nginx(2)

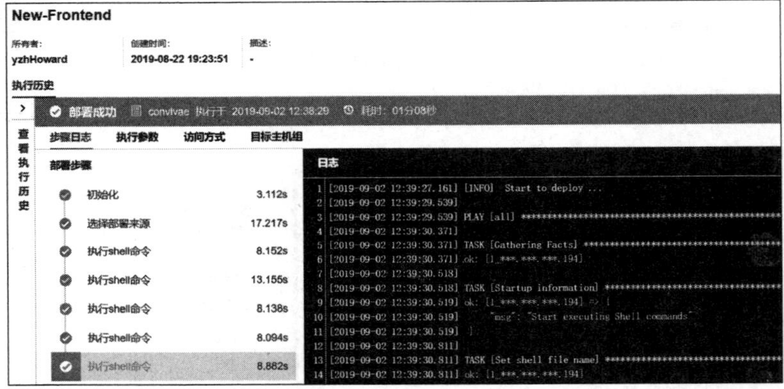

图 7.19　前端部署界面

首页 / 小学期 / 编译构建 / 编译编辑　　流水线　编译构建　部署　发布

blog

blog / master

基本信息　源码选择　构建步骤　参数设置　执行计划　修改历史　权限管理　通知

* 源码源:

DevCloud　GitHub　通用Git　来自流水线

* 源码仓库:

blog

* 分支:

master

高级设置

子模组:

子模组 (submodules) 自动更新

持续集成:

提交代码触发执行

图 7.20　选择代码来源

使用 Maven 构建并上传软件包到软件发布库，如图 7.21 和图 7.22 所示。

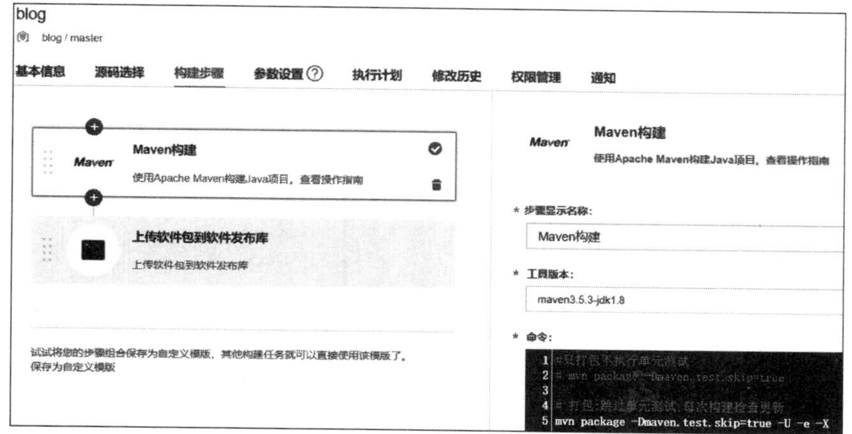

图 7.21　Maven 构建

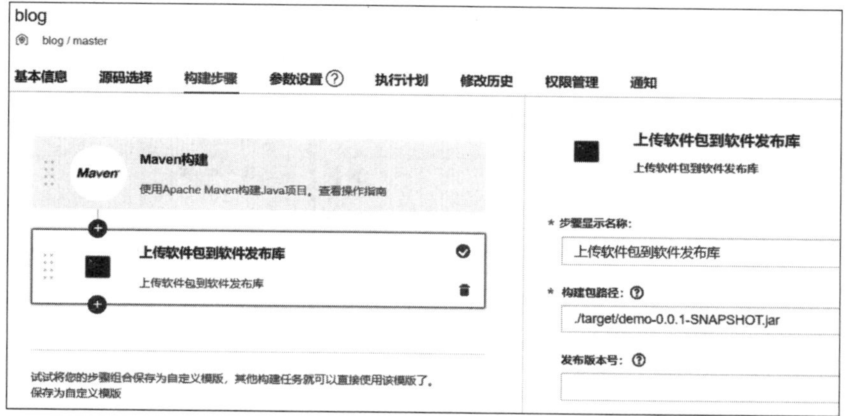

图 7.22　上传软件包

保存并执行，执行结果如图 7.23 所示。

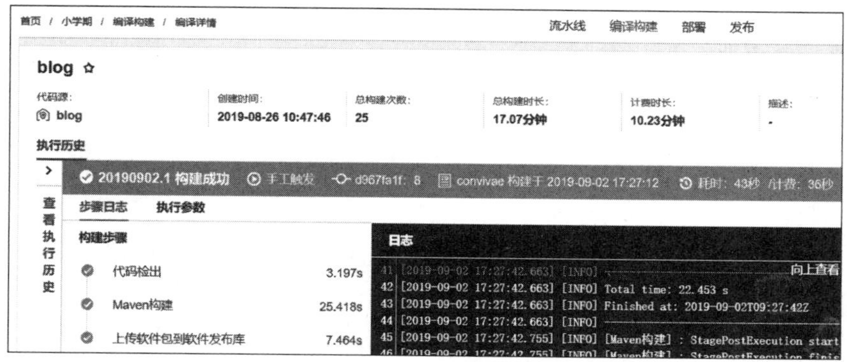

图 7.23　编译构建执行结果

后端编译成功，接下来部署后端，需要安装 JDK、Tomcat，安装配置如图 7.24 和图 7.25 所示。

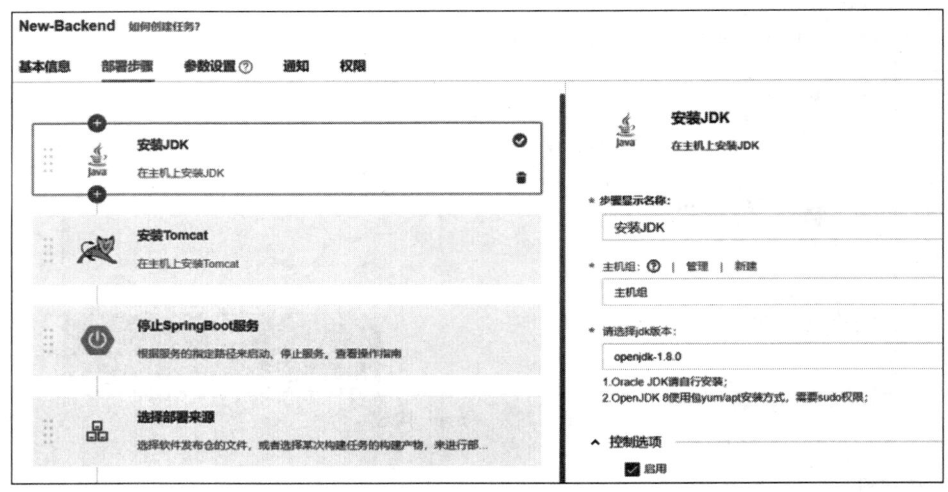

图 7.24　安装 JDK

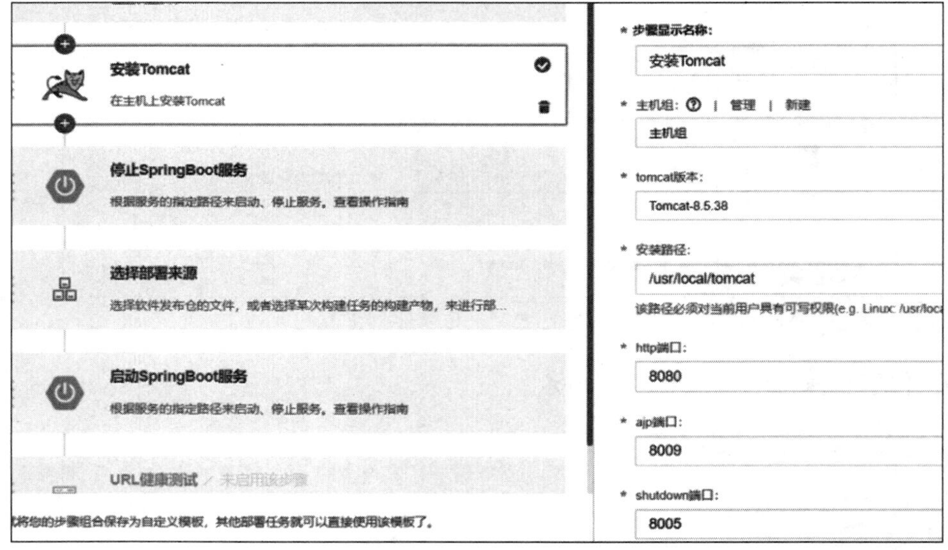

图 7.25　安装 Tomcat

4. 后端部署

安装结束后需要选择部署来源，使用后端编译上传的软件包，选择部署来源如图 7.26 所示。

保存并执行，执行结果如图 7.27 所示。

至此，前后端线上编译部署已全部完成。

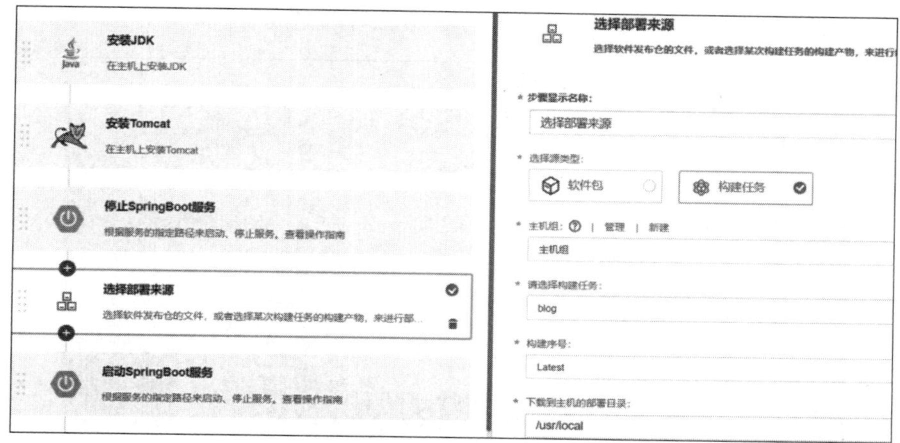

图 7.26　选择部署来源

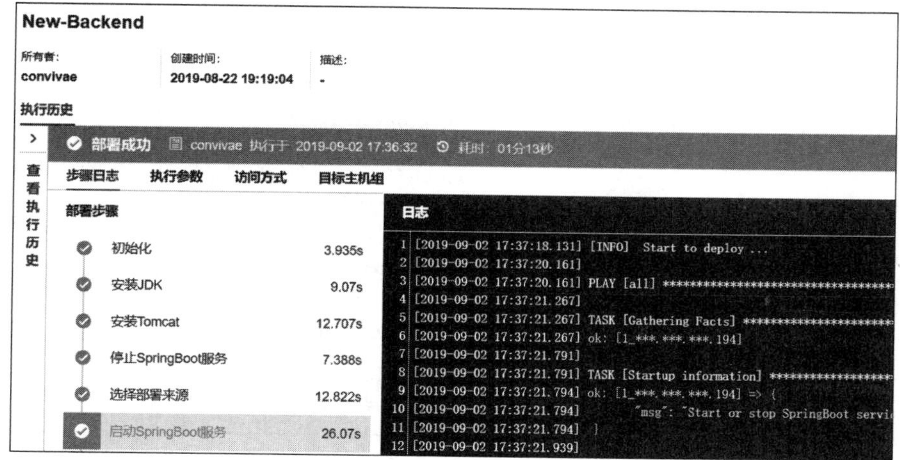

图 7.27　后端部署执行结果

7.3.4　迭代回顾

按照 Scrum 迭代开发流程，在一轮迭代开发结束之后需要进行迭代评审回顾环节。项目管理者可以参考仪表盘和报表进行基于数据的回顾。在本章的开发过程中，该团队使用 DevCloud 进行线上的进度管理。Scrum 任务可以通过查看相关页面来管理各工作项进度数据。

第一次迭代中，该团队分析了博客系统的用户需求有哪些，根据需求编写了一些用户故事（后期根据需要进行相应的更改），按照需求规划完成简单的登录和注册功能以及前端界面功能的编写和美化，登录注册页面如图 7.28 所示。然后完成编写文章、阅读文章、个人主页的开发，编写文章页面如图 7.29 所示。阅读文章页面如图 7.30 所示。评论功能由于后端没有上线，只开发了前端的界面。后端在这一阶段主要负责跟进前端进度，学习和部署相关环境、连接数据库以及完成前后端的交互功能。同时也在尝试后端的编译构建和部署，但由于后端使用到的框架较多，学习成本高，第一次迭代前期后端进度较慢。第一次迭代后期对后端进行重构，并增加用户的个人信息的加密，登录注册的功能已基本完成。

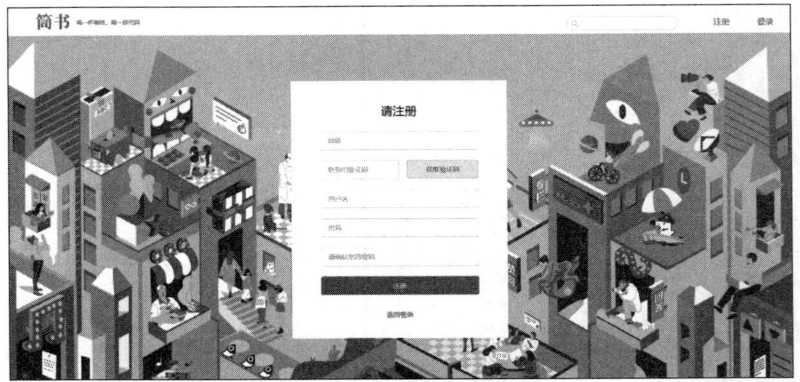

图 7.28　登录注册页面

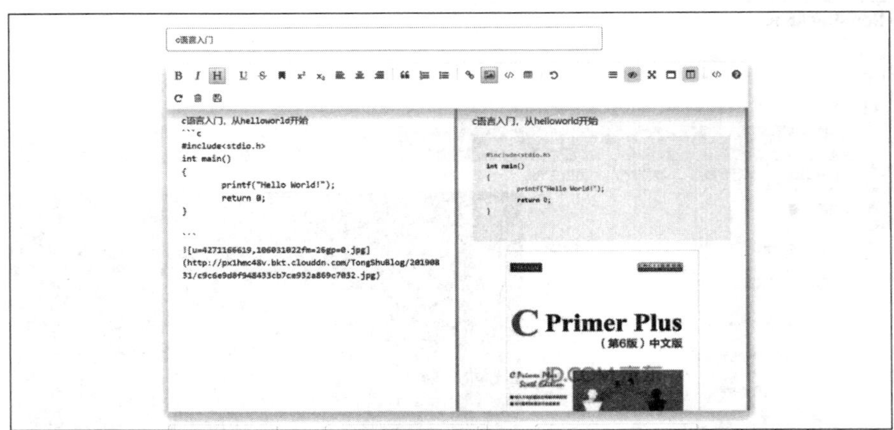

图 7.29　编写文章页面

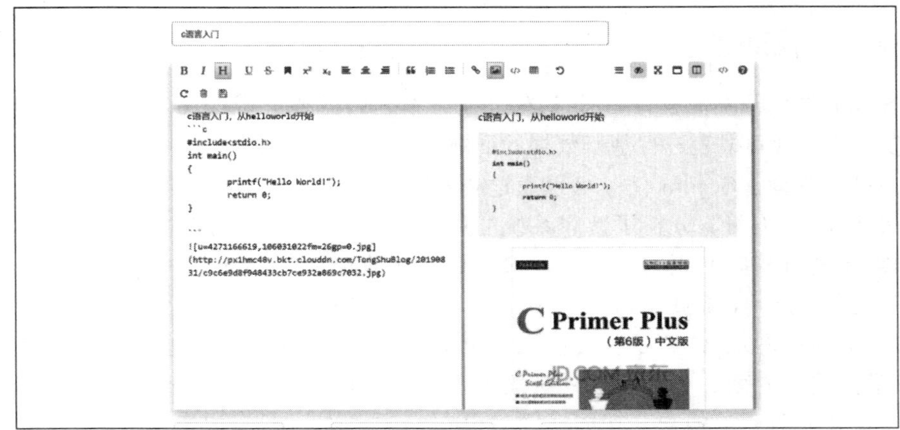

图 7.30　阅读文章页面

团队管理成员可以借助 DevCloud 的仪表盘进行团队项目进度的监控管理以及迭代开发回顾，该团队开发中某日的仪表盘界面截图如图 7.31 所示。

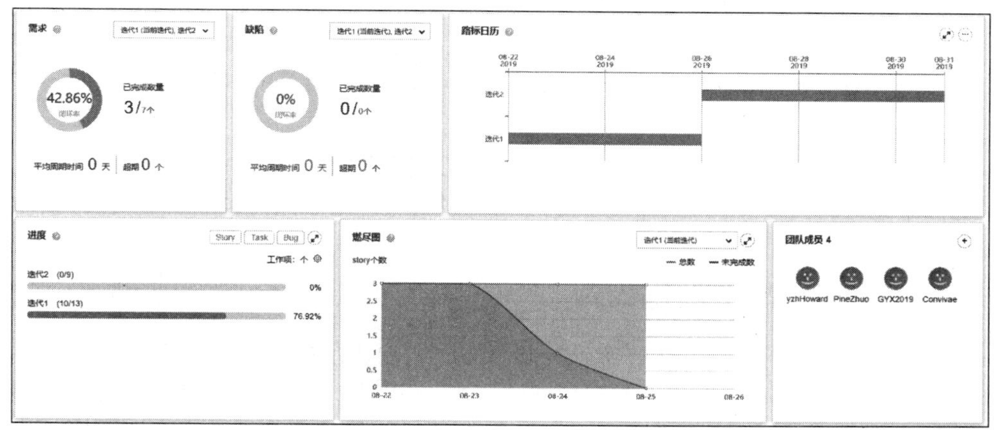

图 7.31　DevCloud 项目仪表盘

在仪表盘的需求控件中可以看到当前正在查看迭代 1 的需求情况，设置的 7 个需求完成了 3 个，闭环率是 42.86％，1 个需求超期，迭代 1 的 13 个工作项完成 10 个。通过该可视化控件可以精准地掌握需求的完成进度。

在燃尽图中，同样可以直观地了解到当前开发的进度情况，且可以看到开发从第一天开始的进度变化情况。以图 7.31 中的燃尽图为例，第一次迭代开始时用户故事个数为 3，到当前时间用户故事个数已降为 0，表示开发工作基本完成。

DevCloud 还可以自定义仪表盘的控件，团队管理者可以根据自己的需求添加不同控件来管理团队开发进度。

7.4　第二次迭代

7.4.1　估算用户故事和拆分确认

该团队在第二次迭代中主要完成了更多用户间的交互如文章评论功能（包括一级评论和多级评论），完善了用户主页的显示信息，实现了文件的上传及下载功能。需求分析阶段进行的用户故事拆分在第二次迭代中继续沿用。比如用户动态用户故事，该用户故事工作项分支如图 7.32 所示。用户动态工作项作为用户故事来说包含的功能较多，因此该团队对该工作项进行了拆分。对于用户动态的功能，首先用户需要有自己的个人主页，因此，“访问自己的主页”被列为一个独立的 Task 工作项。为了满足用户社交需求，允许用户查看他人的信息和博客，该功能作为另一个工作项。最后是拆分出了时光轴功能，时光轴是该团队在本次实验中设计的特色功能，时光轴按照时间顺序记录了用户发表的各篇文章，并按年、月分类。

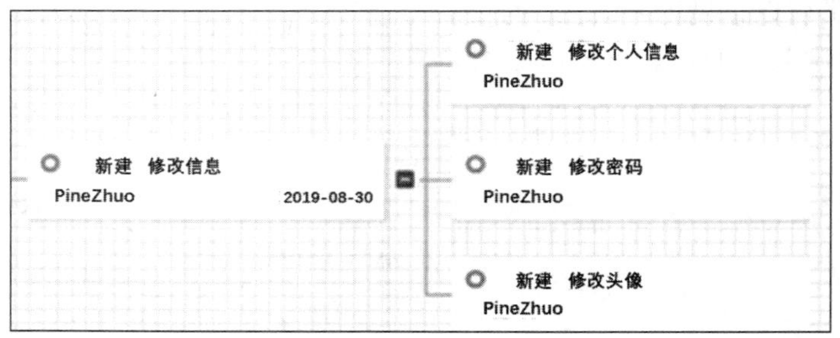

图 7.32　用户动态工作项分支

7.4.2　按用户故事创建代码

在第一次迭代时，小组已经采用前后端分离的方式创建了前端代码仓库与后端代码仓库。第二次迭代是在第一次迭代的基础上进行增量开发，所以第二次迭代还是沿用了第一次迭代的代码仓库。因为使用了 Git 进行代码管理，所以所有的代码提交更新等功能都会在 Git 有记录。Git 日志如图 7.33 所示。

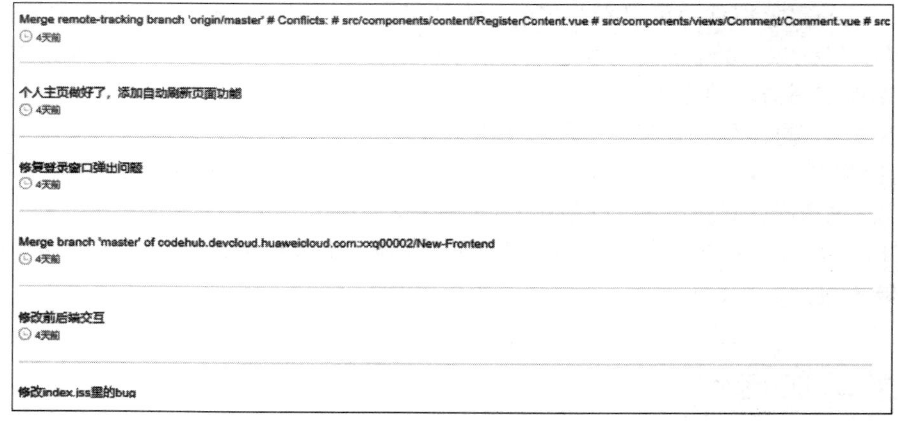

图 7.33　Git 日志

7.4.3　编译部署

第一次迭代时该组已经完成了博客基本功能的实现并成功地将项目部署到了华为云服务器上。第二次更新迭代开发工作完成后需要替换之前正在服务器运行的项目。

代码重新编译部署的步骤与 7.3.3 节中提到的编译部署步骤基本相同，不同之处在于：(1)需要在 DevCloud 的代码仓库重新拉取 Git 仓库代码，实现代码的更新；(2)在部署步骤中需要停止当前正在运行的服务，停止服务的过程可以在部署任务流程中直接添加，以图 7.34 中的流程为例，在部署任务流程中添加“停止 Spring Boot 服务”一项。此时，在右侧详细操作的“服务对应绝对路径”文本框中输入当前正在运行的服务所在目录。之后再“选择部署来源”步骤选择第二次迭代的代码路径即可完成项目版本的更新部署。

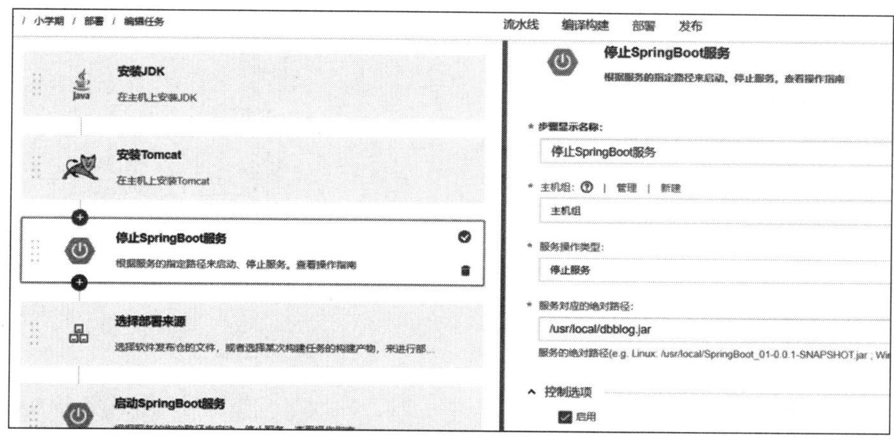

图 7.34　停止服务任务流程

7.4.4　迭代回顾

第二次迭代总体而言是在第一次迭代的基础上进行了新功能的开发。前端增加了一键返回顶部的功能，并在后端数据库以及相关接口完善后完成了文章评论功能(包括一级评论和多级评论)，增加了删除文章、点赞文章、删除评论、时间轴、最热阅读、推荐作者、搜索功能，添加了关注用户和取消关注的按钮并显示到主页上，完善了用户主页的显示信息，使用七牛云服务实现了图片的存储和修改、文件上传和文件下载功能，如图 7.35 和图 7.36 所示。后端在基本功能完成后，剩余时间用来修复 bug，调整前后端交互、使用鉴权层 Shiro、消息队列 RabbitMQ、搜索层 Elastic Search 以及完善数据库的设计。注册加入了邮箱验证码的功能，在此基础上也实现了密码重置、登录时记住我等功能，完善了登录注册的全部功能。

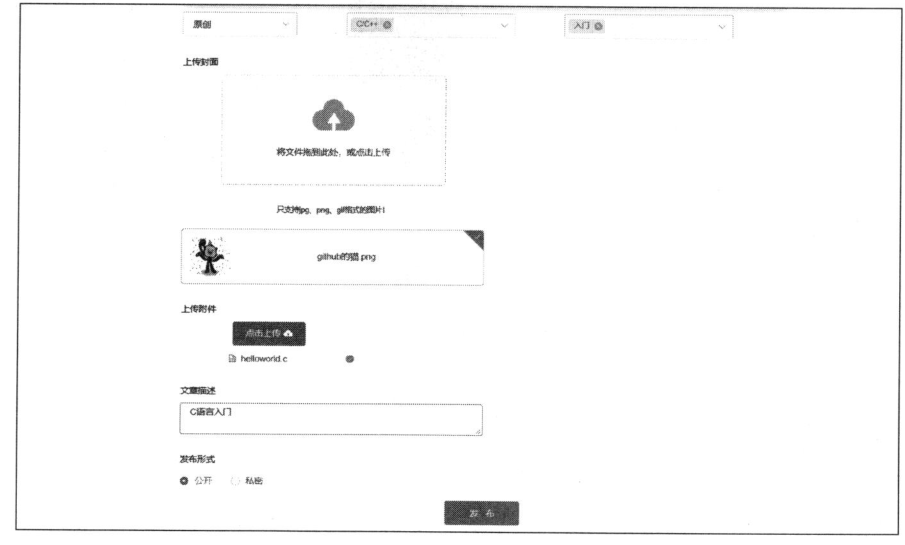

图 7.35　文件上传功能

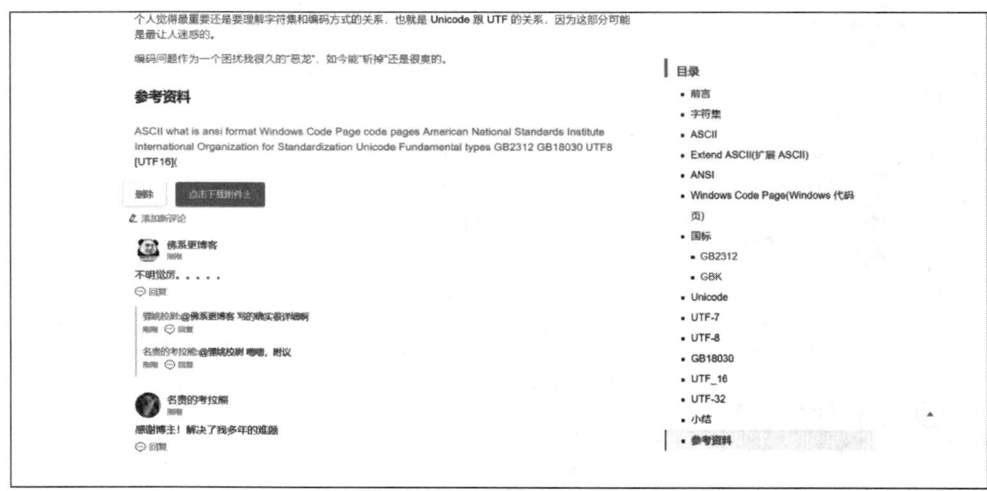

图 7.36　文件下载功能

7.5　项目总结

该团队在限定的时间内使用 Scrum 敏捷开发框架成功地完成了一个技术交流博客网站的搭建。该团队搭建的博客网站满足了所有需求，设计美观、功能强大、操作便捷，该团队搭建的网站主页如图 7.37 所示。

图 7.37　网站主页

网站设计相比于其他组的成果有精心设计的特色功能。

文章编写采用 Markdown 编辑器，文章的正文编写区的左边部分是编辑区，右边部分是展示区，支持 Markdown 语法。支持在文章中插入链接、插入图片，以及插入各种编程语言的代码块，如图 7.38 所示。此外，作者还可以上传博文封面，上传附件以供其他用户下载；发布形式可选择公开或者私密，私密文章仅作者本人可见，公开文章全站可见，如图 7.39 所示。

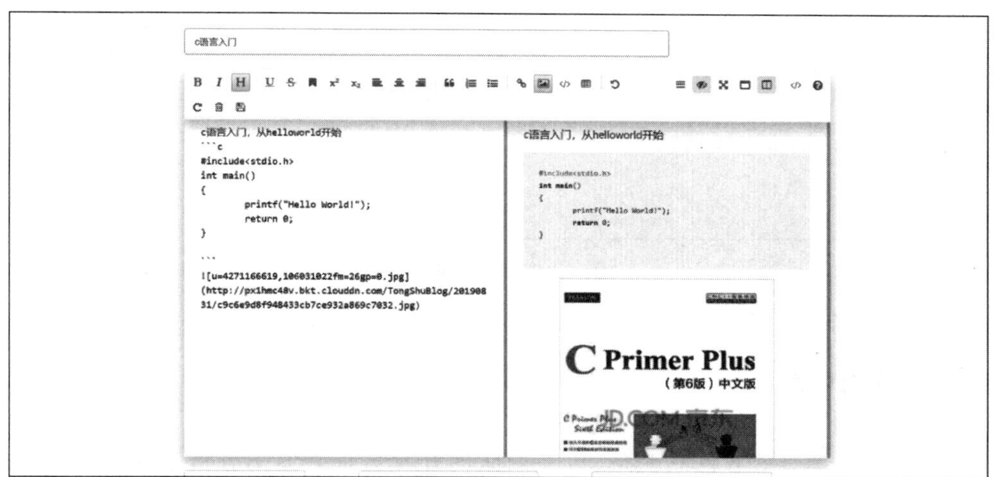

图 7.38　博文编辑页面

图 7.39　博文编辑页面

网站还设计了时光轴功能，通过单击右上角昵称处的下拉列表，可以查看用户个人的时光轴。时光轴按照时间顺序记录了用户发表的各篇文章，并按年、月分类，如图 7.40 所示。

总体而言，该组需求分析定位准确、分工明确。采用的技术选型复杂多样，考虑细致。采用敏捷开发 Scrum 框架在规定时间内完成开发工作。成果网站功能齐全、界面美观。全部开发部署流程在 DevCloud 线上完成，较为出色的完成了开发任务。

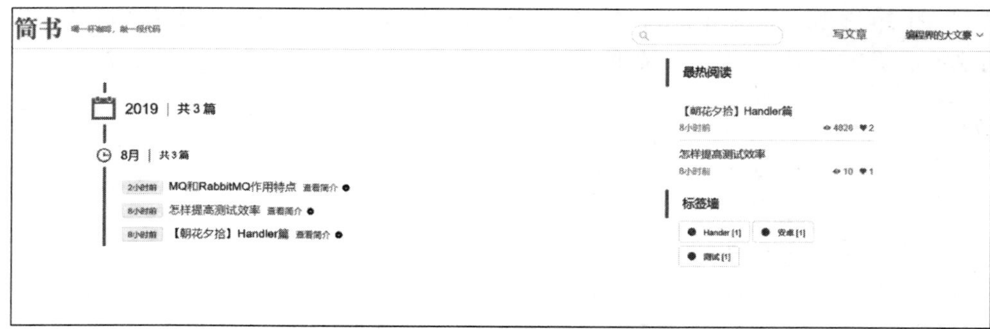

图 7.40　时光轴功能

7.6　本章小结

本章以技术分享类博客网站为例，以一团队的开发过程为案例分析了在 DevCloud 上进行 Scrum 敏捷开发的过程。整个流程包括需求分析、确定用户故事、制订迭代计划以及两次迭代。借助 DevCloud，开发团队可以在需求分析阶段建立 Epic、Feature、Story（用户故事）、Task（任务）各级工作项，项目进度可以通过 Backlog 页面进行宏观管控，项目成员还可以通过仪表盘等工具实时查看项目进度以便更好地规划工作。同时，DevCloud 提供了方便的代码仓库管理和代码仓库迁移，又通过一条龙式的云端编译部署让开发者的项目上线发布更便捷。因此，DevCloud 非常适合团队进行敏捷开发工作。

附录 A

实训过程

本书前面章节介绍了 DevCloud 的相关功能、敏捷开发的开发流程等知识并结合项目进行了案例分析。附录 A 将从时间安排、进度安排等方面详细介绍北京航空航天大学软件学院暑期敏捷开发实训课程的实践过程，介绍如何购买云服务器，如何控制进度和需求，最后讲解一些实践过程中用到的 DevCloud 工具。

软件工程敏捷开发实训主要分为 3 个阶段：前期准备、实践编码和总结评分。

前期准备阶段旨在提高学生对软件开发概念的理解和动手能力，并为实践编码部分打下基础。该阶段要通知学生做好团队与成员职能分配工作，配置好开发环境，学习好相应的技术。按照敏捷开发团队 4～6 人的设定，规定 180 名学生自由组队为 36 个团队，将这 36 个团队分为 4 个大组，每个大组下有 9 个小组，由一个助教负责。

实训编码阶段共安排两个星期(有效时间 10 天)实践，主要时间安排如表 A.1 所示。编码是最重要的一个阶段，将团队安排在一个教室，使用每天上午和下午签到的方式保证出勤率。同时，为保证进度，每天上午和下午助教会检查一次进度，并且负责解决问题。

表 A.1　实践安排

	上午(9:00—12:00)	下午(14:00—17:00)
Day1	助教讲解工作安排 编码实践	编码实践
Day2	编码实践	编码实践
Day3	编码实践	编码实践
Day4	编码实践	编码实践
Day5	第一次迭代验收	
Day6	编码实践	编码实践
Day7	编码实践	编码实践
Day8	编码实践	编码实践
Day9	编码实践	编码实践
Day10	第二次迭代验收	

在技术选型方面，综合考虑实践难度、框架成熟度等多种因素，推荐学生使用前端 Vue.js 和后端 Spring Boot 的框架。数据库可使用 MongoDB 非关系型数据库(字段灵活使用方便)。

A.1 进度安排

本次敏捷开发实训以贴合实际敏捷项目开发为原则，要求各组在较短的开发周期内完成既定的 Web 开发任务。本次实训由 4 名助教协助组织完成，实训共有 4 个不同的任务选题，分别由 4 位助教需要负责指导。题目均为 Web 开发项目，需要开发的网站的性质与类型略有不同，在保证开发任务的难易度统一的前提下体现题目的差异性。

参与实训的学生在实训开始之前需要完成预组队，学生以团队为单位随机分配到 4 个助教所负责的选题下。实训过程使用 4 间教室同时进行，同一选题的团队与对应负责助教将在同一间教室完成实训。实训过程中助教将以甲方的身份给各团队提出需求并与之讨论，同时在技术层面给予一定程度的指导与支持。

A.1.1 迭代安排

敏捷开发强调短期交付，强调适应性而非可预见性，强调为当前的需要而不考虑将来的简化设计。为了让参与实训的学生体验敏捷开发的快速迭代特性及其敏捷性，开发的全部需求不会一次性全部给出。由于本次实训时间较短，计划只安排两次迭代，第一次迭代从实训第 1～5 天，第二次迭代从实训第 6～10 天。在实践的第一天，各教室负责助教给出本次实训开发网站的基本需求。实训第六天即第二次迭代预计开始的时间，助教在原定需求的基础上逐一地提出新的需求，各团队开始第二次迭代的开发工作。

为保证各团队第二轮迭代工作可以顺利进行，也为了督促各团队重视前期开发的进度，在第 5 天将安排一次小规模的第一次迭代进度展示，助教根据展示时各团队的进度调整第二次迭代的需求，进度过慢的团队可以在接下来的时间内提供一些帮助与技术支持来保证各团队都能顺利完成开发任务。

由于开发工作的进度难以预料，具体迭代时间各团队可视团队内工作完成情况机动安排。

此外，敏捷开发还强调客户的紧密参与。在本次实训中，助教作为甲方扮演客户的角色，因此实训过程中希望各团队能与负责助教充分沟通交流，通过与助教的沟通准确地把握需求和期望的完成效果。同时助教也通过与各团队的交流，掌握各组进度情况。这种模式不仅提高了团队成员的沟通交流能力，也更好地贴近了真实敏捷开发流程。

A.1.2 每日安排

为了保证学生们有足够的时间投入到开发实训工作中，结合学校课程安排，实训过程要求学生们每天上午 9:00—12:00，下午 2:00—5:00 在教室进行项目开发工作，各团队可视开发进度情况自由选择其他时间的开发工作。

按照 Scrum 敏捷开发框架的要求，成员们每天都需要进行每日站会，因此实践安排成员每天早上到教室签到考勤后进行每日站会环节。成员需要在每日站会回答“我昨天完成了什么工作”“我今天准备完成什么工作”“我发现工作过程中哪些障碍”这 3 个问题。然后各团队可以讨论项目开发中的其他问题并开始新一天的开发工作。

A.1.3　答辩及文档安排

本次实训中各团队除了有共同的敏捷开发任务外也需要有所对比。实训课程根据考勤情况、项目完成度、文档编写情况等多项指标对各组打分作为课程的考核。

实训课程安排两次答辩，分别在第一次和第二次迭代结束时进行。第一次答辩在第5天进行，主要目标是检查各组第一次迭代需求的完成情况以便指导后面的实训过程。本次答辩采取互评的模式，每团队派出一位代表为其他各组打分，各团队可以相互交流学习优点，反思不足。第10天进行第二次答辩，这次答辩将由教师和4位助教针对功能完整性、界面美观性、是否出现Bug等具体情况进行评分，评分细节详见本书附录B。第二次答辩为最终验收，因此要求会更加严格。

敏捷开发的原则之一：工作的软件高于详尽的文档。相比瀑布模型，敏捷模型并不强调文档，但并不意味着不写文档。而且对于计算机科学与软件工程相关专业的学生而言，文档编写能力也是需要训练的。考虑到实训过程的时间较为紧迫，且希望学生们实训过程中将精力集中到项目开发上，文档提交的截止时间设定为实训课程结束后的第3天。

本次实训要求提交的文档有线上编译部署文档、项目管理、项目总结、用户手册。其中，线上编译部署文档需要详尽地记录项目在DevCloud进行编译部署的全过程，要做到阅读者根据该文档可以复现项目编译部署。项目管理文档需要记录项目开发过程中团队如何进行进度管理、仪表盘截图、代码仓库迭代截图等。项目总结的要求较为宽松，须包含由团队成员总结的项目开发中遇到的难点、项目创新点、实训收获等。用户手册须详尽说明如何使用项目的主要功能。

A.2　购买弹性云服务器

要使用DevCloud进行实训，首先需要购买华为云服务器。本节将简要阐述华为云服务器的购买流程。

进入华为云官网 https://www.huaweicloud.com/，选择顶部导航栏产品，选择“产品”→“基础服务”→“弹性云服务器ECS”选项，过程如图A.1所示。

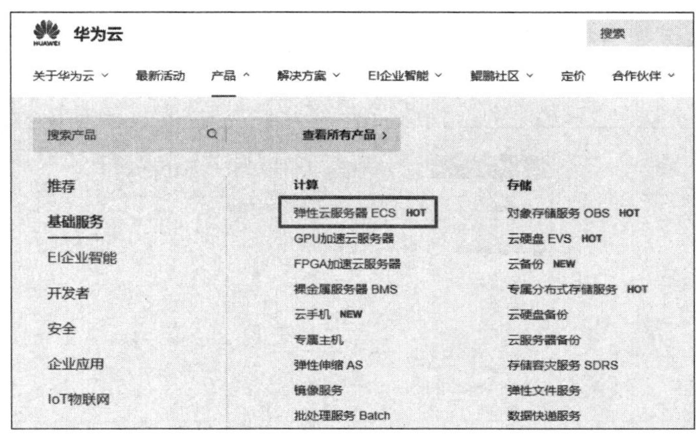

图A.1　选择弹性云服务器ECS

进入弹性云服务器购买页，单击“立即购买”按钮，如图 A.2 所示。

图 A.2　购买弹性云服务器 ECS

登录后进入弹性云服务器控制台，如图 A.3 所示。首先进行基础配置，计费方式选择“按需收费”，区域使用“推荐区域”，可用区可选择“随机分配”，规格选择“通用计算型”即可。

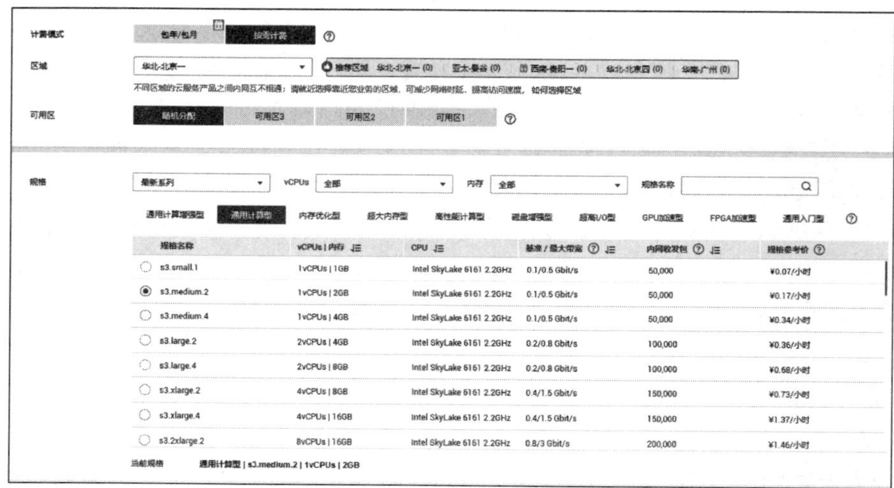

图 A.3　基础配置(1)

镜像选择“公共镜像”，根据需要选择相应系统，在这里笔者选择“Ubuntu 18.04”，系统盘选择“高 IO 40GB”，后续需要可自行扩展，过程如图 A.4 所示。

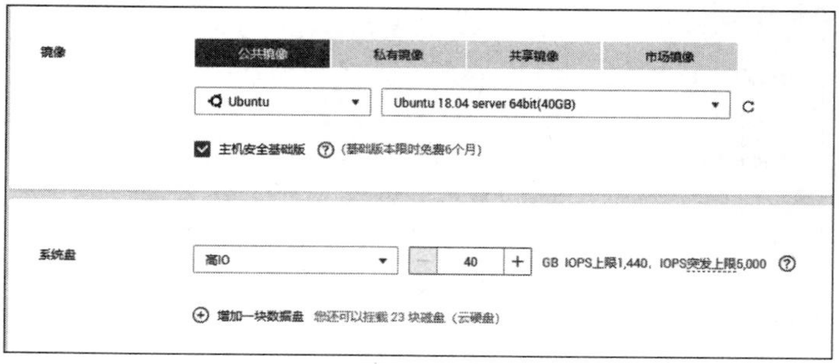

图 A.4　基础配置(2)

接下来进行网络配置，网络、扩展网卡、安全组保持默认设置，弹性公网 IP 选择现在购买弹性公网 IP，线路设置为“全动态 BGP”，公网带宽设置为“按流量收费”，带宽大小设置为“5Mbit/s”，如图 A.5 所示。

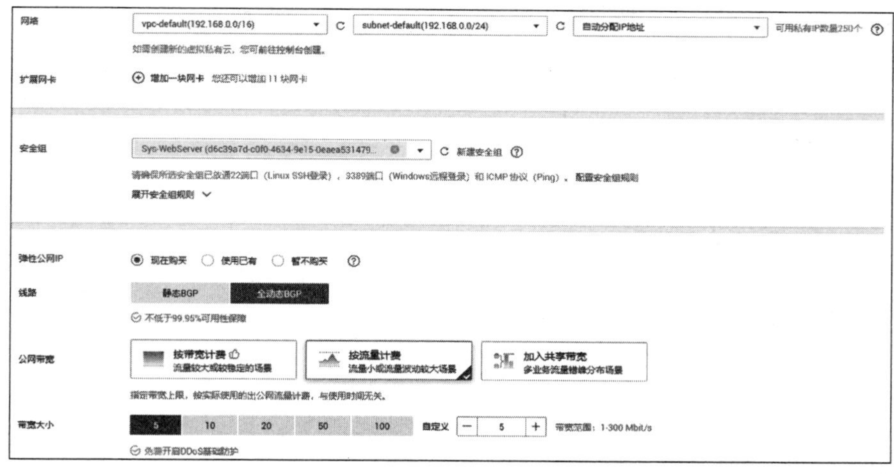

图 A.5　网络配置(3)

高级配置如图 A.6 所示。填写云服务器名称，设置密码，云备份设置为“暂不购买”，可根据需要设置云服务器组。

图 A.6　高级配置

最后确认配置，单击“立即购买”即可，如图 A.7 所示。

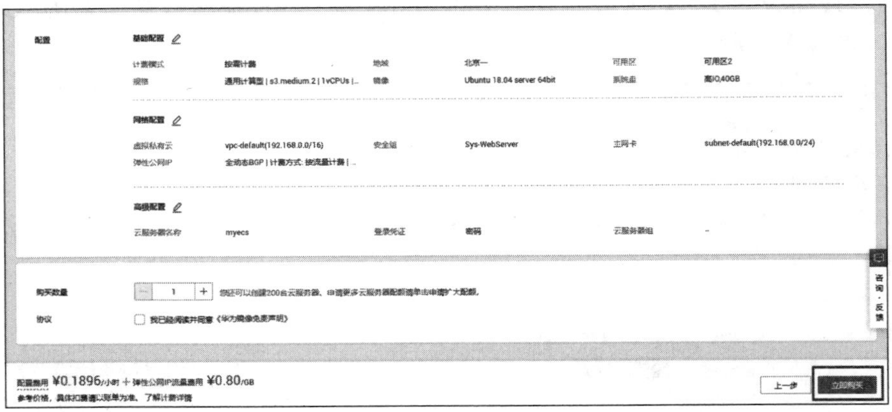

图 A.7　确认配置

A.3　进度及需求控制

在对产品开发的管理中，进度控制是非常重要的一部分，良好的进度控制有助于保证产品的如期交付。在本次开发实训中，进度控制主要由助教和团队内领导成员来控制。助教作为甲方，也要尽可能地保证各团队能将项目正常开发完成。团队成员需要发挥各自的能力，合理规划开发进度，保证项目又快又好的开发。

A.3.1　人员构成

在敏捷开发项目管理中，角色主要分为三大类：项目管理员（包括项目创建者、项目经理和测试经理）、开发者（包括开发人员、测试人员和参与者）和浏览者。

(1) 项目创建者是项目的创建者。

(2) 项目经理是项目开发管理员。

(3) 测试经理是项目测试管理员。

(4) 开发人员是参与项目开发的人员。

(5) 测试人员是参与项目测试的人员。

(6) 参与者是参与项目指定工作处理的人员。

(7) 浏览者是关注或浏览项目内容的成员。

在本次的开发实训中，助教可以看作是甲方、项目创建者和参与者。各团队需要在团队内推选出各自的项目经理与测试经理，团队其他成员根据分工担任项目开发人员或测试人员。

不同角色在项目中所拥有的权限是不同的，各角色权限情况如表 A.2 所示。

管理员的权限要高于开发者的权限，开发者的权限高于浏览者的权限。在进度管理的过程中不仅需要管理员对进度进行宏观把控，还需要组内每位开发人员发挥自己的主观能动性。

表 A.2　项目角色与操作权限表

角色/操作权限	项目、迭代、工作项、统计	项目设置、通用设置	文　档
• 项目创建者 • 项目经理 • 测试经理	• 修改、归档项目 • 删除项目、移交项目创建者(仅项目创建者) • 新建、删除、修改迭代 • 创建、修改、删除、评论、导入、导出工作项,添加工作项标签 • 新建、修改、删除、查看报表以及下载报表图片、导出报表	• 租户设置 • 成员管理(修改项目角色、成员加入项目审核等) • 通知、模块、领域设置 • 自定义工作流(工作项的模板、状态、字段) • 权限设置	• 管理项目下的所有文档 • 创建、修改、删除目录 • 上传、下载、删除、修改文件
• 开发人员 • 测试人员 • 参与者	• 查看项目 • 创建工作项:修改自己创建的工作项或修改处理人为自己的工作项;删除自己创建的工作项,添加工作项标签 • 查看报表以及下载报表图片、导出报表	• 只能查看“设置→通用设置→成员管理”	• 只能删除自己创建的文档 • 不能删除目录 • 其他权限同项目创建者
• 浏览者	• 查看项目 • 查看报表	• 只能查看“设置→通用设置→成员管理”	• 查看文档

A.3.2　Scrum 开发流程

本次实训使用的平台是 DevCloud,在该平台可以创建敏捷开发的 Scrum 框架项目,使用 DevCloud 平台可以方便地进行项目管理。

Scrum 是用于开发、交付和持续支持复杂产品的一个框架,是一个增量的、迭代的开发过程。在这个框架中,整个开发过程由若干个短的迭代周期组成,一个短的迭代周期称为一个 Sprint,每个 Sprint 的建议长度是 1～4 周。在 Scrum 中,使用产品 Backlog 来管理产品的需求,Backlog 是一个按照商业价值排序的需求列表,列表条目的体现形式通常为用户故事。Scrum 团队总是先开发对客户具有较高价值的需求。在 Sprint 中,Scrum 团队从 Backlog 中挑选最高优先级的需求进行开发。挑选的需求在 Sprint 计划会议上经过讨论、分析和估算得到相应的任务列表,称为 Sprint Backlog。在每个迭代结束时,Scrum 团队将递交潜在可交付的产品增量。

一个 Scrum 框架项目的经典迭代流程及对应需要进行的管理工作流程如图 A.8 所示。

Scrum 迭代首先要根据提出的需求得到产品待实现需求列表,在这个过程中管理者(即本次实践的各组管理成员)需要在 DevCloud 创建一个 Scrum 流程的项目,并完成需求规划与需求分解工作。需求规划和分解工作可以在 DevCloud 很方便地完成。之后管理者要对需求分析产生的全量工作项进行管理。

得到产品的实现需求列表后,Scrum 流程正式进入迭代开发环节。迭代开始之前需要进行迭代计划会议,也称为 Sprint 计划会议,在会议上需要明确本次迭代的工作计划,这份工作

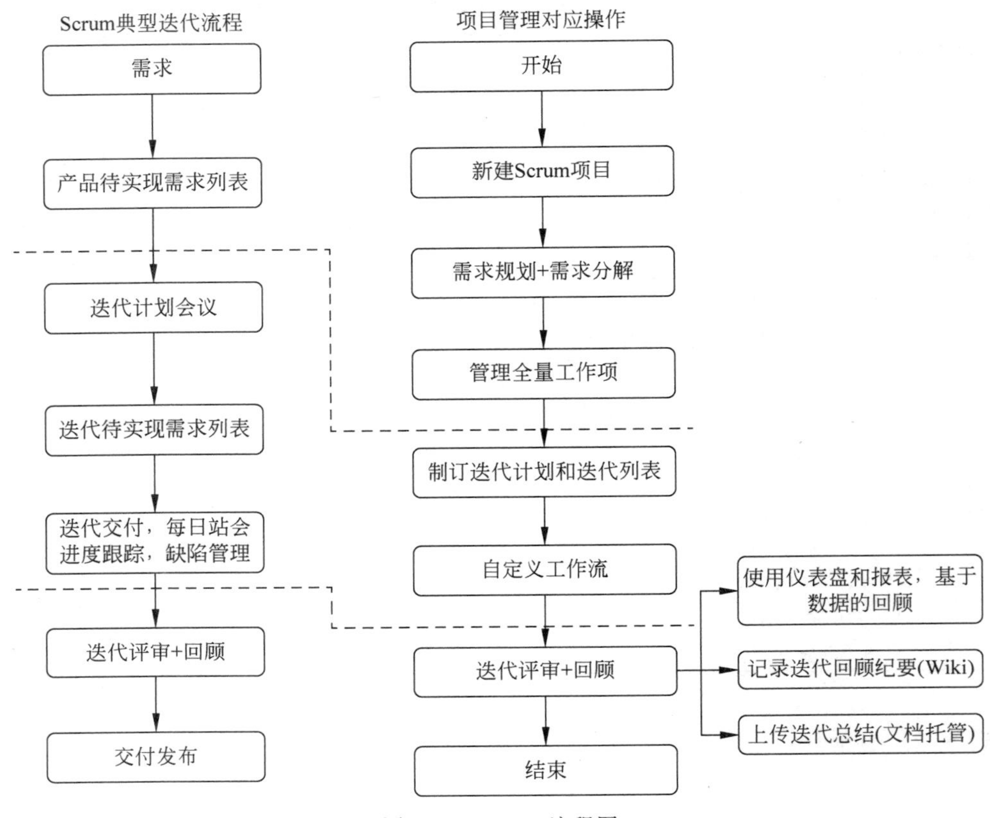

图 A.8　Scrum 流程图

计划由整个团队共同完成。计划会议是限时的，以一个月的 Sprint 来说最多 8 小时为上限。对于较短的迭代，会议时间通常会缩短。管理人员要确保会议顺利举行，并且确保每个参会者都理解会议的目的。在迭代会议中主要需要讨论“接下来的 Sprint 交付的增量中要包含什么内容”和“要如何完成交付增量所需的工作”两个问题。Sprint 目标是在当前 Sprint 通过实现产品待办列表要达到的目的。它为开发团队提供指引，使得团队明确为什么要构建增量。Sprint 目标在 Sprint 计划会议中确定。Sprint 目标为开发团队在 Sprint 中所实现的功能留有一定的弹性。所选定的产品待办列表项会提供一个连贯的、一致的功能，即 Sprint 目标。Sprint 目标可以保持一定的连贯性，来促使开发团队一起工作而不是分开独自做。开发团队必须在工作中时刻谨记 Sprint 目标。为了达成 Sprint 目标，需要实现相应的功能和实施所需的技术。如果所需工作和预期的不同，开发团队需要与产品负责人沟通协商 Sprint 待办列表的范围。接下来全体开发人员需要按照 Sprint 工作计划的指引进行本轮迭代的开发工作。

开发过程中需要进行每日 Scrum 站会。每日 Scrum 站会在开发团队内部举办，时间应控制在 15 分钟以内。在每日 Scrum 站会上，开发团队为接下来的 24 小时的工作制订计划。通过检视上次每日 Scrum 站会以来的工作和预测即将到来的 Sprint 工作，优化团队协作和性能。每日 Scrum 站会最好在同一时间同一地点举行，以便降低复杂性。同时，开发团队借由每日 Scrum 站会来检视目标的完成进度，并检视完成 Sprint 待办列表的工作进度趋势。每日 Scrum 站会可以优化开发团队达成 Sprint 目标的可能性。每天的每日站会结束后，开发团队应该知道如何组织团队来协同工作以达成 Sprint 目标，以保证在 Sprint 结束时完成预期的增量。

每日 Scrum 站会的会议的结构可以由开发团队设定。在保证会议专注于达成 Sprint 目标的进展的前提下，开发团队可以采用不同的方式进行。开发团队可以问题为导向来开会，也可以基于更多的讨论来开会。开发团队或者开发团队成员通常会在每日站会后立即聚到一起进行更详细的讨论，或为 Sprint 中剩余的工作进行调整或重新计划。每日 Scrum 站会可以增进交流沟通，减少繁冗的会议，发现开发过程中需要移除的障碍，突显并促进快速地做决策，提高开发团队的认知程度，是一个进行检视与适应的关键会议。在每日 Scrum 站会结束后，开发人员正式进入一天的开发阶段。管理人员则需要对团队的开发进度进行跟踪和监控。

在迭代周期内，项目管理对应要做的是指定迭代计划和迭代列表以及自定义工作流。其中迭代计划和迭代列表应通过项目迭代计划会议中团队的讨论得到。

每轮迭代完成后应进行迭代评审与回顾，召开一个迭代回顾会议，对刚刚结束的迭代进行全员的总结，回顾做得好的工作和做得不好的工作，寻找改进措施。对于时长为一个月的迭代来说，回顾会议时间最长不超过 3 小时。对于较短的迭代来说，会议时间通常会缩短。迭代回顾会议的目的在于：(1)检视前一个迭代中关于人、关系、过程和工具的情况如何；(2)找出做得好的和潜在需要改进的主要方面并加以排序；(3)制订改进 Scrum 团队工作方式的计划。团队可以在 Scrum 的过程框架内改进开发过程，使团队成员能在下个迭代中更高效、更愉快地开发。在回顾会议结束时，团队应该明确接下来的迭代中需要实施的改进。在下一个迭代中实施这些改进是基于 Scrum 团队对自身的检视而做出的适当调整。虽然改进可以在任何时间执行，回顾会议提供了一个专注于检视和适应的正式机会。项目管理者可以参考仪表盘和报表进行基于数据的回顾，并上传迭代总结。迭代回顾完成后团队可以进行项目的交付和发布。

A.3.3　需求规划与需求分解

在团队拿到需求之后，首先需要进行需求规划与需求分解。根据工作项类型的层级关系，可以分为 Epic、Feature、Story、Task 和 Bug 4 种级别。在进行项目规划时，需要根据这 4 种工作项类型的层级关系，对创建的工作项进行合理分配。

下面介绍不同级别的工作项。

(1) Epic：“史诗”级别的工作项，处于 4 种类型工作项中的最高级别。企业通过对 Epic 的发现、定义、投资、管理和落地达成，使得企业的战略投资主题得以落地，并获得相应的市场地位和回报。Epic 的粒度比较大，需要分解为 Feature，并通过 Feature 继续分解细化为用户故事来完成最终的开发和交付。Epic 通常持续数月(months)，需要多个迭代才能完成最终的交付。Epic 应该对所有研发人员可见，这样可以让研发人员了解他们交付的用户故事承载怎样的战略举措，让研发人员能更好地理解其工作的价值。Epic 通常和公司的经营、竞争力、市场环境紧密相关，例如“市场差异化——用户体验全面超越竞争对手”。

(2) Feature:“特性”级别的工作项,重要性仅次于 Epic 而大于用户故事。相比 Epic,Feature 更具体形象,客户可以直接感知,通常在产品发布时作为 ReleaseNotes 的一部分发布给客户。Feature 通常持续数个星期,需要多个迭代完成交付。Feature 应该对客户都有实际的价值,特性的描述通常需要说明对客户的价值,与产品的形态、交付模式有关,例如“用户希望提供导入、导出功能,以便于用户批量整理数据,更高效”。

(3) Story:用户故事的简称,通常被称为“用户故事”。是从用户角度对产品需求的详细描述,更小粒度的功能。用户故事承接 Feature,并放入有优先级的 Backlog 中,持续规划、滚动调整优先级,始终让高优先级的用户故事更早的交付给客户。用户故事应遵循如下的 INVEST 原则。

① Independent:每个用户故事应该是独立的,并且可独立地交付给客户。

② Negotiable:不必非常明确地阐述功能,细节应在开发阶段交给程序员、客户共同商议。

③ Valuable:对客户有价值。

④ Estimable:能估计出工作量。

⑤ Small:用户故事要小一点,但不是越小越好,至少在一个迭代中能完成。

⑥ Testable:可测试。

一个用户故事通常持续数天,并应在一个迭代内完成交付。用户故事的工作量估计可以使用人时、人月,也可以使用敏捷推荐的故事点。故事点(StoryPoint)是一种基于敏捷的估算工作量的方法。故事点综合了交付用户故事所要付出的努力、开发复杂度、风险,可以简单地理解为开发所需要的成本。例如,斐波那契数列是故事点比较常用的计量单位,是一种相对估算法。DevCloud 目前默认提供的用户故事点是斐波那契数列。用户也可以通过自定义字段设置计量单位。一个符合 INVEST 原则的用户故事通常符合“用户<角色>…希望<结果>…以便于<目的>”的模板,例如“作为项目经理,希望通过过滤处理人,以便于快速查询指定人的需求”。

(4) Task 和 Bug。

Task:任务,在迭代计划会议中,将纳入迭代的用户故事指派给具体成员,并分解成一个或多个任务,填写“预计工时”。任务通常为过程性的工作,例如,“开发人员 A 需要在今天准备好类生产环境”。

Bug:软件特性和功能在测试验证阶段发现的问题,通过 Bug 单独创建、管理和跟踪,Bug 通常包括不同的优先级。Bug 可以单独创建和跟踪,也可以在验证某个用户故事时创建,这时创建的 Bug 属于用户故事的子工作项,这样便于了解每个用户故事发现了多少个缺陷。Bug 的描述应该尽可能描述详细,包括但不限于:

① 缺陷现象描述,建议从用户视角描述;

② 错误码,错误码可以辅助分析定位代码问题;

③ 环境信息,是开发环境,测试环境还是现网环境;

④ 软件栈信息,包括对应的操作系统及其版本,数据库及其版本等;

⑤ 缺陷是否可以复现,复现的步骤。

A.4　版本控制及问题反馈

A.4.1　版本控制

版本控制是指对软件开发过程中各种程序代码、配置文件及说明文档等文件变更的管理，是软件配置管理的核心思想之一。

版本控制最主要的功能是记录文件的变更，对于每次文件的更改，版本控制应该将更改发生的时间、谁进行了更改、更改了什么文件以及更改的版号记录下来。除了记录更改，版本控制另一个重要的功能是实现并行开发。对于软件开发这种多人协同的工作，版本控制可以解决不同开发者之间通信和版本同步问题，从而提高软件开发效率。

实现版本控制主要在于实现检入检出控制、分支和合并、历史记录这3项基本功能。

（1）检入检出控制。

当开发者编程时，对源文件的修改应该依赖于基本的文件系统并在本地工作空间进行，不能对软件配置管理库中的文件直接进行修改。为了方便软件开发，不同的软件开发人员同时在各自的工作空间进行不同的开发工作。团队管理者应对配置库文件设置权限，使开发者可以从库中取出对应项目的配置项，从而进行修改并发布到配置库中。同步控制的实质是版本的检入检出控制。检入就是把软件配置项从用户的工作环境存入到软件配置库的过程，检出就是把软件配置项从软件配置库中取出的过程。同步控制可用来确保在不同的人并发执行修改时不会产生混乱。

（2）分支和合并。

在版本控制中，分支用于隔离部分对代码的修改。现有软件配置库中的版本通常视为主干，当开发者产生一个修改的想法，可以将主干的内容拉取到本地创建一个新的分支。当开发完成后，开发人员想要将分支的内容上传到软件配置库中可以将本地的分支与主干分支进行合并。

（3）历史记录。

版本的历史记录有助于对软件配置项进行审核，有助于追踪问题的来源。历史记录包括版本号、版本修改时间、版本修改者、版本修改描述等最基本的内容。当遇到问题时，可以通过历史记录回滚到之前版本。

A.4.2　DevCloud代码托管

DevCloud平台提供了类似GitHub的代码托管工具——代码托管(CodeHub)。

CodeHub是面向软件开发者的基于Git的在线代码托管服务，是具备安全管控、成员与权限管理、分支保护与合并、在线编辑、统计服务等功能的云端代码仓库，旨在解决软件开发者在跨地域协同、多分支并发、代码版本管理、安全性等方面的问题。CodeHub具有以下特性。

（1）在线代码阅读、修改、提交，随时随地开发，不受地域限制。

（2）在线分支管理，包含分支新建、切换、合并，实现多分支并行开发，效率高。

（3）分支保护，可防止分支被其他人提交或误删。

（4）IP白名单地域控制和支持HTTPS传输，拦截不合法的代码下载，确保数据传输安全性。

(5) 支持重置密码,解决用户忘记密码之忧。

CodeHub 采用 Git Flow 作为基础工作模式,如图 A.9 所示。①master 分支最为稳定,功能比较完整,随时可发布的代码。②hotfix 分支用于修复线上代码的 Bug。③release 分支是用于发布准备的专门分支。④develop 分支用于平时开发的主分支,并一直存在,永远是功能最新、最全的分支,包含所有要发布到 release 的代码,主要用于合并其他分支。⑤feature 分支用于开发新的功能,一旦开发完成,通过测试,合并回 develop 分支进入下一个 release。

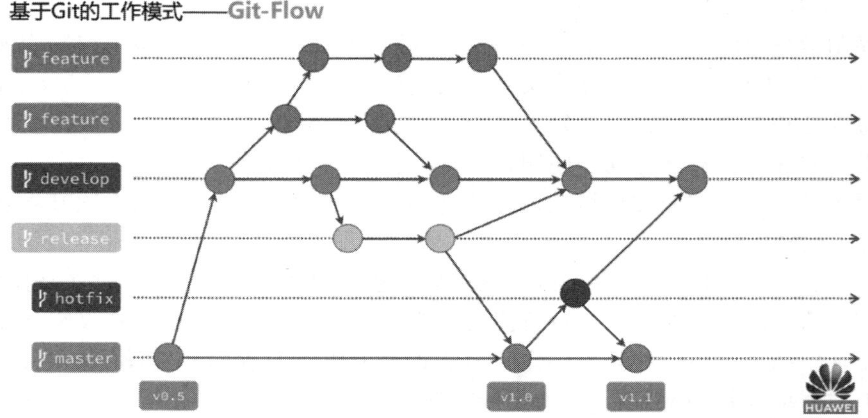

图 A.9 Git-Flow 模式图

Git-Flow 提供了一组建议,通过严格执行这些建议的规则,帮助中小型研发团队,能够更好地规范自己的开发工作。

(1) 并行开发:各个特性与修复 bug,可以并行。

(2) 团队协作:多人开发过程中,大家都能够理解其他人的当前工作。

(3) 灵活调整:通过 hotfix 分支,支持各种紧急修复的情况。

A.4.3 使用 CodeHub

下面将简要介绍如何使用 DevCloudCodeHub 进行管理。

首先进行 CodeHub 代码仓库的创建。在 DevCloud 控制台页面选择顶部菜单栏“服务”→“代码托管”选项进入代码托管页面,如图 A.10 所示。

图 A.10 代码托管页面

在代码托管页面可以单击“普通新建”按钮跳转到新建代码仓库页面，如图 A.11 所示，填写仓库必须的信息进行基础设置，设置完毕后单击“确定”按钮即可创建。需要注意的是代码仓库必须和一个 DevCloud 项目绑定，所以新建仓库之前需要保证已经创建好对应的项目。创建完成后设置 SSH 密码或者 HTTPS 密码即可开始使用该代码仓库。

图 A.11　新建代码仓库页面

代码仓库创建之后开发人员可以通过本地 Git 客户端对代码仓库进行访问和修改。常见的代码仓库操作如下所述。

创建分支：分支是用来将特性开发并行独立出来的工具。使用分支意味着把工作从开发主线上分离开来，以免影响开发主线。在创建仓库时，master 是默认的主分支。在其他分支上进行开发，完成后再将它们合并到主分支上。在 master 或其他分支下(本地分支)，输入命令 git checkout -b slave 新建一个分支。输入命令 git push origin slave 可以把分支推送到远程仓库。

分支合并：使用其他分支进行开发后，需要将它们合并到主分支(默认 master 为主分支)上。代码托管服务支持多分支开发，并为分支合并建立了可配置的审核规则。当一个项目组人员较多时，应有更多的人来共同检视一段代码，以确保代码的正确性。在日常使用分支进行开发时，主要遵循以下流程：在 master 分支上，master 和其他分支是不同的分支(本地分支)，输入命令 git merge slave，进行本地分支合并。输入命令 git push origin master 把分支推送到远程仓库，master 上的文件即为合并后的。

A.4.4　问题反馈

在开发实践的过程中，学生们刚刚接触敏捷开发 Scrum 流程以及 DevCloud 难免会遇到一些问题和困难。通过搜索问题、与学生讨论交流以及询问助教的方法可以在一定程度上解决问题，但更为稳妥的方法应该是查看官方文档或者向 DevCloud 进行反馈。下面简单介绍这两种方法。

遇到问题时首先可以参考 DevCloud 的技术支持文档，检查自己的操作步骤是否存在问题。进入华为云用户支持网站，网站页面如图 A.12 所示。在页面中部可以看到搜索栏，通过检索功能可以快速查找所需的文档。

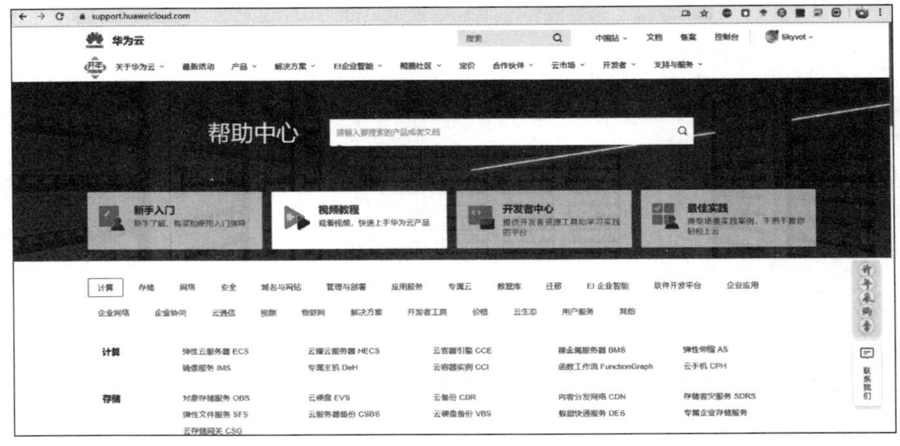

图 A.12　华为云用户支持页面

该网站不仅集合了全部华为云产品的文档，还提供了一个供开发者学习和交流的平台。页面中部提供了新手入门、视频教程、开发者中心和最佳实践的入口。这些功能可以帮助新人用户快速掌握华为云的使用方法和技能知识。此外，开发者中心还集成了云社区功能，为华为云用户及开发者们提供了一个技术交流的平台。

DevCloud 是华为云的新产品，其各项功能难免会存在一些问题。当查找文档不能解决问题时，可以考虑向 DevCloud 平台寻求帮助。在 DevCloud 的各页面右下角都可以看到悬浮的“咨询”按钮，鼠标指向该按钮会弹出咨询菜单，选择咨询菜单中的“意见反馈”选项进入 DevCloud 意见反馈平台，如图 A.13 所示。

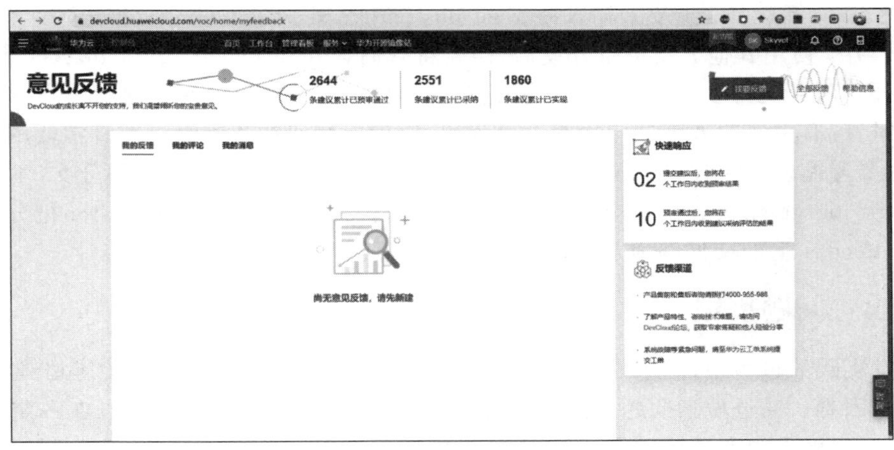

图 A.13　DevCloud 意见反馈平台

单击“我要反馈”按钮可以创建一个新的反馈,如图 A.14 所示。对于问题缺陷的反馈需要用户填写问题描述、出错截图、浏览器报错信息以及浏览器型号版本,以便工程师进行分析。

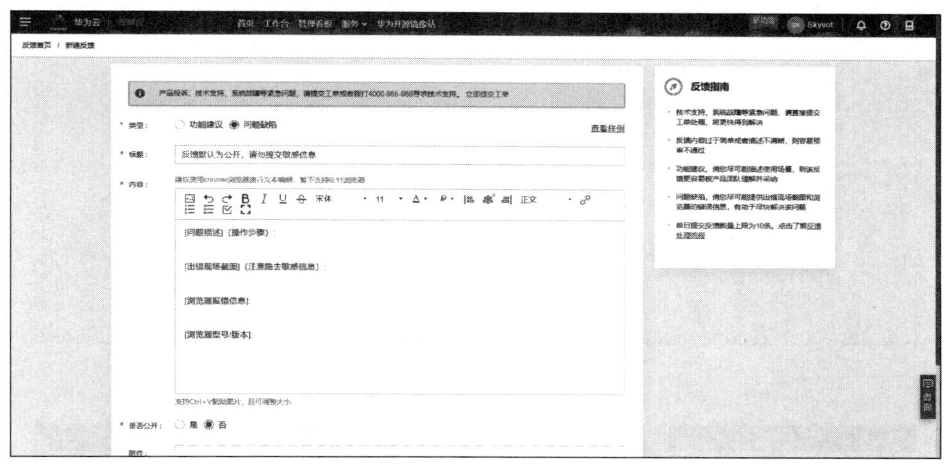

图 A.14 新建反馈页面

如果遇到技术难度较大或者比较紧急的问题,可以采取提交工单的方式以便得到更快的回复处理。进入华为云控制台页面,如图 A.15 所示。选择导航栏“工单”→“新建工单”选项进入新建工单页面,如图 A.16 所示。

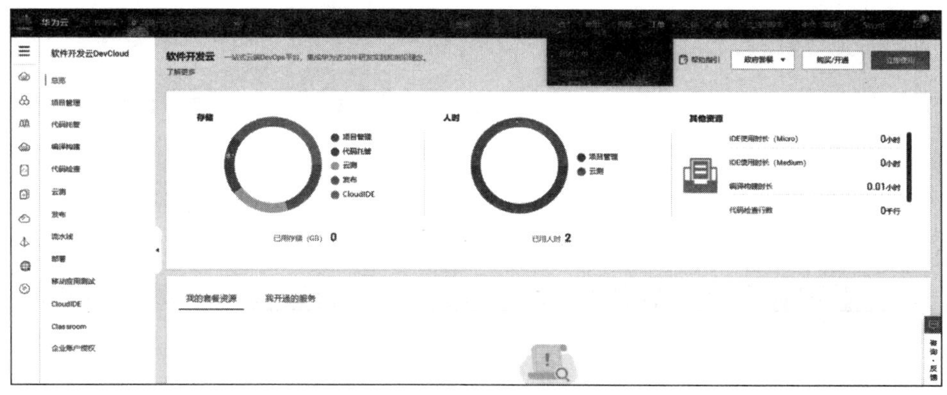

图 A.15 华为云控制台页面

接下来可以在该页面选择遇到问题所属的产品类型。DevCloud 相关的问题可以在页面下方“更多工单产品分类”中找到。单击需要提交工单的产品类型后需要进一步选择更细致的问题类型,选择“问题类型”选项将弹出如图 A.17 所示的菜单。在菜单中选择“新建工单”选项即可进入工单页面,如图 A.18 所示。按照提示完成工单填写后可以单击“确定”按钮提交工单。华为云相关技术人员便会对工单问题进行处理并与用户联系。

华为云拥有完善的用户支持体系,用户遇到问题可以通过多种方式与华为云技术人员取得联系、解决问题,这极大地降低了开发者使用 DevCloud 平台的开发难度。

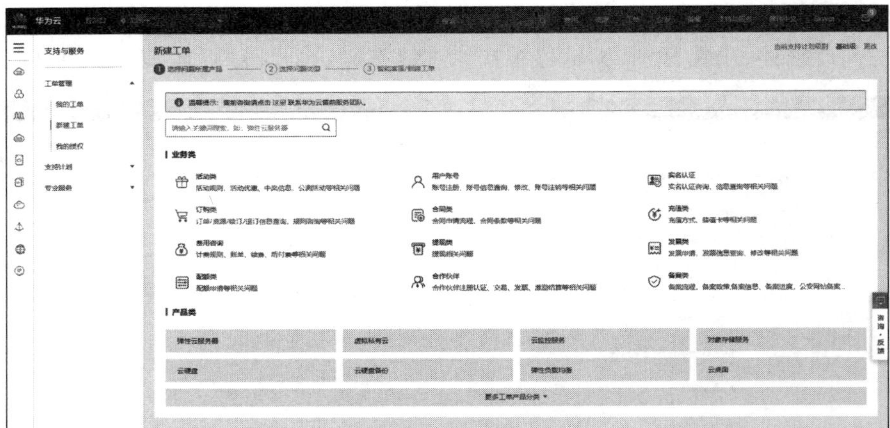

图 A.16　新建工单页面

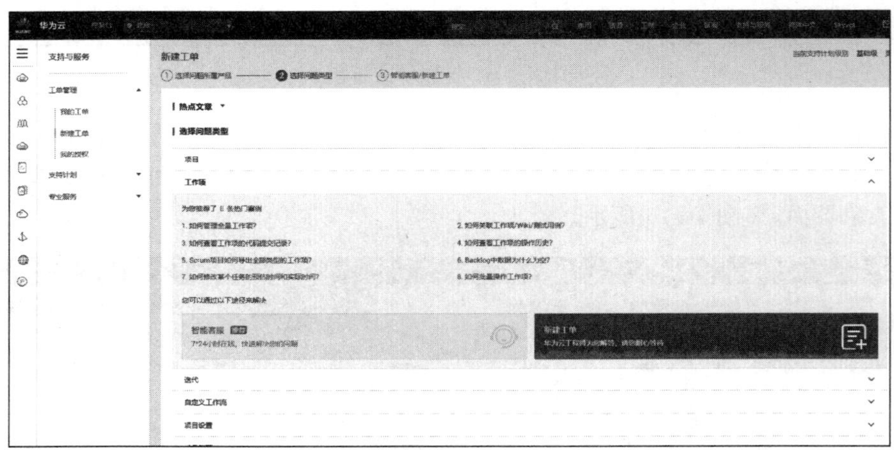

图 A.17　选择问题类型页面

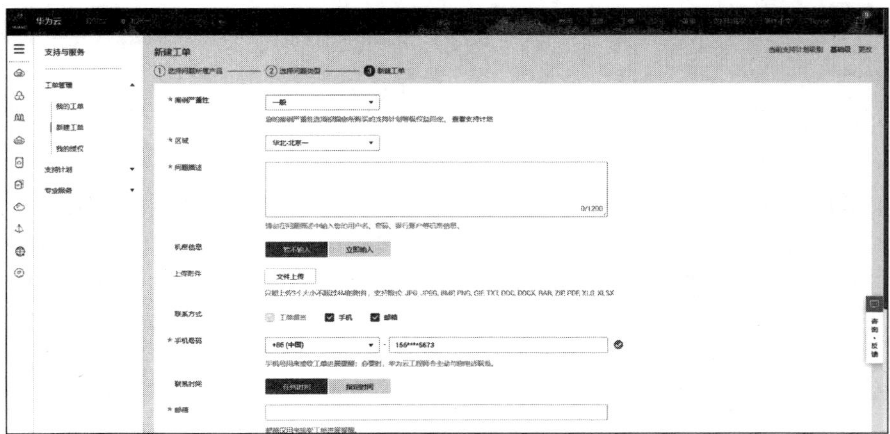

图 A.18　新建工单页面

附录 B

项目答辩

本书附录 A 主要介绍了北京航空航天大学软件学院暑期敏捷开发课程的实训安排，因实训最终应对学生所做的工作，进行评价并给予合适的分数，因此课程设计了合理的项目答辩流程与评价方法，附录 B 将介绍实践所采用的答辩形式、学生互评形式、评分政策并结合案例进行讲解。

B.1 答辩形式安排及重点

考虑到实践团队较多，而实践场地有限，因此项目答辩有两个环节：小班答辩和大班答辩。

小班答辩在实践团队所在的班级中进行，由助教及其所在教室的各个团队项目负责人进行评审。评审员从项目的功能实现、页面设计以及页面逻辑等方面，根据评分政策的要求进行评分。打分结果由助教进行收集并进行统计，得分最高的两个团队将代表本班级参加大班答辩。

大班答辩在原则上需要参加大班答辩的各个团队全员出席，由教师及助教们进行评审并根据答辩内容进行提问。评分时，从项目的功能实现、页面设计以及页面逻辑等方面，根据评分政策的要求对参加大班答辩的各个团队进行打分。最终评分经过教师及助教们讨论协商给出，并根据参加大班答辩的各团队得分情况，确定其他团队的得分。

答辩内容应围绕所实现的项目，着重对项目功能进行展示。除此之外可以简要介绍技术选型、开发过程中遇到的问题及解决方案等。

对于项目功能的展示，应按照项目的逻辑进行展示。例如，对于一个需要管理员进行数据管理的网上平台，管理员的管理功能应该在管理员已经登录的条件下进行展示，而不应在普通用户已经登录的条件下进行展示。而对于第二次迭代新增的功能，答辩人应也进行说明和展示。

除此之外，项目的功能应包含但不限于基本功能的实现，还应考虑其他因素。例如，如果项目中有用户评价功能，则为了追求更好的用户体验，可以额外添加用户点赞、用户收藏等其他功能。

在答辩过程中，如果对于本团队开发过程中遇到的问题及解决方案有独特的见解，可以适当解释。

B.2 互评形式

在进行小班答辩前，需要确定答辩团队的答辩顺序。原则上讲，答辩顺序应该随机打乱，并提前一天在小班中进行公布。在实际答辩中，考虑到时间和资源因素，可以对答辩顺序进行适当调整。

小班答辩时，需要各个项目团队之间进行互评。各项目团队需要请其团队负责人对其他项目团队的项目进行评分。评分原则如下所述。

(1) 互评应评价项目的 3 个方面内容：基本功能、页面设计、页面逻辑。

(2) 基本功能部分，应评价项目是否完成其功能性需求。

(3) 页面设计部分，应评价项目的设计是否美观，各组件位置是否合理。

(4) 页面逻辑部分，应评价项目的逻辑是否出现问题。

在进行小班答辩时，每个团队应请其团队负责人担任评分人进行打分，根据评分政策制订的评分表，从基本功能、页面设计、页面逻辑这 3 个方面对其他团队的项目进行打分，并针对其他团队的答辩内容进行评价和提问。在必要时在对答辩团队项目的创新点和缺点进行记录。

B.3 评分政策

B.3.1 评分标准简介

实训总评分为 100 分，评分内容如表 B.1 所示。

表 B.1 评分内容

签到	DevCloud 线上编译部署	DevCloud 项目管理	第一次迭代展示	最终项目展示	用户手册	总分
10	10	20	10	40	10	100

下面对表 B.1 中各项进行说明。

(1) 实训总评分为 100 分。除签到、第一次迭代展示、最终项目展示以外，用户手册、DevCloud 线上编译部署、DevCloud 项目管理均需要以文档形式提交并进行评分。最终提交文件应包含：线上编译部署文档、项目管理文档、用户手册、最终项目答辩 PPT、项目展示视频以及团队项目总结。

(2) 签到总分 10 分，由助教进行统计。每人每日上下午各签到 1 次，每次签到记 0.5 分。缺勤累计超过 3 天，签到总分按 6 分记；缺勤累计超过 5 天，签到总分按 3 分记；缺勤累计超过 7 天，按 0 分记。

(3) DevCloud 线上编译部署部分总共 10 分，要求各团队将项目代码托管至代码仓库，并在线上完成编译、构建、部署。各个团队应提交线上编译部署文档。文档中需包括对 DevCloud 线上部署各个步骤的截图，并对各个步骤进行说明。

(4) DevCloud项目管理部分总共20分，要求各团队从用户故事、工作项、仪表盘等进行截图。其中，用户故事部分需要提供每个用户故事的完整截图；工作项和仪表盘应每日更新，并在文档中注明日期。用户故事截图样例如图B.1所示。工作项截图样例如图B.2所示。仪表盘截图样例如图B.3所示。

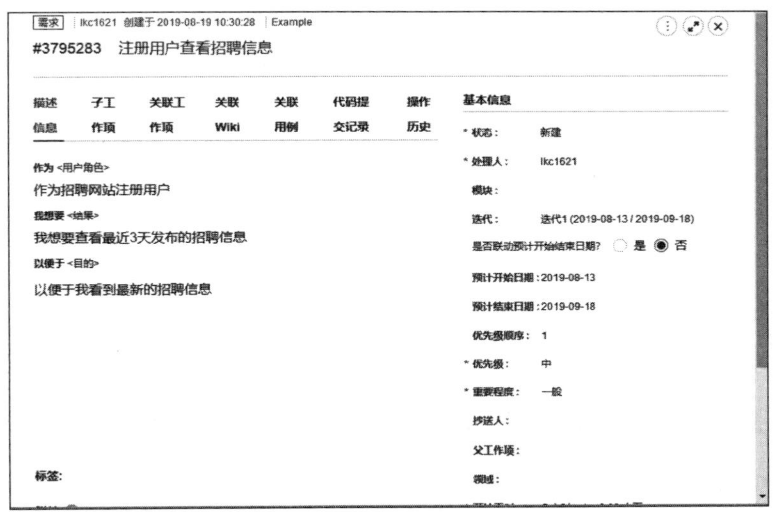

图B.1　用户故事截图样例

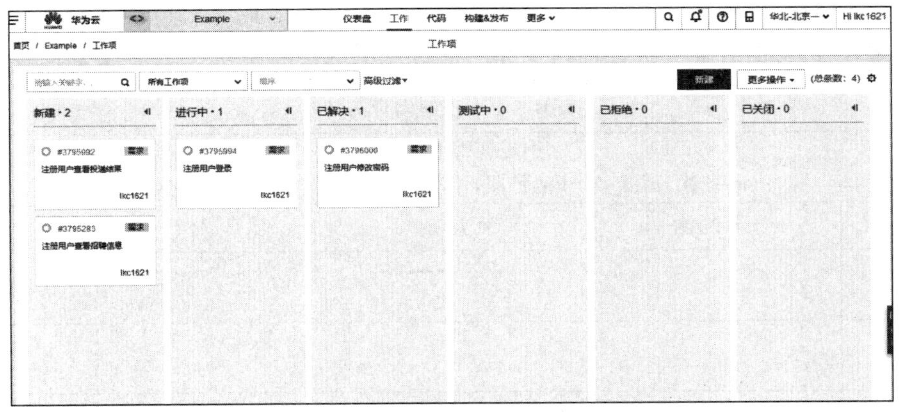

图B.2　工作项截图样例

(5) 第一次迭代展示总共10分。各团队需要对项目进行展示，无须准备PPT，主要查看项目功能完成情况，并检查项目已完成部分是否符合需求。对于本次迭代展示采取助教评分与组件互评相结合的形式，最终评分取加权平均值。

(6) 用户手册总共10分，需要面向软件使用者，详细清晰地写出软件主要功能和使用流程。

(7) 最终项目展示总共40分，评分政策见B.3.2节。

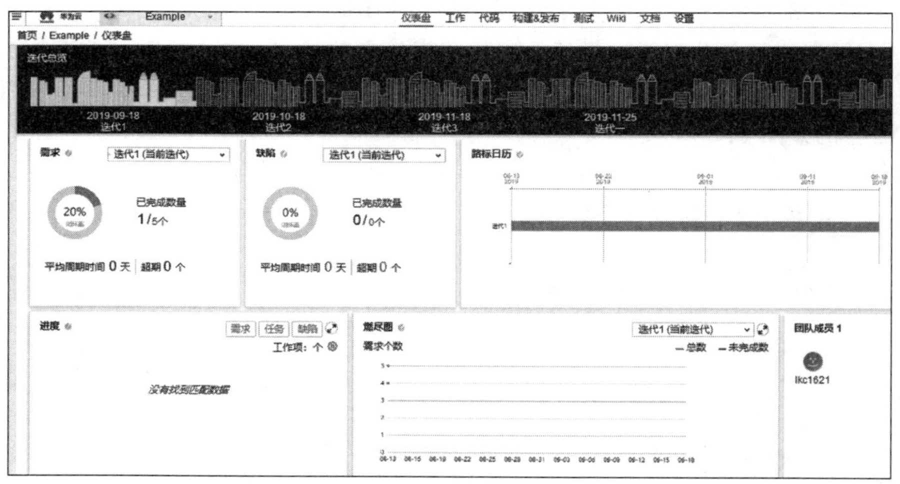

图 B.3　仪表盘截图样例

B.3.2　最终项目展示评分政策

对于各个团队的评分应确保公平公正。在参与实践人数较多的情况下，最终项目展示采取的评分政策可分为小班答辩评分政策和大班答辩评分政策。

1. 小班答辩评分政策

小班答辩环节，由助教和各个项目团队负责人进行评分。评分政策采取去掉团队互评最高分和最低分后，与助教评分进行加权求和的形式。小班答辩评分表如表 B.2 所示。

表 B.2　小班答辩评分表

小班答辩展示评分 （除备注、团队号，其他每项：优秀 5 分，良好 3 分，一般 2 分）				
团队号	项目功能	页面美观	项目逻辑	备注

对于表 B.2 的各项解释如下所述。

（1）“团队号”一栏，按照答辩顺序进行填写。团队负责人在评价自己团队时，应在其组号所在的行的各个栏目中打上斜线或空着不填写。除此之外，每名团队负责人需要在评分表上写上自己所在团队的组号。

（2）对各个评分项，应按照相应标准进行打分。评分标准总体划分为 3 个等级：“优秀”“良好”“一般”。“优秀”则评 5 分，“良好”则评 3 分，“一般”则评 2 分。

在实际评分过程中，可以适当地扣分。例如，在“项目基本功能”栏目，认为团队未达到优秀水平，却超过良好水平，则可以评 4 分；而如果项目的基本功能大部分未实现，则可以评 0 分或 1 分。注意，为了较好地拉开差距，反映各个团队的实际情况，评分时，应该按照“0、1、2、3、4、5”的分度制进行评分。如果遇到扣小数分的情况，应按照向下取整处理。打分方式如图 B.4 所示。

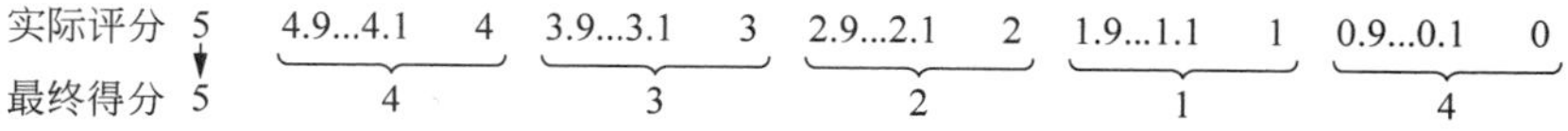

实际评分	5	4.9...4.1　4	3.9...3.1　3	2.9...2.1　2	1.9...1.1　1	0.9...0.1　0
最终得分	5	4	3	2	1	4

图 B.4　打分方式

各个评审员对项目进行评分之后，由助教负责总结统计，按照加权求和的形式获取最终得分。在加权求和之前，为了防止团队之间出现恶意评分或过高评分现象，应去掉每个团队得分中的最高分和最低分，然后再取平均值。该平均值即为团队的互评得分。然后，将互评得分与助教得分进行加权求和。加权求和的权重分配可以为：

小班答辩团队最终得分＝助教评分×50％＋团队互评得分×50％

助教得分和最终团队得分可以根据实际参加答辩团队数量进行调整。得出小班答辩团队最终得分后，对本教室中答辩评分最高的两个团队进行公布。这两个团队将参加大班答辩。

2．大班答辩评分政策

大班答辩环节，由教师与各位助教进行评分。评分政策采取加权求和的形式，大班答辩评分表如表 B.3 所示。

表 B.3　大班答辩评分表

大班答辩展示评分 （除备注、团队号外，每项 10 分，总分 40 分）					
团队号	项目基本功能	页面美观	项目逻辑	项目迭代功能	备注

对于表 B.3 的各项，解释如下所述。

（1）“团队号”一列，按照答辩顺序进行填写。答辩顺序根据参加大班答辩的各个团队的组号，从小到大顺序排列。

（2）对于除了“备注”“团队号”之外的各个列，应该按照相应的评分标准进行打分。评分时，应该按照“0，1，2，3，…”的整数分度制统一进行评分。如果遇到扣小数分的情况，应按照向下取整的方式处理，类似“小班评分答辩评分政策”的评分部分。

（3）“项目迭代功能”一列，根据团队项目第二次迭代时提出的功能进行评分。

在各位评审员评分之后，需要对各个团队的评分进行汇总，并根据各团队的答辩内容进行进一步讨论，得出大班答辩最终评分。

得出参加大班答辩的各个团队的最终评分后，需要计算其他团队的答辩得分。为了使评分公平公正，每个教室应首先得出该教室中参加大班答辩的两个团队最终答辩评分的平均分，将这个平均分作为该教室的最高分。然后按照小班答辩中，其他团队的得分占该教室参加大班答辩的两个团队的小班答辩得分平均分的比例，计算该教室中其他团队的得分。

例如，教室 1 中有 A、B、C、D、E、F、G、H 这 8 个团队。教室 1 中各团队小班答辩得分如表 B. 4 所示。

表 B. 4　教室 1 中各团队小班答辩得分

团队号	A	B	C	D	E	F	G	H
得分	9	9	8	7	7	4	6	6

可以看到，教室 1 中得分最高的团队为 A 团队和 B 团队，因此这两个团队代表教室 1 参加大班答辩，A 团队和 B 团队在大班答辩中的得分如表 B. 5 所示。

表 B. 5　A 团队和 B 团队在大班答辩中的得分

组号	A	B
得分	38	40

上述得分即为 A 团队和 B 团队的最终答辩得分。

A 团队和 B 团队的最终答辩平均分为 39 分。将这个平均分作为教室 1 的最高分，对教室 1 中其他各团队的分数进行计算。

首先，计算出 A 团队和 B 团队在小班答辩中的平均分，为(9＋9)÷2＝9(分)。然后，计算小班答辩中其他各团队得分占此平均分的比例。教室 1 中各团队小班答辩分数占 A 团队和 B 团队小班答辩分数平均分的比例如表 B. 6 所示。

表 B. 6　各团队小班答辩分数占 A 团队和 B 团队小班答辩分数平均分的比例

团队号	A	B	C	D	E	F	G	H
得分占比	1	1	8÷9＝0.88	7÷9＝0.77	7÷9＝0.77	4÷9＝0.44	6÷9＝0.66	6÷9＝0.66

根据 A 团队和 B 团队在大班答辩中得出的平均分(39 分)，按照上表中得出的比例计算其余各团队的得分。按照比例计算出的教室 1 中各团队的得分(保留小数位)，如表 B. 7 所示。

表 B. 7　按照比例计算出的教室 1 中各团队的得分(保留小数)

团队号	A	B	C	D	E	F	G	H
得分	39	39	39×0.88＝34.32	39×0.77＝30.03	39×0.88＝30.03	39×0.44＝17.16	39×0.66＝25.74	39×0.66＝25.74

对于出现小数的得分，采取四舍五入的方式进行处理，处理后的结果即为各个团队的最终

答辩得分。教室 1 中各团队最终得分如表 B.8 所示。

表 B.8　教室 1 中各团队最终得分

团队号	A	B	C	D	E	F	G	H
得分	39	39	34	30	30	17	26	26

得出团队最终答辩得分之后，各个团队内部还需要根据实训过程中个人工作量的多少，进一步进行团队内部个人权重的分配。

团队的总权重为团队总人数乘以 1，在分配权重过程中应保持不变。默认情况下每个队员权重皆为 1，经过团队内部讨论后权重可能会有略微调整。对于个人权重的调整应及时汇报给各位助教。在最终计算个人得分时，超过满分的部分忽略不计。

一般而言，一个团队中，团队成员的最高分与最低分之间不宜超过 20 分。而对于权重极不协调的情况，应和该团队负责人进行联系，督促该团队对个人权重进行协调并重新给出权重。

仍以上述教室 1 为例，在得出各个团队最终得分之后根据各个团队上报的权重进行分数的调整。如果 E 团队有 8 位队员，经过 E 团队内部讨论得出每个队员的权重。E 团队各个队员权重分配，如表 B.9 所示。

表 B.9　E 团队各个队员权重分配

姓名	甲	乙	丙	丁	戊	己	庚	辛
权重	1	1.1	1.1	1.2	0.9	0.9	0.9	0.9

每个人最终的得分如表 B.10 所示。

表 B.10　E 团队各个队员权重分配

姓名	甲	乙	丙	丁	戊	己	庚	辛
得分	30	33	36	36	27	27	27	27

如果 E 团队每人权重不是表 B.9 所示的那样，即假设 E 团队出现各个队员权重分配不合理的情况，如表 B.11 所示。

表 B.11　假设 E 团队出现各个队员权重分配不合理的情况

姓名	甲	乙	丙	丁	戊	己	庚	辛
权重	1.1	1.5	1.5	1.5	0.5	0.5	0.4	1

则在不合理权重分配的情况下，E 团队各个队员的得分如表 B.12 所示。

表 B.12　不合理权重分配的情况下 E 团队各个队员的得分

姓名	甲	乙	丙	丁	戊	己	庚	辛
权重	33	40	40	40	15	15	12	30

通过表 B.12 可以看出，如果按照这种权重进行计算，那么该团队最高分和最低分之间相差近 30 分(40.12=28 分)，从评分的公正性来讲这种权重分配不太合理，应该联系该团队负责人联系该团队成员，经过讨论后重新给出权重。

3. 各个等级评分标准

评分时，应主要从项目功能、页面美观、项目页面逻辑 3 个方面进行评分。对于每一个方面，都有大致分为“优秀”“良好”“一般”这 3 个等级。

(1) 项目功能。

项目功能应参照需求文档和答辩情况进行评分。项目功能评分等级及要求，如表 B.13 所示。

表 B.13　项目功能评分等级及要求

等级	评　分
优秀	较好完成项目功能性需求；除完成项目功能外增添其他功能
良好	基本完成项目功能性需求；除基本需求外增添其他功能
一般	基本完成项目功能性需求；有部分需求未较好完成

(2) 页面美观。

页面应尽可能美观。页面美观评分等级及要求，如表 B.14 所示。

表 B.14　页面美观评分等级及要求

等级	评　分
优秀	页面完整、整洁、美观；风格一致，与主题相关性强；表单设计等用户友好
良好	页面完整、整洁；风格一致，与主题相关性强
一般	页面完整；风格一致

(3) 项目页面逻辑。

项目要求具有一定的逻辑。项目页面逻辑评分等级及要求，如表 B.15 所示。

表 B.15　项目页面逻辑评分等级及要求

等级	评　分
优秀	项目页面逻辑结构正确，页面内容清晰、主次分明；页面跳转正确流畅、页面响应时间短
良好	项目页面逻辑结构正确，页面内容清晰、主次分明；页面间跳转正确、功能可以响应
一般	项目页面逻辑结构正确；可能出现页面跳转失误或功能未响应等情况

B.4　评分案例

以项目为“学习生活交流论坛”的某团队为例，对该团队的整个项目和文档进行评分。该团队总共有 4 位成员，最终项目实现编译部署发布等任务。

B.4.1　签到

该团队在实践期间保持全勤，每日签到部分，每人得 10 分。

B.4.2　DevCloud 线上编译部署

该团队使用 Vue.js＋Sprint Boot＋MongoDB 进行项目的开发，实现了项目在华为云的编译部署构建，并最终可以发布。但在该团队提交的编译部署构建文档中，仅仅对编译部署构建的步骤进行了截图，而没有相关文字说明，因此文档不够详细，在“华为云线上编译部署”这一部分，该团队得分为 8 分。

B.4.3　DevCloud 项目管理

该团队提交的项目管理文档中，包含了用户故事截图、每日工作项截图、每日仪表盘及迭代、版本管理等方面内容，与“华为云线上编译部署”一致，该团队提交的华为云项目管理文档中，仅仅有这些方面的截图，而并没有相关说明，因此文档不够详细，在“华为云项目管理”这一部分，该团队得分为 18 分。

B.4.4　第一次迭代展示

在第一次迭代展示的前一天，该团队当日仪表盘内容，如图 B.5 所示。该团队当日工作项内容，如图 B.6 所示。可以看出，该团队针对迭代 1 的各项内容已经完成，在第一次迭代展示时已经开始进行第二次迭代。并且该团队在第一次迭代展示时，对于团队已经实现的功能进行了较好的展示，页面的大体框架已经搭建完成，因此在“第一次迭代展示”这部分，该团队得分为满分 10 分。

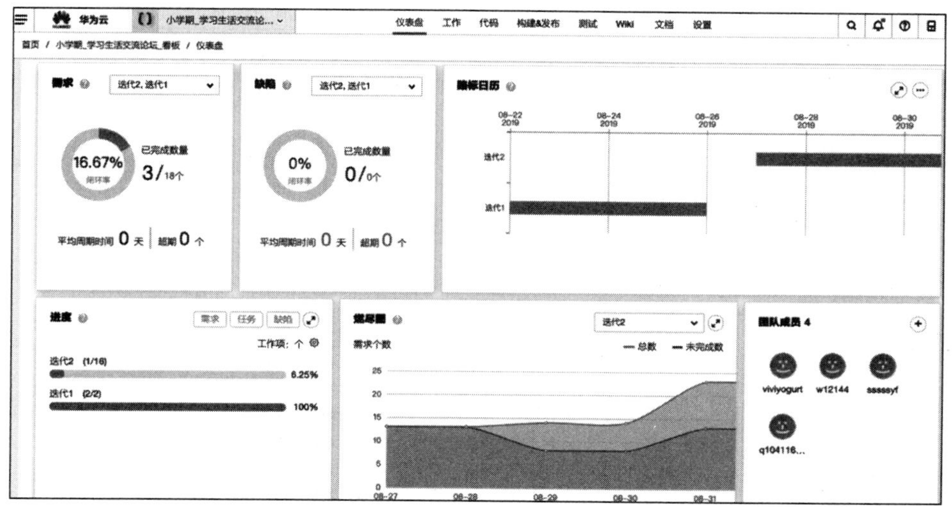

图 B.5　该团队当日仪表盘内容

B.4.5　最终项目展示

最终项目展示部分，分为小班答辩和大班答辩两个环节进行评分。

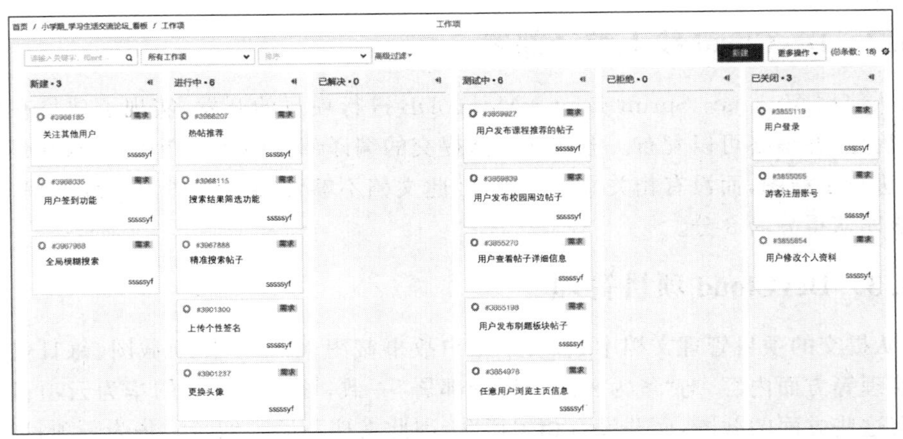

图 B.6　该团队当日工作项内容

1. 小班答辩

在小班答辩过程中，该团队对团队项目进行展示。该团队在项目功能，页面美观、项目逻辑这 3 个方面的小班答辩得分，如表 B.16 所示。

表 B.16　小班答辩评分表

小班答辩展示评分 （除备注、团队号，其他每项：优秀 5 分，良好 3 分，一般 2 分）				
团队号	项目功能	页面美观	项目逻辑	备　注
1	5	3	2	除了项目需求功能外，实现了其他功能

经过分析统计各个团队得分，该团队以教室内小班答辩总分第一名的成绩，参加大班答辩。

2. 大班答辩

在大班答辩过程中，该团队使用 PPT 对项目进行了介绍，并在计算机上演示了整个项目的运行。论坛实现的功能，如图 B.7 所示。

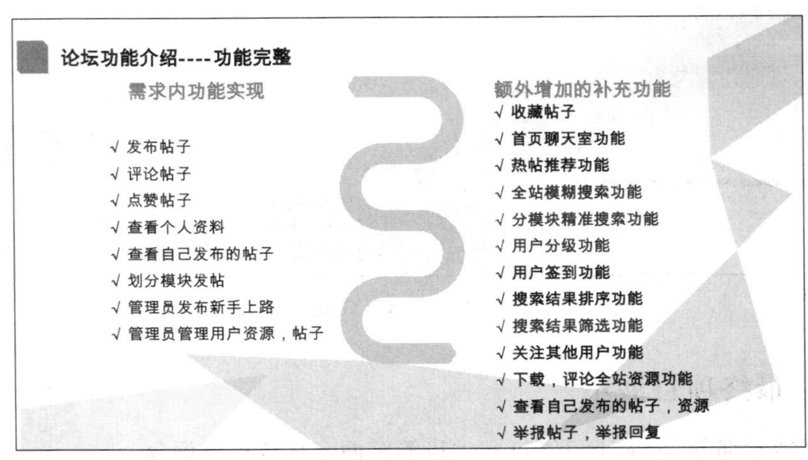

图 B.7　论坛实现的功能

除了对需求的功能进行额外补充外，该团队还对论坛的功能进行了优化，团队对论坛功能的优化，如图 B.8 所示。

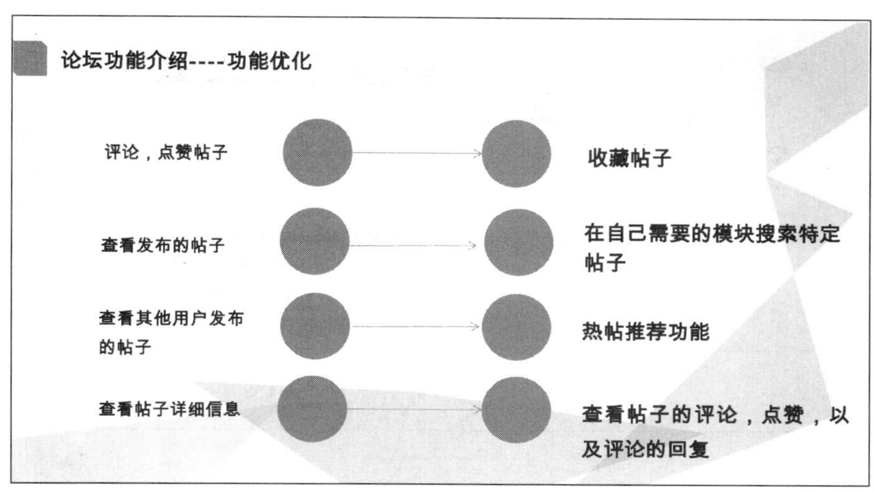

图 B.8　团队对论坛功能的优化

团队的功能展示部分，着重对后台管理功能以及增加的功能进行展示。后台管理功能，如图 B.9 所示。增加的功能如图 B.10～图 B.14 所示。

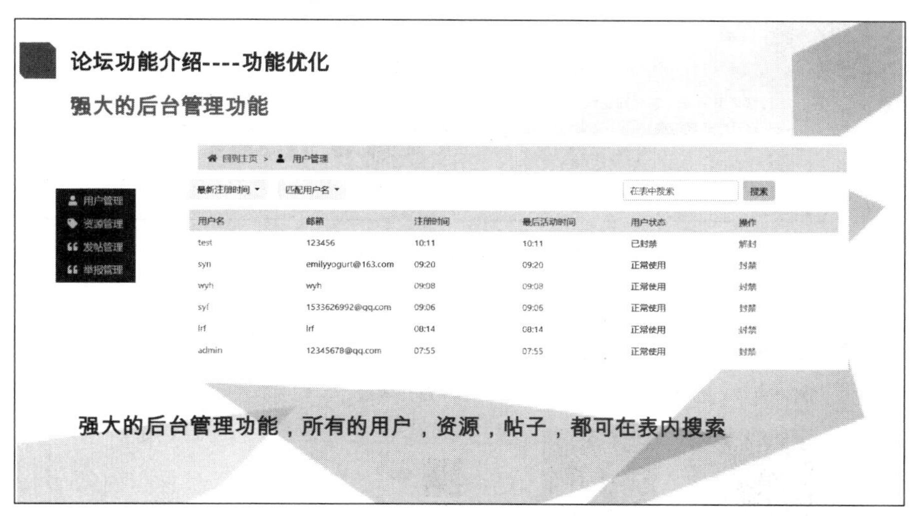

图 B.9　后台管理功能

可以看出，该团队使用敏捷开发，在实现基本需求功能以外，增加了若干功能，项目功能完善。而在实际展示时，该团队的项目主页，如图 B.15 所示。

在展示时，该团队没有出现页面跳转失败等问题，整体演示流畅。

经过统计，该团队的大班答辩最终得分，如表 B.17 所示。

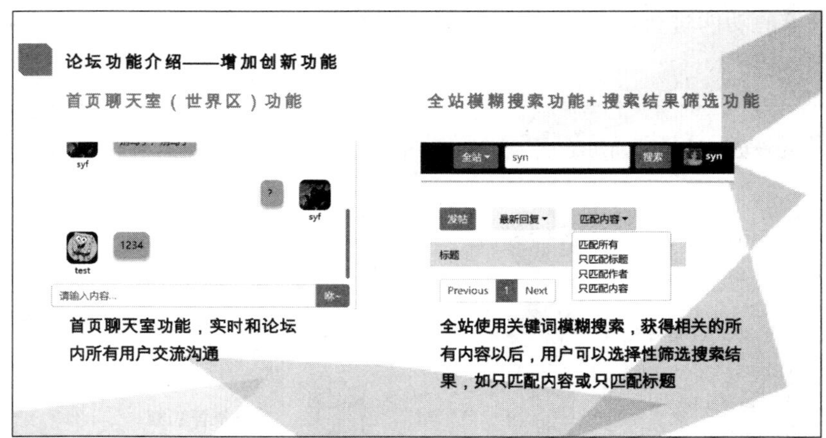

图 B.10　增加创新功能 1

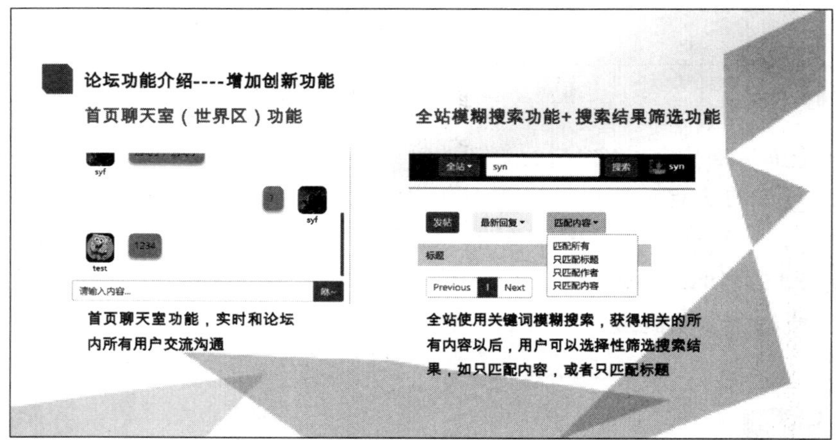

图 B.11　增加创新功能 2

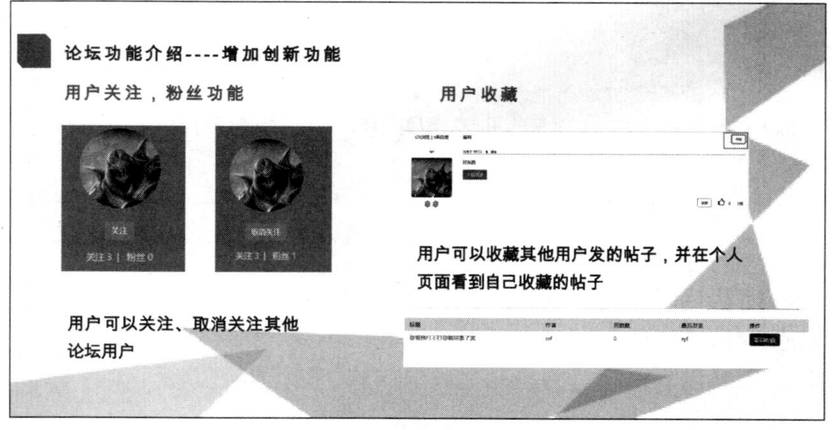

图 B.12　增加创新功能 3

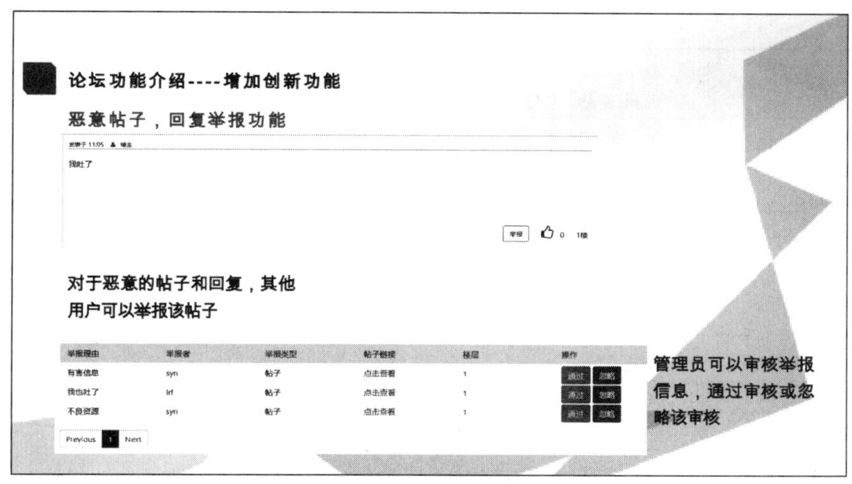

图 B.13　增加创新功能 4

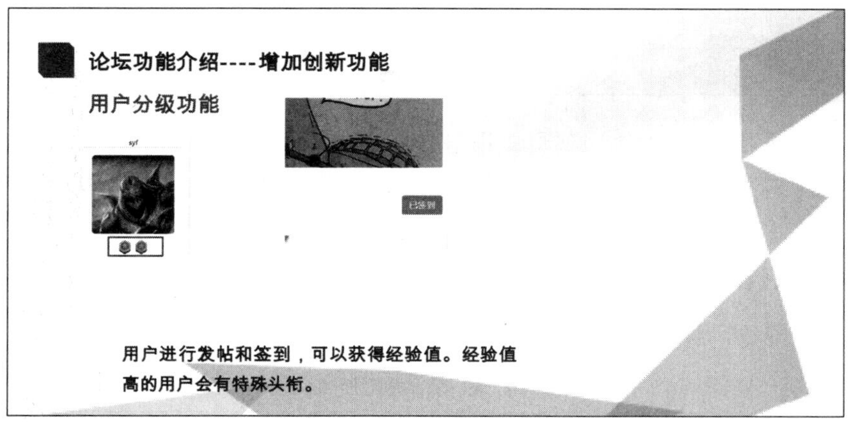

图 B.14　后台管理功能 5

图 B.15　该团队的项目主页

表 B.17　该团队的大班答辩最终得分

大班答辩展示评分 （除备注、团队号外，每项 10 分，总分 40 分）					
团队号	项目基本功能	页面美观	项目逻辑	项目迭代功能	备　注
1	10	10	10	10	功能完善、页面美观、逻辑无误、迭代功能完整

团队每位成员经过讨论得出成员权重，团队各个成员权重分配，如表 B.18 所示。

表 B.18　团队各个队员权重分配

姓名	甲	乙	丙	丁
权重	1	1	1	1

经过计算，每位成员在"最终项目展示"部分的得分，如表 B.19 所示。

表 B.19　每位成员在"最终项目展示"部分的得分

姓名	甲	乙	丙	丁
权重	40	40	40	40

该团队针对项目功能，为使用项目的用户提供用户手册。用户手册中对用户故事、项目功能等进行详细介绍。因此，在"用户手册"部分，该团队得分为 10 分。团队用户手册，展示见附录 C。

B.4.6　总计

经过之前各部分的评分，该团队成员最终得分如表 B.20 所示。

表 B.20　该团队成员最终得分

姓名	签到	DevCloud 线上编译部署	DevCloud 项目管理	第一次迭代展示	最终项目展示	用户手册	总分
甲	10	8	18	10	40	10	96
乙	10	8	18	10	40	10	96
丙	10	8	18	10	40	10	96
丁	10	8	18	10	40	10	96

用户手册

C.1 引言

C.1.1 编写目的

为了向使用者全面介绍本网站的功能，提升用户使用体验，帮助用户更好地了解本网站，特此编写《用户使用说明书》，方便广大使用者参阅。

C.1.2 使用者

本网站面向所有计算机专业和其他相关专业的学生。

C.1.3 项目背景

芒果论坛为方便广大计算机专业和其他相关专业的学生对学习生活等方面寻找资源的需求而设计，致力于向大家提供一个优质安全、功能完善、用户体验良好的学习生活交流平台。本平台为广大计算机专业和其他相关专业的学生提供了校园周边、课程推荐、刷题讨论、资源共享等版块，实现了资源上传和下载的功能，帖子发布和删除，帖子收藏和举报等全面而完整的功能，并实现了关注用户的功能，首页聊天室等全面而多样的用户间交流沟通方式，提高了用户体验度，由此解决了网路论坛鱼龙混杂，资源良莠不齐，功能短缺不变等问题。

C.1.4 参考资料

[1] 吕云翔. 软件工程实用教程[M]. 北京：清华大学出版社，2015.
[2] 梁灏. Vue. js 实战[M]. 北京：清华大学出版社，2017.

C.2 软件概述

C.2.1 目标

芒果论坛的宗旨是为广大计算机专业和其他相关专业的学生提供一个优质安全、功能完善、互动方式多样的学习生活交流平台。本平台主要包括个人主页，校园周边，刷题讨论，资源共享，课程推荐五大模块。用户可以注册并登录系统，通过全局模糊搜索，分模块精准搜索等方式，精准搜索到自己需要参考的帖子，找到自己需要的资源，发现自己感兴趣的用户。用户也可以在对应的模块发布相关内容的帖子，上传对他人有用的资源，和其他用户一起讨论感兴趣的内容。同时对于不合乎论坛规则、不友善或侵犯他人权利资源的帖子，用户也可以举报这些帖子，从而维护论坛安全和善的交流讨论环境。

C.2.2 功能

功能模块列表如表 C.1 所示。

表 C.1 功能模块列表

模块编号	名称	模块功能描述
101	注册	注册成为已注册用户
102	登录	已注册用户登录系统
103	用户注销	已注册用户离开系统时，进行注销
201	搜索帖子	已注册用户根据关键词在不同模块精准搜索帖子或用关键词模糊搜索
202	浏览帖子	已注册用户可以在找到自己感兴趣的帖子后浏览帖子的详细内容
203	点赞帖子	已注册用户可以点赞自己浏览的帖子
204	回复帖子	已注册用户可以在浏览的帖子后发布回复内容回复该帖子
205	收藏帖子	已注册用户可以在浏览帖子后收藏帖子便于以后查看和管理
206	举报帖子	已注册用户可以在浏览到恶意帖子或非法帖子后选择举报该帖子，从而请求管理员删除该帖
207	发布帖子	已注册用户可以选择在不同的模块发布相关帖子
208	发布资源	已注册用户可以选择在不同模块上传资源，资源格式包括但不限于.jpg、.png、.zip 等
209	下载资源	已注册用户可以全站下载其他用户上传的各种资源
210	点赞帖子	已注册用户可以点赞其他用户发布的帖子
211	收藏帖子	已注册用户可以收藏其他用户发布的帖子
212	回复帖子	已注册用户可以回复其他用户发布的帖子
213	举报帖子	已注册用户可以举报其他用户发布的违反论坛规则或恶意破坏的帖子
301	关注用户	已注册用户可以在其他用户的个人页面选择关注其他用户
302	用户分级	根据用户在论坛的活跃度(发布帖子、签到)将用户分成不同的等级
303	用户签到	已注册用户可以在首页完成每日签到以增加经验值
304	首页聊天	已注册用户可以在首页与其他所有用户在线实时聊天
305	修改个人资料	已注册用户可以在个人页面修改自己的个人资料，包括但不限于头像、个性签名等
306	修改密码	已注册用户可以在个人页面修改重置密码
307	管理用户	管理员可以在后台搜索用户，封禁或解封用户
308	管理资源	管理员可以在后台搜索资源，查看资源相关信息，删除资源
309	管理发帖	管理员可以在后台搜索帖子，查看帖子相关信息、删除帖子
310	管理举报	管理员可以在后台查审核举报信息，通过或忽略举报
311	用户分级	根据用户在论坛的活跃度(发布帖子)将用户分成不同的等级，鼓励用户登录论坛
401	用户签到	已注册用户可以在首页完成每日签到，以增加自己的活跃度
402	首页聊天	已注册用户可以在首页与其他所有用户在线实时聊天

C.2.3　软件配置

(1) 操作系统：无特殊要求。
(2) 软件：推荐 Chrome。
(3) CPU：Intel Core i3 及以上。
(4) 内存(RAM)：4GB 及以上。
(5) 存储设备：1GB 以上空闲空间。
(6) 显卡：无特殊要求。

C.2.4　系统流程介绍

系统流程示意图如图 C.1 所示。

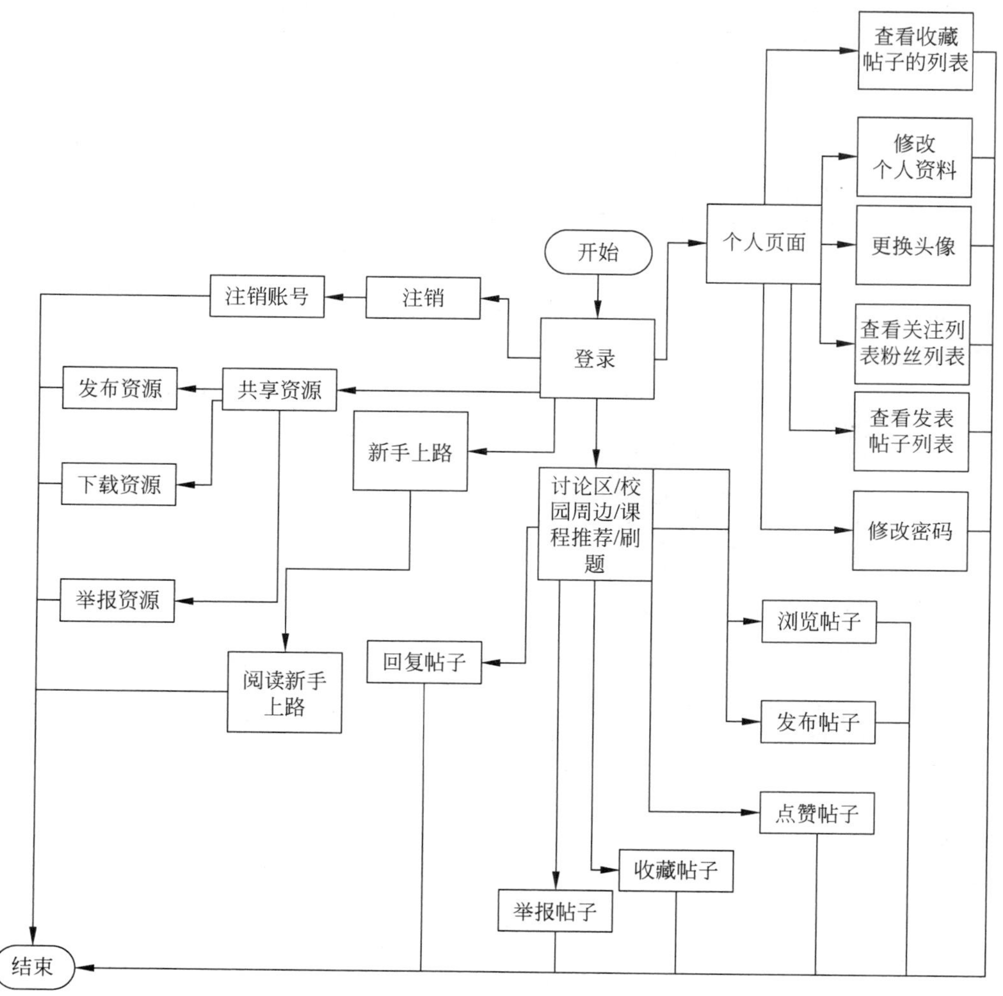

图 C.1　系统流程示意图

C.3 使用说明

C.3.1 平台主页

1. 登录

(1) 用户输入地址,进入到网站首页。

(2) 输入用户名、密码,登录,如图 C.2 所示。

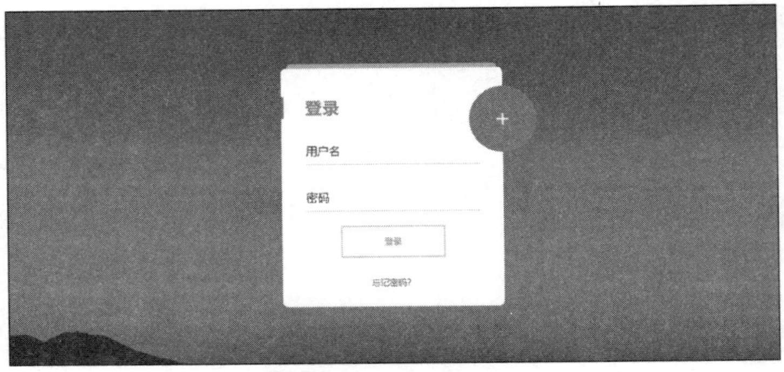

图 C.2　网站登录首页图

(3) 单击"登录"按钮,如果信息无误且已经注册,则进入个人信息页面;否则提示用户名或者密码错误或提示用户身份不匹配,如图 C.3 所示。

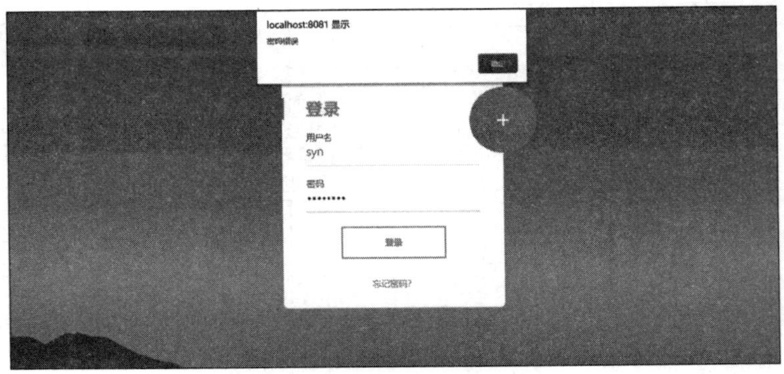

图 C.3　网站登录错误提示图

2. 注册

(1) 用户进入到网站首页,单击"注册"按钮,跳转至注册页面,如图 C.4 所示。

(2) 如果信息无误,则进入新手上路页面;否则提示密码长度必须为 6～20 位或用户名已存在或邮箱已经被注册,如图 C.5 所示。

(3) 单击"注册"按钮,如果信息无误,则用户注册成功,新用户直接进入新手上路界面,如图 C.6 所示。

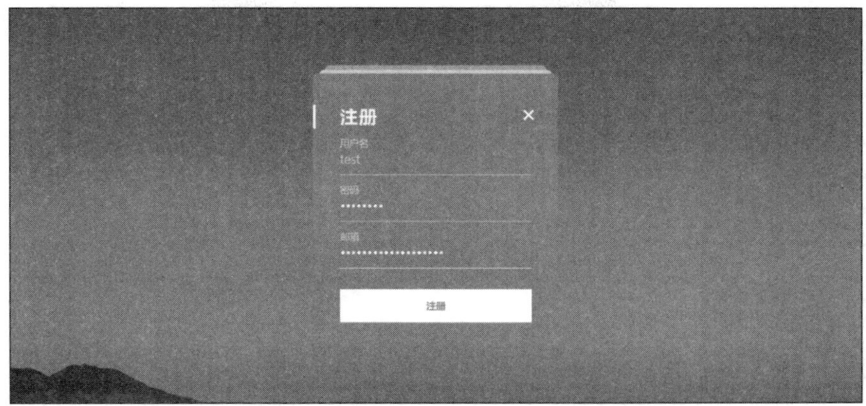

图 C.4　注册页面

图 C.5　注册错误页面

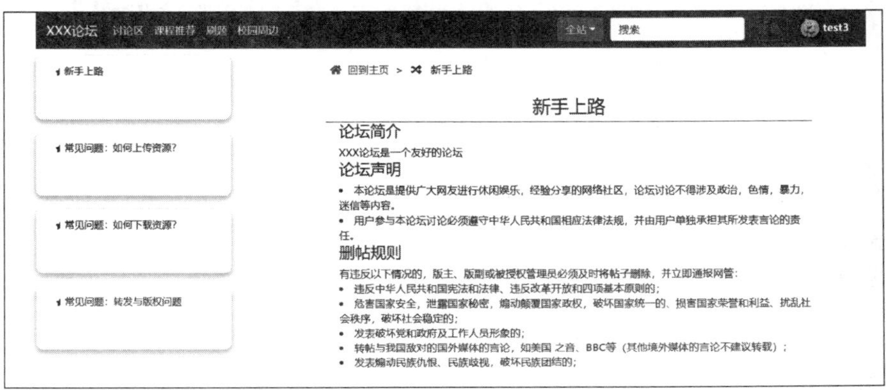

图 C.6　新手上路页面

3. 注销登录

在个人页面单击“注销”按钮，则注销成功，系统跳转到首页，如图 C.7 所示。

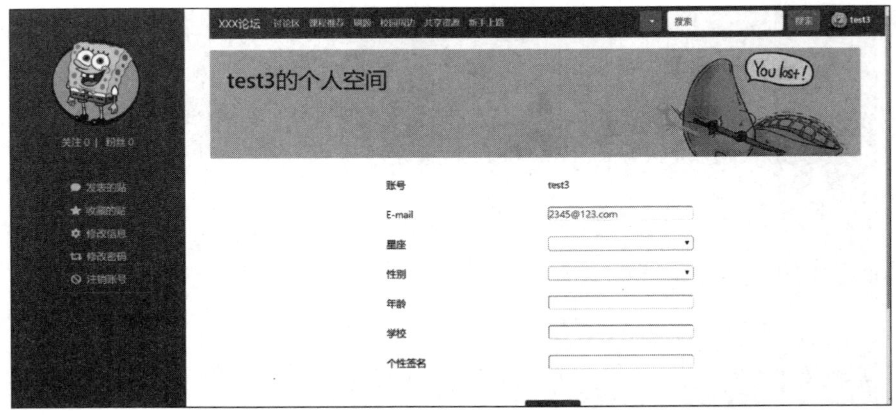

图 C.7 注销登录页面

C.3.2 浏览帖子

在登录成功后，即可成功浏览论坛发布的帖子。

1. 搜索帖子

用户在搜索条件中可选择全站搜索或选择在模块中搜索，还可以输入帖子标题精准搜索，也可以输入关键词，选择匹配全部优先匹配标题、优先匹配帖子内容、优先匹配用户名，出现符合条件的所有帖子，如图 C.8 所示。

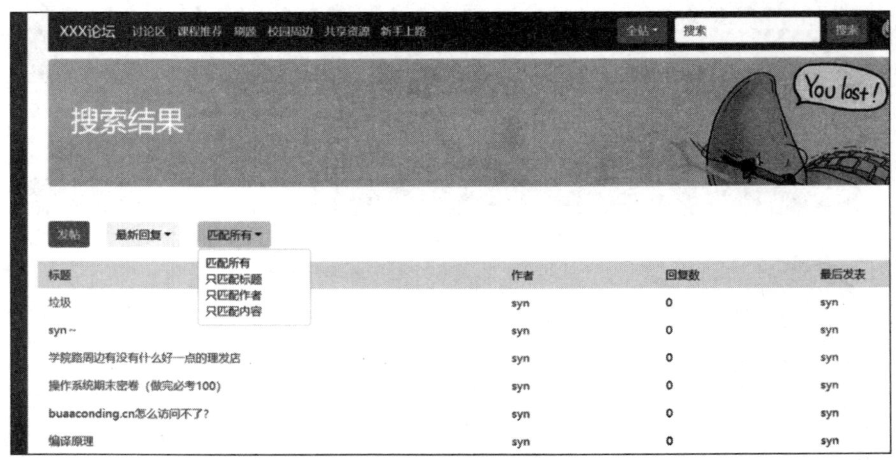

图 C.8 搜索帖子页面

2. 浏览帖子

单击在任意板块发现的帖子或单击搜索到的帖子，就可以进入帖子的详细页面，从而浏览帖子的详细信息，如图 C.9 所示。

3. 点赞帖子

单击帖子的详情页面，单击“点赞”按钮，就可以实现点赞，如图 C.10 所示。

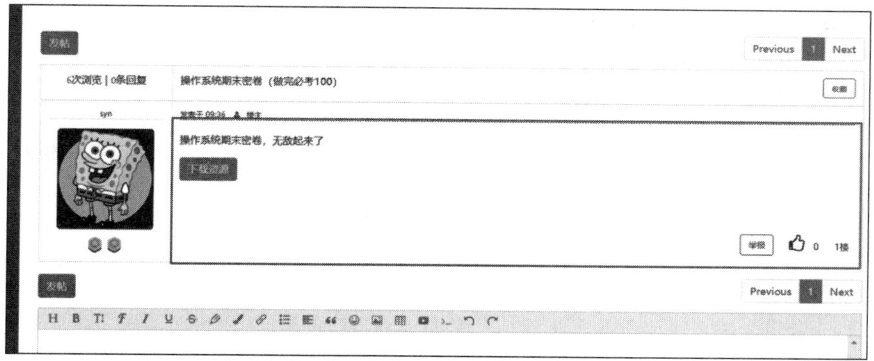

图 C.9　浏览帖子内容页面

图 C.10　点赞帖子页面

4. 回复帖子

在帖子下方的回复框中输入回复信息，就可以回复帖子，如图 C.11 所示。

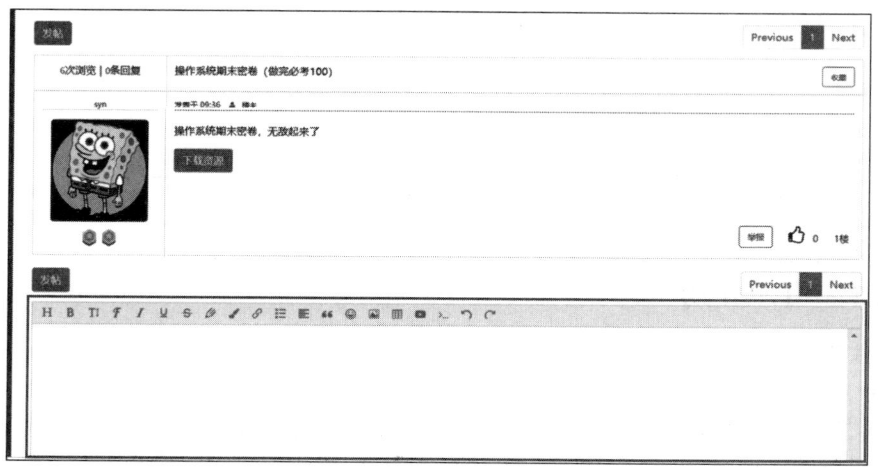

图 C.11　回复帖子页面

5. 收藏帖子

已注册用户单击“收藏”按钮就可以收藏该帖,并可以在个人页面的收藏帖子中查看自己之前收藏过的帖子,如图 C.12 所示。

图 C.12　收藏帖子页面

6. 举报帖子

对于恶意发布的帖子或不符合论坛规则的帖子,已注册用户可以选择举报帖子举报后等待管理员审核该举报,如图 C.13 所示。

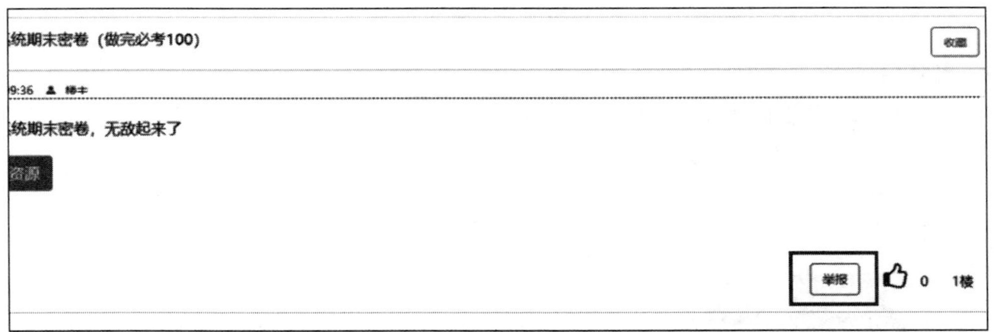

图 C.13　举报帖子页面

C.3.3　用户互动

1. 关注用户

已注册用户可以进入感兴趣用户的个人页面,单击“关注”按钮关注该用户,此后该用户就会出现在关注用户列表中,便于用户更快捷方便地找到关注的用户,如图 C.14 所示。

2. 用户签到

已注册用户可以每日单击“签到”按钮,提升自己的经验值和等级,如图 C.15 所示。

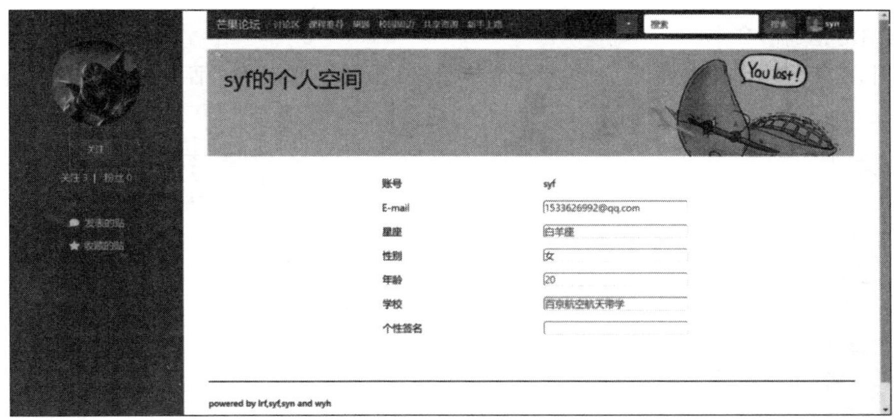

图 C.14　关注用户页面

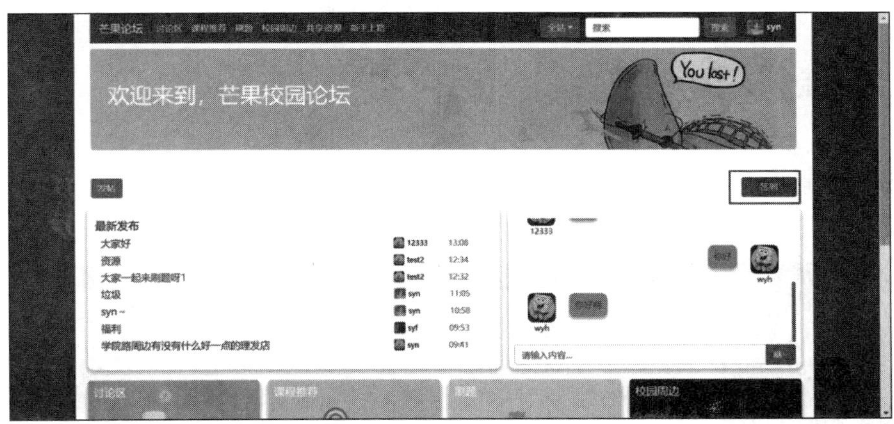

图 C.15　用户签到页面

3. 首页聊天

已注册用户可对本平台房源与人员进行投诉，如图 C.16 所示。

图 C.16　首页聊天页面

4. 用户分级

已注册用户可以通过提升自己的声望值来提高自己的等级，越活跃的用户等级越高，从而鼓励用户在论坛上活跃发言如图 C.17 所示。

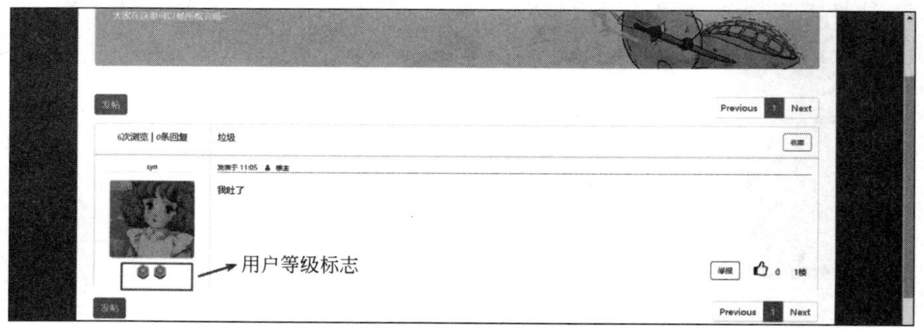

图 C.17　用户分级页面

C.3.4　用户个人功能

1. 修改个人资料

已注册用户可以在个人页面自由修改个人资料并保存，包括但不限于修改头像，如图 C.18 和图 C.19 所示。

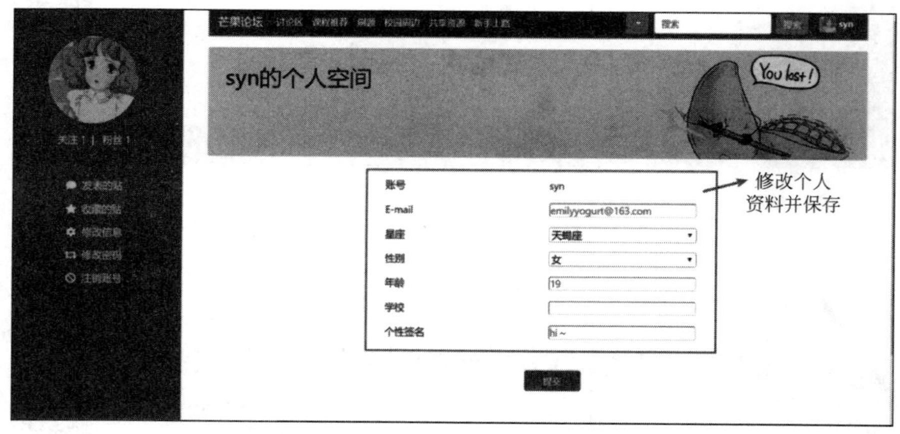

图 C.18　修改个人基本信息

2. 修改密码

已注册用户可以在个人页面选择修改、重置密码，如图 C.20 所示。

C.3.5　管理员

1. 管理用户

(1) 管理员登录账号以后可以进入个人页面，从而进行用户管理，如图 C.21 所示。

(2) 管理员可以封禁或解封用户，如图 C.22 所示。

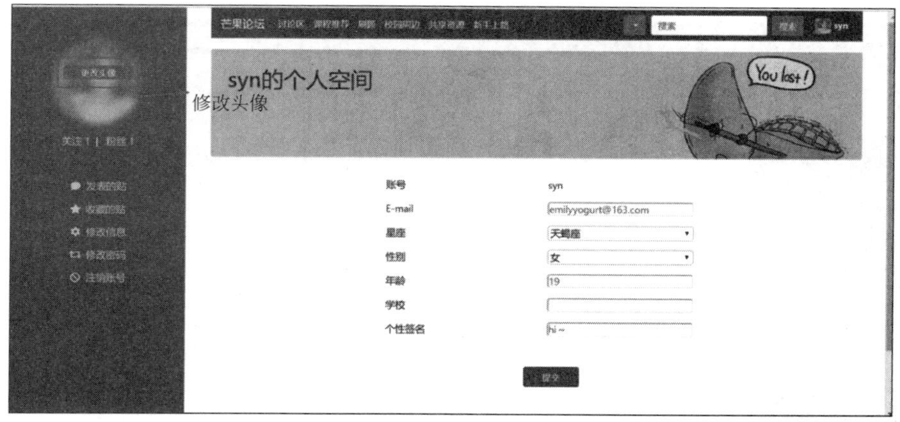

图 C.19　更改个人头像

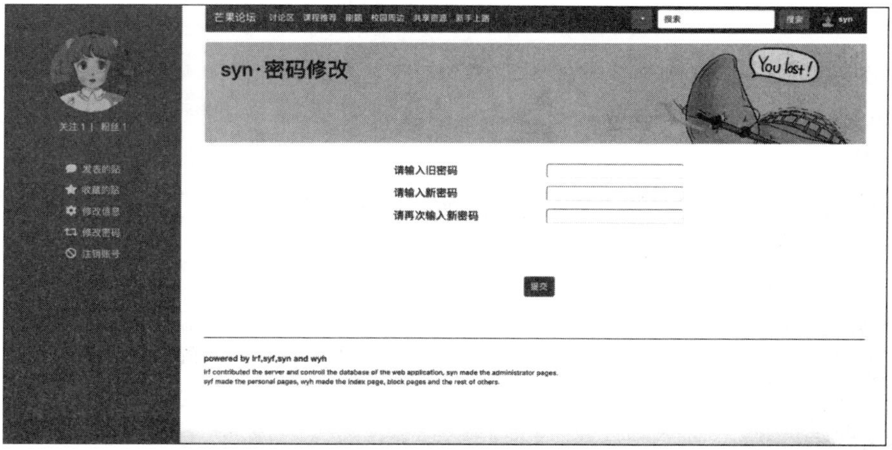

图 C.20　修改密码页面

选择用户管理功能，进入用户管理界面

图 C.21　管理员进入用户管理页面

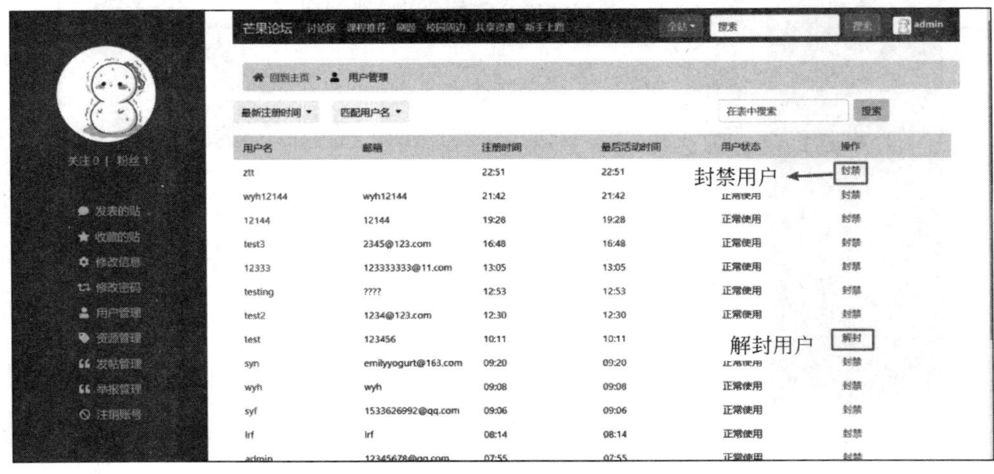

图 C.22 管理员封禁或解封用户

2. 管理资源

管理员登录管理员账号后可以在个人页面选择资源管理功能，进入资源管理界面，如图 C.23 所示。

图 C.23 管理员管理资源

3. 管理发帖

已登录管理员在个人页面可以选择发帖管理功能，可查询用户发过的帖子并进行相关的管理，如图 C.24 所示。

4. 管理举报

已登录管理员在个人页面选择管理举报功能，可查询论坛用户对帖子和回复的举报信息并选择通过举报或忽略该举报，如图 C.25 所示。

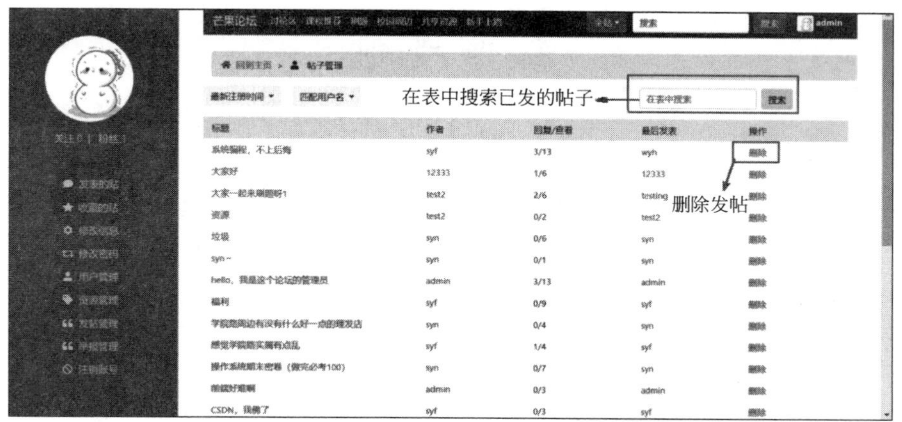

图 C.24　管理员管理发帖

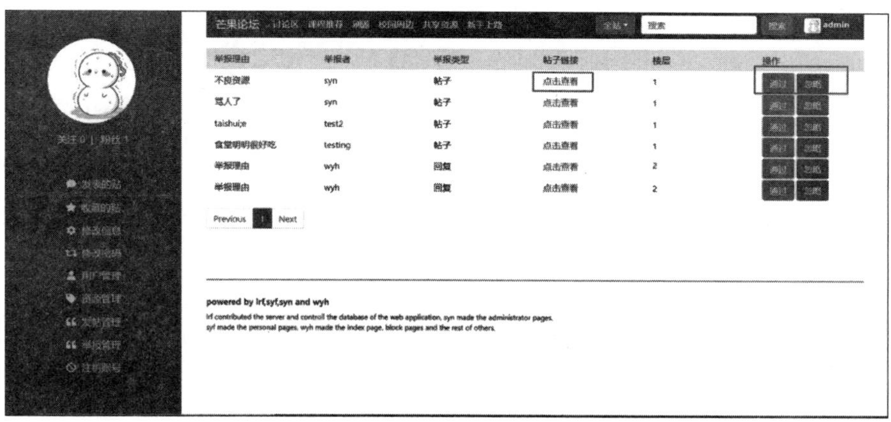

图 C.25　管理员管理举报信息

参考文献

[1] 林广艳，姚淑珍. 软件工程过程[M]. 北京：清华大学出版社，2009.

[2] 吕云翔. 软件工程实用教程[M]. 北京：清华大学出版社，2015.

[3] [美]Robert C. Martin. 敏捷软件开发(珍藏版)[M]. 鄢倩，徐进，译. 北京：清华大学出版社，2021.

[4] [美]Mike Cohn. 敏捷软件开发：用户故事实战[M]. 王凌宇，译. 北京：清华大学出版社，2018.